*3. Konferenz der Gesellschaft für
Biologische Chemie vom 27. bis 29. April 1967
in Oestrich/Rheingau*

# Stoffwechsel der
# isoliert perfundierten Leber

Herausgegeben von

## W. Staib und R. Scholz

Mit 88 Abbildungen

Springer-Verlag Berlin Heidelberg GmbH 1968

ISBN 978-3-662-38916-4  ISBN 978-3-662-39856-2 (eBook)
DOI 10.1007/978-3-662-39856-2

Alle Rechte vorbehalten

Kein Teil dieses Buches darf ohne schriftliche Genehmigung des Springer-Verlages übersetzt oder in irgendeiner Form vervielfältigt werden

© by Springer-Verlag Berlin Heidelberg 1968
Ursprünglich erschienen bei Springer-Verlag Berlin · Heidelberg 1968

Library of Congress Catalog Card Number 68-16723

Die Wiedergabe von Gebrauchsnamen, Handelsnamen, Warenbezeichnungen usw. in diesem Werk berechtigt auch ohne besondere Kennzeichnung nicht zu der Annahme, daß solche Namen im Sinn der Warenzeichen- und Namenschutz-Gesetzgebung als frei zu betrachten wären und daher von jedermann benutzt werden dürfen

Titel Nr. 1449

# Vorwort

Ob zur Zeit GUSTAV EMBDENS schon Symposien über Probleme der Leberperfusion veranstaltet worden sind, ist uns nicht bekannt. Sicher ist aber unsere Konferenz über extracorporale Durchströmung der Leber das erste Symposium dieser Art, seitdem MILLER 1951 gezeigt hat, wie fruchtbar sich diese Methodik auf Fragestellungen der dynamischen Biochemie anwenden läßt. Wir sind deshalb glücklich, LEON L. MILLER neben anderen auswärtigen Kollegen unter den Teilnehmern dieser Konferenz zu wissen.

Ein fruchtbares Gespräch verlangt einen kleinen Rahmen. Wir konnten deshalb nicht alle deutschen Wissenschaftler, die auf diesem Felde arbeiten, zur Teilnahme auffordern.

WOLFGANG und ROSEMARIE STAIB sowie ROLAND SCHOLZ gebührt Dank für die Vorbereitung dieses Treffens und für die redaktionelle Bearbeitung seiner Ergebnisse.

Mehrere chemische und pharmazeutische Firmen haben sich bereit erklärt, das Konferenzprogramm der Gesellschaft für Biologische Chemie zu unterstützen. Angesichts der Uneinsichtigkeit der meisten für die Wissenschaftsfinanzierung der Bundesrepublik zuständigen Institutionen gegenüber der Notwendigkeit wissenschaftlicher Kommunikation sind wir der Industrie für ihre großzügige Förderung besonders verbunden. Diese Konferenz wurde durch eine Spende der Firma E. Merck A.G., Darmstadt, ermöglicht.

München, 27. April 1967 THEODOR BÜCHER

# Inhaltsverzeichnis

Möglichkeiten und Grenzen der Methodik (H. Schimassek, Marburg) . 1

### „Physiologie"

Die $O_2$-Versorgung der hämoglobinfrei perfundierten Rattenleber (M. Kessler und R. Schubotz, Marburg) . . . . . . . . . . . . 12
Diskussion: Bücher, Hess, Kessler, Mandel, Netter, Schmidt, Scholz, W. Staib . . . . . . . . . . . . . . . . . . . . . . 21
Untersuchungen zur Redoxkompartmentierung bei der hämoglobinfrei perfundierten Rattenleber (R. Scholz, München) . . . . . . . . 25
Diskussion: Bücher, Gerber, Gordon, Hess, Kessler, Scholz, O. Wieland 47
Austritt von Zell-Enzymen aus der isolierten, perfundierten Rattenleber (E. Schmidt, Hannover) . . . . . . . . . . . . . . 53
Diskussion: Frimmer, Gerber, Hess, Krebs, Mandel, Schimassek, Schmidt, Scholz, W. Staib . . . . . . . . . . . . . . . . . . . 63
Freisetzung lyosomaler Enzyme aus der isoliert perfundierten Rattenleber (M. Frimmer, Gießen) . . . . . . . . . . . . . . . 67
Diskussion: Baggiolini, Bücher, Forth, Frimmer, Hess, Hilz, Miller, Schmidt, Scholz, Schriefers, Seubert, O. Wieland, Th. Wieland . . . 72

### Aminosäuren- und Proteinstoffwechsel

Einige neuere Beobachtungen über den Aminosäuren- und Protein-Stoffwechsel in der isoliert perfundierten Leber (L. L. Miller, D. W. John und P. F. Cloutier, Rochester) . . . . . . . . . . . . . . 77
Diskussion: Bücher, Frimmer, Gerber, Hilz, Menahan, Miller, Schriefers, Seubert, W. Staib . . . . . . . . . . . . . . . . . . . 87
The Limitations and Special Advantages of the Perfused Liver in Relation to the Synthesis and Catabolism of the Plasma Proteins (A. H. Gordon, London) . . . . . . . . . . . . . . . . . . . 90
Diskussion: Gerber, Gordon, Katz, Koblet, Mandel, W. Staib, O. Wieland . . . . . . . . . . . . . . . . . . . . . . . 98
Plasma Albumin Synthesis in Perfused Rat Liver (J. Katz, A. L. Sellers, and G. Bonorris, Los Angeles) . . . . . . . . . . . . . . 100
Diskussion: Bücher, Katz, O. Wieland . . . . . . . . . . . . 108

### Kohlenhydrat- und Fettstoffwechsel

Wechselspiel zwischen Leberfunktion und Blutsubstraten (H. Schimassek, Marburg) . . . . . . . . . . . . . . . . . . . . 109
Diskussion: Baggiolini, Bücher, Forth, Hess, Krebs, Schimassek, Schmidt, Scholz, W. Staib, O. Wieland . . . . . . . . . . . . . . . 111

Regulation der Gluconeogenese durch Fettsäureoxydation in der isoliert
perfundierten Rattenleber (H. WILLMS und H. D. SÖLING, Göttingen) . 118
Formation of Ketone Bodies in the Perfused Rat liver (H. A. KREBS,
Oxford) .................... 129
Diskussion: Bücher, Hilz, Krebs, O. Wieland, Willms ...... 140
Studies on the Mechanism of Fatty Acid and Glucagon Stimulated
Gluconeogenesis in the Perfused Rat Liver (L. A. MENAHAN, B. D. ROSS,
and O. WIELAND, München) ............... 142
Diskussion: Hilz, Krebs, Menahan, Ross, Seubert ........ 152
Untersuchungen über die Cortisol-glykoneogenese in der isoliert perfundierten Rattenleber (W. STAIB, R. STAIB, J. HERRMANN und H. G.
MEIERS, Düsseldorf) ................. 155
Diskussion: Baggiolini, Hilz, Koblet, Krebs, Seubert, W. Staib,
O. Wieland ................... 166

### Nucleinsäurestoffwechsel

Nucleinsäurestoffwechsel in der isoliert perfundierten Leber (G. B. GERBER, Mol, Belgien) .................. 168
Diskussion: Bücher, Gerber, Gordon, Hilz, Mandel, Schimassek, W. Staib,
O. Wieland .................. 175
Regulation der Ribonucleinsäuresynthese in der isolierten perfundierten
Rattenleber (H. KOBLET, Bern) ............. 180
Diskussion: Bücher, Koblet, Mandel, Miller .......... 189
Über schnell markierte nucleolare Desoxyribonucleinsäure in der perfundierten Rattenleber (P. MANDEL, M. WINTZERITH und M. E. ITTEL,
Strasbourg) ................... 191
Diskussion: Gerber, Koblet, Mandel, W. Staib ......... 198

### Pharmakologie

Stoffwechsel von Pharmaka in der isoliert perfundierten Rattenleber.
Untersuchungen über das Methylhydrazinderivat Ibenzmethyzin (M.
BAGGIOLINI und B. DEWALD, Bern) ............ 200
Diskussion: Baggiolini, Bücher, Katz, Koblet, Mandel, Netter, Willms . 207
Der Einfluß des Äthanols auf den Stoffwechsel der perfundierten Rattenleber (O. A. FORSANDER, Helsinki) ............ 210
Effects of Ethanol on Gluconeogenesis in the Perfused Rat Liver (H. A.
KREBS, Oxford) .................. 216
Diskussion (zu FORSANDER/KREBS): Bücher, Forsander, Frimmer, Katz,
Krebs, Scholz, O. Wieland, Willms ............ 224
Rattenleberperfusion als Methode zur Untersuchung des Stoffwechsels
von $\Delta^4$-3-Ketosteroiden (H. SCHRIEFERS, Bonn) ........ 230
Diskussion: Baggiolini, Frimmer, Schriefers, R. Staib, W. Staib ... 239
Eisen- und Kobalt-Resorption am perfundierten Dünndarmsegment (W.
FORTH, Homburg/Saar) ............... 242
Diskussion: Forth, Frimmer ............. 250

# Teilnehmerverzeichnis

BAGGIOLINI, M., Dr., Medizinisch-Chemisches Institut der Universität Bern/ Schweiz

BÜCHER, Th., Professor, Physiologisch-Chemisches Institut der Universität München

FORSANDER, O., Dr., Forschungslaboratorien des Finnischen Staatlichen Alkoholmonopols (Alko), Helsinki

FORTH, W., Dr., Institut für Pharmakologie der Universität Homburg/Saar

FRIMMER, M., Professor, Institut für Pharmakologie und Toxikologie der Universität Gießen

GERBER, G., Dr., Centre d'études de l'énergie nucléaire, Mol/Belgien

GORDON, A. H., Dr., National Institute for Medical Research, Mill Hill, London

HESS, B., Professor, Max-Planck-Institut für Ernährungsphysiologie, Dortmund

HILZ, H., Professor, Physiologisch-Chemisches Institut der Universität Hamburg

HOLLMANN, S., Professor, Institut für Physiologische Chemie der Universität Düsseldorf

KATZ, J., Professor, Institute for Research, Cedars of Lebanon Hospital, Los Angeles

KESSLER, M., Dr., Institut für angewandte Physiologie der Universität Marburg/Lahn

KOBLET, H., Dr., Schweizerische Zentrale für klinische Tumorforschung, Tiefenauspital, Bern/Schweiz

KREBS, H. A., Professor, Department of Biochemistry, University of Oxford/GB

LÜCKERS, R., Dr., Merck AG, Darmstadt

MANDEL, P., Professor, Physiologisch-Chemisches Institut der Universität Straßburg/Frankreich

MENAHAN, L. A., Dr., Klinisch-Chemisches Institut des Städt. Krankenhauses München

MILLER, L. L., Professor, University Rochester, Dept. of Radiation Biology and Energy Project, Rochester, N. Y./USA

NETTER, K. J., Professor, Pharmakologisches Institut der Universität Mainz

NOVAK, H., Dr., Merck AG, Darmstadt

Ross, B. D., Dr., Klinisch-Chemisches Institut des Städt. Krankenhauses München

Schimassek, H., Professor, Physiologisch-Chemisches Institut der Universität Marburg

Schmidt, Ellen, Dr., Gastro-Enterologische Abteilung der Medizinischen Klinik der Medizinischen Hochschule Hannover

Scholz, R., Dr., Physiologisch-Chemisches Institut der Universität München

Schriefers, H., Professor, Physiologisch-Chemisches Institut der Universität Bonn

Seubert, W., Dr., Chemisch-Physiologisches Institut der Universität Frankfurt

Staib, W., Professor, Institut für Physiologische Chemie der Universität Düsseldorf

Staib, Rosemarie, Dr., Institut für Physiologische Chemie der Universität Düsseldorf

Wieland, O., Professor, Klinisch-Chemisches Institut des Städt. Krankenhauses München

Wieland, Th., Professor, Institut für organische Chemie der Universität Frankfurt

Willms, B., Dr., Medizinische Klinik und Poliklinik der Universität Göttingen

# Möglichkeiten und Grenzen der Methodik

(Erläutert am Beispiel verschiedener Perfusionsmedien)

Von

HANS SCHIMASSEK

*Physiologisch-Chemisches Institut der Universität Marburg/Lahn*

Mit 2 Abbildungen

Der Leser dieses Buches findet in den folgenden Referaten eine Fülle von Beiträgen über die verschiedensten Gebiete des Leberstoffwechsels. Trotz des einheitlich klingenden Rahmenthemas „Leberperfusion" wird er mit sehr unterschiedlicher Methodik konfrontiert, deren Anwendung im Rahmen dieser Konferenz nicht näher begründet ist. — Diese Lücke soll mit dem einleitenden Kapitel ein wenig überbrückt werden. Der mit der Methodik nicht vertraute Leser soll zugleich eine Basis erhalten, um die in den einzelnen Referaten wiedergegebenen Ergebnisse entsprechend der angewendeten Technik besser beurteilen zu können.

Die Methodik der Leberperfusion umschließt drei Gebiete: a) die Operationstechnik, b) die apparative Ausrüstung und Perfusionstechnik, c) das Perfusionsmedium. Die Operationstechnik ist sowohl von L. L. MILLER [1] als auch von KREBS u. Mitarb. [2] ausführlich beschrieben worden.

Wesentliche Änderungen der apparativen Ausrüstung und der technischen Seite der Methodik sind in den einzelnen Referaten ebenfalls ausführlich besprochen, sofern sie nicht schon früher publiziert waren (vgl. die Arbeiten von BÜCHER und SCHOLZ [3, 4]).

Das Perfusionsmedium wurde von den einzelnen Untersuchern am häufigsten variiert. Die Veränderungen erfolgten dabei oft ohne nähere Begründung und fast immer ohne Vergleichsmessungen. Dieses Kapitel bedarf daher der Ergänzung und der Kritik; denn allein durch das Perfusionsmedium kann der metabolische Status des isolierten Organs erheblich verändert werden. Die Folge ist, daß Vergleichsmessungen mit anderen Untersuchern nicht mehr möglich sind; ferner können die beobachteten Effekte — z. B. unter der Wirkung von Hormonen — auf dem durch das Medium veränderten Status zu weitreichenden Fehlschlüssen führen.

Wir sollten uns daher bemühen, Funktion und metabolischen Status des isolierten Organs unter unseren Versuchsbedingungen zu kennen und zu charakterisieren. Durch den Vergleich einiger, wesentlicher Meßgrößen mit Daten in vivo erhalten alle in vitro beobachteten Ergebnisse einen festen Bezug. Der Vergleich zwischen in vivo und in vitro gibt die Basis, auch bei unterschiedlicher Methodik die einzelnen Ergebnisse in Relation setzen zu können.

Im Hinblick auf die Unterschiede der verwendeten Perfusionsmedien haben wir im wesentlichen drei große Gruppen zu betrachten: 1. Arteigenes Vollblut (meist mit Salzlösungen verdünnt), 2. Halbsynthetische Perfusionsmedien, 3. Erythrocyten-freie Salzlösungen mit und ohne onkotisch wirksame Substanzen.

L. L. MILLER, der vor etwa 15 Jahren mit der Leberperfusion wieder begonnen hatte und als „Vater der modernen Leberperfusion" gelten kann, hat für seine Versuche verdünntes Rattenblut verwendet [1]. Spendertieren wird Blut durch Herzpunktion entnommen. Das Blut muß mit gerinnungshemmenden Verbindungen (meist Heparin) versetzt werden. Nach Angaben von MILLER wird das auf diese Weise gewonnene Spenderblut im Verhältnis 2,5:1 mit physiologischer Kochsalzlösung verdünnt. Art und Verhältnis der Verdünnungen des Blutes sind vielfältig variiert worden (vgl. [5]); es ergeben sich dadurch keinerlei Vorteile.

Da das Volumen des verwendeten Perfusionsmediums bei den meisten Untersuchern 60—180 ml beträgt, sind (bei Verwendung von Kleintieren) trotz der Verdünnung mit Salzlösungen viele Spendertiere notwendig, ein Punkt, der im Hinblick auf die Zusammensetzung des Mediums erhöhte Unsicherheit bedingt.

Der große Vorteil bei der Verwendung von verdünntem Vollblut als Perfusionsmedium liegt darin, daß wir alle Blutkomponenten (auch die, die wir noch nicht kennen!) mit in das in vitro-Experiment hineinnehmen, wobei auch die Frage nach spezifischen Trägerstoffen (z. B. für Hormone) eingeschlossen ist. Für die Verwendung von Vollblut kann als weiteres Argument noch angeführt werden, daß man arteigenes Blut verwendet; es ist aber nicht mit immunologisch identischem und damit mit immunologisch inertem Blut gleichzusetzen.

Mit der Verwendung von gesammeltem, verdünntem Vollblut von Spendertieren als Perfusionsmedium bringen wir alle Blutkomponenten der jeweiligen Species in das Perfusionssystem (allerdings nur qualitativ — nicht quantitativ). Wir übernehmen aber zugleich eine Fülle biologisch aktiver Verbindungen, die den Stoffwechsel des isolierten Organs von Versuch zu Versuch verändern können.

Der Einfluß dieser meist unbekannten Verbindungen kann beträchtlich sein; z. B. steigt der Sauerstoffverbrauch der isoliert perfundierten Rattenleber bei Verwendung von verdünntem Vollblut zu Beginn des Versuches um etwa 100%/o an, um sich erst im Verlauf der ersten Stunde langsam auf einen konstanten Wert einzustellen (vgl. Abb. 1).

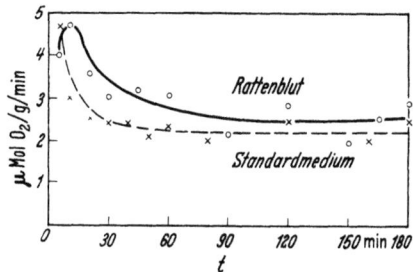

Abb. 1. Sauerstoffverbrauch der isoliert durchströmten Rattenleber unter Verwendung von verdünntem Rattenvollblut bzw. halbsynthetischem Medium als Perfusionslösung (vgl. [14])

Die Kenntnis der Zusammensetzung des Perfusionsmediums und die Konstanz der einzelnen Komponenten ist aber für viele Versuche eine Notwendigkeit. Das gilt vor allem für Experimente, die sich mit Fragen der Regulation des Stoffwechsels im weitesten Sinne befassen. Für diese Versuche ist ein in seiner Zusammensetzung konstantes und den biologischen Bedingungen möglichst adäquates Perfusionsmedium wünschenswert. Ein halbsynthetisches Perfusionsmedium entspricht weitgehend diesen Forderungen.

Ein solches Medium wird sich aus drei Grundkomponenten zusammensetzen: Aus einem osmotisch wirksamen Anteil (Salzlösung), einem onkotisch wirksamen Anteil (hochmolekulare Verbindungen) und Erythrocyten als Sauerstoffträger. Die Tabelle 1 gibt die Zusammensetzung eines halbsynthetischen Perfusionsmediums wieder, das sich in unseren eigenen Versuchen und inzwischen auch in denen anderer Arbeitskreise gut bewährt hat.

Tabelle 1. *Zusammensetzung des halbsynthetischen Perfusionsmedium und methodische Angaben (Standardbedingungen) (vgl.* [6])

| Substanz: | Konzentration: |
|---|---|
| NaCl | 137 mM |
| KCl | 5,9 M |
| $CaCl_2$ | 1,80 mM |
| $MgCl_2 \cdot 6\ H_2O$ | 0,49 mM |
| $NaHCO_3$ | 11,9 mM |
| $NaH_2PO_4 \cdot 1\ H_2O$ | 1,22 mM |
| D-Glucose $\cdot 1\ H_2O$ | 5,45 mM |
| 1-(+)-Lactat | 1,33 mM |
| Pyruvat | 0,09 mM |
| Rinderalbumin (reinst) | 25 g/l |
| Rindererythrocyten (2mal gewaschen) | 100 g Hb/l |
| Terramycin | 15 mg/l |
| Volumen | 100 ml |
| pH | 7,1—7,3 |
| Temperatur | 37 °C |
| Durchfluß | 20 min 2—3 ml ab 20 min 1 ml/g Gewebe/min |

Als Salzlösung wurde Tyrodelösung gewählt, in der die Konzentrationen einzelner Elektrolyte den Werten des Rattenplasmas angeglichen worden sind. Auch dieses Medium kann Variationen erfahren. So verwenden KREBS und Mitarb. als Salzlösung nicht die Tyrode-Zusammensetzung, sondern Krebs-Henseleit-Puffer [2] (vgl. ferner [7, 10]).

Schwieriger ist die Wahl einer geeigneten, onkotisch wirksamen Substanz. Zu Beginn unserer Arbeiten mit isoliert durchströmten Rattenlebern hatten wir Versuche mit Perfusionslösungen unternommen, denen als makromolekulare Substanzen Polyvinylpyrrolidon, Dextran oder partiell abgebaute Gelatine zugesetzt waren. Keine der drei Substanzen kann man als besonders geeignet bezeichnen. Die Tabelle 2 zeigt, in welch unterschiedlichem Maße das isoliert durchströmte Organ unter Verwendung der genannten, onkotisch wirksamen Verbindungen im Vergleich zu unserem Standardmedium (mit

Albuminzusatz) geschädigt wird. Als Ausmaß der Schädigung ist der Austritt von Enzymen aus dem isolierten Organ gemessen worden. — Von den geprüften Substanzen scheint das Dextran auf Grund dieser Messungen noch am geeignetsten zu sein; der Enzymaustritt ist unter Dextran am geringsten. (Es ist jedoch nur ein scheinbar günstiger Effekt, näheres s. u.)

Makromoleküle haben aber in Perfusionsmedien nicht nur die Aufgabe, den onkotischen Druck aufrecht zu erhalten, sondern sie sollen auch die vielfache Funktion der Eiweißkörper in etwa ersetzen können. Im Gegensatz zu der Verwendung der Blutersatz-Flüssigkeit in der Klinik, bei der das arteigene Blut immer nur teilweise ersetzt und verdünnt wird, fungiert das Perfusionsmedium bei Durchströmung isolierter Organe wirklich als „Blutersatz". Dieser Aufgabe werden aber die bisher verwendeten Makromoleküle der Blutersatzflüssigkeiten nicht gerecht. Sie vermögen nicht im gleichen Umfange wie die Plasma-Eiweißkörper als Träger und Lösungsvermittler von Substanzen zu dienen. Auch die Aufnahme von Substanzen und die Tauschprozesse an der Membran können erheblich beeinträchtigt sein. Derartige Störungen betreffen nicht nur schwer lösliche Verbindungen wie z. B. Cholesterin, sondern zeigen sich auch bei kleinen und gut wasserlöslichen Verbindungen. Ein Beispiel dafür gibt die Abb. 2

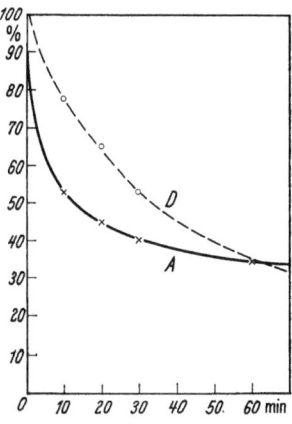

Abb. 2. Abnahme der Radioaktivität im Perfusionsmedium nach einmaliger Zugabe von 14 C-1-Acetat (10 µC, entspr. 6,6 µMole) in Versuchen mit isoliert durchströmten Lebern unbehandelter Ratten. A = halbsynthetisches Medium mit Albuminzusatz, D = halbsynthetisches Medium mit Dextran anstelle von Albumin (vgl. [12])

wieder. Darin wird die Aufnahme von $^{14}C_1$-markiertem Acetat durch isoliert durchströmte Rattenlebern bei Verwendung zweier halbsynthetischer Perfusionsmedien (mit Albumin- bzw. mit Dextranzusatz) verglichen. In den Versuchen mit Dextran ist die Aufnahme von Acetat gegenüber den Experimenten mit Albumin ganz erheblich verzögert. Man kann aus diesen Versuchen ferner schließen, daß auch der geringere Enzymaustritt unter Dextran (vgl. Tab. 2) einen nur scheinbar günstigen Effekt widerspiegelt. Wahrscheinlicher ist, daß unter Dextran generell Membraneffekte (also auch die wichtigen Tauschprozesse) erheblich behindert werden.

Tabelle 2. *Enzymaustritt isoliert durchströmter Rattenlebern in das Außenmedium im Verlauf von 4 Std Perfusion bei Verwendung verschieden zusammengesetzter Perfusionsmedien. (Nach* HERFARTH [11]; *Angaben in mE/100 ml Außenmedium)*

| | Halbsynthetisches Perfusionsmedium mit Zusatz von: | | | |
|---|---|---|---|---|
| | Albumin | Polyvinyl pyrrolidon | Dextran | Gelatine |
| Glycerin-1-P-Dehydrogenase | 3300 | 67 500 | 20 400 | 8 000 |
| Glutamatdehydrogenase | 0 | 1 200 | 1 100 | 11 800 |
| Glutamat-Oxalacetat-transaminase | 3200 | 50 400 | 26 800 | 66 400 |
| Glutamat-Pyruvat-transaminase | 1200 | 32 700 | 9 600 | 21 600 |
| Phosphofrukt-Aldolase | 450 | 5 400 | 3 200 | 3 800 |
| Sorbitdehydrogenase | 1900 | 41 100 | 13 700 | 13 600 |

Als günstigste onkotisch wirksame Verbindung hat sich bisher Albumin bewährt. Albumin ist auch in der Lage, in vielfältiger Weise Transportfunktionen ersatzweise zu übernehmen. Als biologisches Produkt ist es aber nicht mehr standardisiert (bzw. wird nicht als solches von Firmen angeboten). Es kann daher — in Abhängigkeit von der Fragestellung — notwendig sein, einzelne Eiweißchargen auf Reinheit und auf biologische Effekte zu prüfen. Das gilt auch im Hinblick auf fabrikationsbedingte Begleitstoffe der Eiweißchargen. Zum Beispiel enthält das Albumin der Firma Armour relativ viel freies Acetat [13].

Die dritte Komponente soll nur die Aufgabe eines biologischen Sauerstoffträgers übernehmen. Zu diesem Zweck verwenden wir gewaschene Rinder- oder Bullenerythrocyten (vgl. Tab. 1). Von anderen Autoren werden Menschenerythrocyten aus Blutkonserven bevorzugt [2]. — Rinder- oder Bullenblut steht im Gegensatz zu arteigenem

Blut leicht in genügender Menge zur Verfügung. Rindererythrocyten haben zudem den Vorteil, daß sie etwas kleiner sind als Rattenerythrocyten, leicht die Capillaren passieren und nicht zur Aggregation neigen. — Nach Angaben von M. BERRY ist es ratsam, die Erythrocyten mit Kochsalzlösung bei *Zimmer*temperatur zu waschen. Dadurch werden Substrate wie Lactat, die sich in den Zellen angehäuft haben, herausgewaschen und man beginnt die Perfusion nicht mit extrem hohen und unerwünschten Substratspiegeln. Nach eigenen Messungen werden durch den Waschprozeß auch einige glykolytische Enzyme aus den Erythrocyten herausgewaschen. Das hat den Vorteil, daß ihr eigener glykolytischer Stoffwechsel im Perfusionsmedium völlig zu vernachlässigen ist und Bilanzen des Leberstoffwechsels nicht beeinträchtigt werden. Trotzdem behalten die gewaschenen Erythrocyten ihre biologische Funktion als Sauerstoffträger.

Vor- und Nachteile dieser beiden am meisten verwendeten Perfusionsmedien, verdünntes Vollblut bzw. halbsynthetisches Medium, sind in der Tabelle 3 gegenübergestellt.

Kurz zusammengefaßt: Der Vorteil von halbsynthetischen Perfusionsmedien liegt in der höheren Konstanz der Versuchsbedingungen und von verdünntem Rattenvollblut in der Komplettierung des in vitro-Systems. In Versuchen, in denen komplexe und noch nicht vollständig bekannte Syntheseleistungen des isolierten Organs studiert werden sollen, wird man oft nicht ohne Vollblut als Perfusionsmedium auskommen können.

Es bedarf keiner besonderen Betonung, daß in der Regel bei allen Perfusionsmedien Erythrocyten als biologische Sauerstoffträger (wir haben leider keine anderen) einen absolut notwendigen Bestandteil bilden. Die Leber verbraucht etwa 2 $\mu$Mole Sauerstoff/g/min. Physikalisch können bei reiner Sauerstoffatmosphäre und 37 °C 1 $\mu$Mol Sauerstoff pro ml Medium gelöst werden. Durch einfache Erhöhung des Durchflusses auf 3—4 ml/g/min wird aber noch keine ausreichende Sauerstoffversorgung des Organs erzielt [15]. Dennoch kann es für spezielle Fälle notwendig sein, mit hämoglobinfreien Perfusionsmedien zu arbeiten. Ein Beispiel bieten dafür die Arbeiten von BÜCHER und SCHOLZ [3, 4]. Das Problem der mangelhaften Sauerstoffversorgung bei hämoglobinfreien Perfusionsmedien haben die Autoren dadurch gelöst, daß sie durch höheren Druck (durch Behinderung des Abflusses) das Perfusionsmedium durch das Gewebe hindurchpressen. Das Medium fließt dann zum Teil über die Oberfläche der Leber ab. Es läßt sich da-

Tabelle 3. *Vergleich der am häufigsten verwendeten Perfusionsmedien für Untersuchungen an isoliert, perfundierten Rattenlebern*

| | Verdünntes Rattenvollblut (Zusammensetzung nach L. L. MILLER [1]) | Halbsynthetisches Medium (Zusammensetzung vgl. Tab. 1, S. 4) |
|---|---|---|
| Blutkomponenten (allgemein) | Qualitativ komplettes biol. Medium. Art und Konzentration biol. wirksamer Komponenten nicht sicher bekannt und nicht konstant | Inkomplettes Medium mit konstanten und bekannten Grundkomponenten. — Komponenten können — soweit bekannt und notwendig — ergänzt werden |
| Blutzellen: Thrombocyten Leukocyten | Zum großenteil zerstört, dadurch Freisetzung biol. wirksamer Substanzen (z. B. Serotonin) Der sehr aktive Stoffwechsel kann Bilanzmessungen stören | entfällt entfällt |
| Erythrocyten | noch glykolytisch aktiv, Sauerstofftransport intakt | Glykolytische Aktivität zu vernachlässigen, Sauerstofftransport intakt |
| Blutsubstrate | Ausgangswerte an Lactat und Glucose unterschiedlich, z. Teil sehr hoch. Keine Spiegelstellung von Lactat und Pyruvat in physiologischen Grenzen | Substrate — soweit erwünscht — in konstanten und bekannten Konzentrationen vorgegeben. Auch ohne Substratzugabe Einstellung konstanter Spiegel an Lactat, Pyruvat oder Aminosäuren in physiologischen Grenzen |
| Blutdurchfluß: | In den ersten 40 min durch Vasokonstriktion erheblich beeinträchtigt | Konstanter Durchfluß (auf eingestelltes Volumen) |
| Sauerstoffverbrauch | In der ersten Stunde Anstieg bis zu 100% des Ausgangswertes | Konstant über 180 min entsprechend Daten in vivo [Sauerstoffschuld (Operationszeit) nach 10 min ausgeglichen] |
| Immuneigenschaften | Artspezifisch genauere Untersuchungen fehlen | nicht artspezifisch genauere Untersuchungen fehlen |
| Zusätze: Anticoagulantia: Antibiotica | notwendig unbedingt notwendig | nicht notwendig Frisches Medium keimfrei, geringer Zusatz empfehlenswert |

bei aber nicht vermeiden, daß auch Enzyme in das Außenmedium austreten.

Auf die Problematik einwandfreier Sauerstoffversorgung des Gewebes kann an dieser Stelle nicht näher eingegangen werden. Es sei nur darauf hingewiesen, daß auch die Messung eines relativ hohen, venösen Sauerstoff-Partialdruckes (200 Torr z. B.) nicht die vollständige Sauerstoffversorgung des Gewebes garantiert. Bei vermindertem Sauerstoffangebot durch Drosselung des Durchflusses bei Verwendung eines erythrocytenhaltigen (!) Mediums von z. B. 1 ml auf 0,6 ml/g/min erhöht sich bereits der Quotient Lactat/Pyruvat von 10 auf 25, obwohl venös noch ein ausreichend hoher Sauerstoffgehalt gemessen wird [14] (der Quotient Lactat/Pyruvat ist hier als Maß einer partiellen Hypoxie genommen worden). Bei Verwendung erythrocytenfreier Medien werden die Verhältnisse nicht einfacher. Ausschlaggebend für genügende Sauerstoffversorgung ist allein die vollständige Durchblutung des Capillarnetzes, die bei erythrocytenhaltigen Medien besser gewährleistet ist als bei erythrocytenfreien Medien (LÜBBERS u. Mitarb. [16, 17]). Das Auftreten anoxischer Zellbezirke bei nicht vollständiger Capillardurchströmung erklären LÜBBERS u. Mitarb. über asymmetrische Capillarstrukturen und Capillarkurzschlüsse.

Auf weitere Fehlerquellen, die beim Arbeiten mit Perfusionsmedien ohne Erythrocyten und mit und ohne kolloidosmotisch wirksame Substanzen auftreten, weisen die Arbeiten von WILLIAMSON und von WOOL hin [18, 19].

Mit diesen Ausführungen sind Möglichkeiten und Schwierigkeiten bei der Variation des Perfusionsmediums kurz umrissen. Die vergleichbaren experimentellen Grundlagen und Daten sind auf diesem Sektor noch sehr spärlich. Vielleicht regen diese Ausführungen einige Leser dazu an, weitere Vergleichsdaten zu erarbeiten, um damit die Basis für das Studium des Leberstoffwechsels wesentlich zu erweitern. „Effekte" sind in vitro — und besonders mit der Technik der Organdurchströmung — leicht zu erzielen. Wir sollten dabei aber nicht das Ziel aus den Augen verlieren, Daten zu erarbeiten, die uns Funktion und Leistung der Leber *in vivo* verständlich machen. Welche Methodik wir zur Erreichung dieses Zieles anwenden, bestimmt die Fragestellung — aber die Methodik ihrerseits limitiert eindeutig die Aussagekraft der erhaltenen Ergebnisse.

## Literatur

[1] MILLER, L. L., C. G. BLY, M. L. WATSON, and W. F. BALE: J. exp. Med. **94**, 431 (1951).
[2] HEMS, R., B. D. ROSS, M. N. BERRY, and H. KREBS: Biochem. J. **101**, 284 (1966).
[3] SCHNITGER, H., R. SCHOLZ, TH. BÜCHER und D. W. LÜBBERS: Biochem. Z. **341**, 334 (1965).
[4] SCHOLZ, R.: (dieses Symp.)
[5] BRAUER, R. W., G. F. LEONG, and R. L. PESSOTTI: Amer. J. Physiol. **174**, 304 (1953).
[6] SCHIMASSEK, H.: Life Sci. **1962**, 629.
[7] KRUHØFER, P., u. J. A. MUNTZ: Acta physiol. scand. **30**, 258 (1954).
[8] COREY, F. L., and S. W. BRITTON: Amer. J. Physiol. **131**, 783 (1941).
[9] ADREWS, W. H. H., and B. GLOCKING: J. Physiol. **132**, 522 (1956).
[10] YOUNG, M. K., F. S. HOUSTON, J. F. PRUDDEN, and J. A. STIRMAN: J. Lab. clin. Med. **46**, 155 (1955).
[11] HERFARTH, CH.: Habil.-Schrift der Med. Fak. d. Philipps-Universität Marburg (1966).
[12] BRAUSER, B.: Dissertation. Med. Fak. d. Philipps-Universität Marburg (1962).
[13] KREBS, H.: persönl. Mitt.
[14] SCHIMASSEK, H.: Life Sci. **1962**, 635.
[15] KESSLER, M.: 7. Bad Oeynhauser Gespr. (1965), Berlin-Heidelberg-New York: Springer (im Druck).
[16] GRUNEWALD, W., u. D. W. LÜBBERS: Pflüg. Arch. **289**, R98 (1966).
[17] LÜBBERS, D. W.: Marburger Jahrbuch 1966. Gladenbach: Kempkes 1966.
[18] SCHARF, R., and J. G. WOOL: Biochem. J. **97**, 257 (1965).
[19] WILLIAMSON, J. R., and D. L. DI PIETRO: Biochem. J. **95**, 226 (1965).

# „Physiologie"

Von

THEODOR BÜCHER

*Physiologisch-Chemisches Institut der Universität München*

Die Beiträge dieser Sektion stehen unter dem Rahmenthema „Physiologie". Dabei müssen wir uns aber vor Augen halten, daß die extracorporale Perfusion des Organs immer eine unphysiologische Maßnahme ist. Wir lösen das Tier zu einem bestimmten Zeitpunkt aus seinen Lebensverhältnissen. Wir isolieren das Organ aus dem Gesamtorganismus. Beides geschieht absichtlich. Man sollte sich deshalb bei der Planung des Experiments von romantischen Gedanken freimachen. Es der Leber „so gemütlich wie möglich" zu machen, sie sich — wie MILLER sagt — „at home" fühlen zu lassen, enthebt uns nicht der Notwendigkeit, genau zu überlegen, zu welchem Zweck das Experiment durchgeführt wird und was man vom Untersuchungsobjekt erwarten kann. Jeder einzelne Parameter bedarf der Überprüfung, ob er dem angestrebten Ziel nützt, ob er dazu hilft, die Reversibilität der Effekte, die Reproduzierbarkeit der Messungen und die Übersicht bei deren Auswertung zu fördern. Man erlebt Überraschungen, wenn man zum Beispiel nachprüft, ob die Anwesenheit biologischer Plasmaproteine in der Perfusionslösung nützlich ist (vergleiche die Diskussionsbemerkung auf S. 64/65). Ohne Einbußen an Reproduzierbarkeit und im Dienste klarer Fragestellungen und Antworten, können den Organen unter Umständen Maßnahmen zugemutet werden, die den Physiologen empören.

# Die $O_2$-Versorgung der hämoglobinfrei perfundierten Rattenleber[*]

Von

MANFRED KESSLER und ROLF SCHUBOTZ

*Institut für Angewandte Physiologie der Philipps-Universität Marburg/Lahn*

Mit 5 Abbildungen

Aus methodischen Gründen kann eine Reihe von experimentellen Fragestellungen über die Sauerstoffversorgung und den Stoffwechsel der isolierten Leber nur am hämoglobinfrei durchströmten Organ näher untersucht werden.

So lassen sich verschiedene $O_2$-Diffusionsvorgänge im Gewebe, wie z. B. ein Sauerstoffdiffusionsshunt nur am erythrocytenfrei durchströmten Präparat mit hinreichender Genauigkeit messen. Auch bei reflektionsspektrometrischen Untersuchungen an Organoberflächen ist es oft erforderlich, den störenden Einfluß des roten Blutfarbstoffs zu eliminieren. Darüber hinaus gibt es experimentelle Fragestellungen, die sich am besten bei wechselnder Durchströmung mit erythrocytenhaltigem und erythrocytenfreiem Medium klären lassen. Hierzu zählen Untersuchungen über die Viscosität des Blutes oder Messungen über den Einfluß der Erythrocyten auf die Elektrolyt- und Metabolitkonzentrationen des Perfusionsmediums.

Um die hier angedeuteten Fragen experimentell bearbeiten zu können, führten wir an der isolierten Rattenleber Perfusionsversuche mit hämoglobinfreien Medien durch.

Methodik: Die für diese Versuche von uns benutzte Apparatur besteht aus einem geschlossenen Perfusionskreislauf. Die Äquilibrierung des Perfusionsmediums erfolgt in einem Scheibenoxygenator mit einem Gasgemisch von 95% $O_2$ und 5% $CO_2$, das bei Anoxiereaktionen durch ein Gemisch von 95% $N_2$ und 5% $CO_2$ ersetzt wird. Vom Oxygenator aus fließt das Perfusionsmedium mit einem konstanten hydrostatischen Druck von 17 bis 20 cm $H_2O$ in die isolierte

---

[*] Herrn Prof. Dr. D. W. LÜBBERS zu seinem 50. Geburtstag gewidmet.

Die O₂-Versorgung der hämoglobinfrei perfundierten Rattenleber

Leber, die auf einer thermostatisierbaren Glasplatte liegt. (Die Lagerung erfolgt in der von MILLER[1] angegebenen Weise.) Die venöse Kanüle, durch die das Medium aus der Leber abtropft, taucht bis in die Spitze eines kleinen, mit Medium gefüllten Trichters hinein. Durch Einstellen eines konstanten Flüssigkeitsspiegels in diesem Trichter (Vol. 1 ml), läßt es sich verhindern, daß durch Zustrom von Sauerstoff aus der umgebenden Zimmerluft Veränderungen der venösen $O_2$-Drucke auftreten. Vom Trichter aus fließt das venöse Medium in ein Sammelgefäß und wird mit Hilfe einer Rollerpumpe in den Oxygenator zurückgeleitet.

Der maximale Durchfluß, der sich mit dieser Anordnung erreichen läßt, liegt bei 3,5 ml/g Leber frisch/min, die Gallensekretion beträgt 0,2 bis 0,25 g/Std. Als Perfusionsmedium benutzen wir eine Tyrodelösung mit einem Zusatz von 27 g/l Albumin reinst der Behringwerke, Marburg, und 20 mMol/l $NaHCO_3$. Die Operationstechnik wurde von SCHIMASSEK[2] übernommen, als Narkoticum verwenden wir Nembutal (15 mg/100 g Ratte i. p.).

Folgende Meßgrößen können kontinuierlich registriert werden: 1. die $O_2$-Drucke im zu- und abfließenden Medium; 2. der $P_{O_2}$ an der Leberoberfläche mit einer Platin-Mehrdrahtelektrode. Mit einer solchen Elektrode ist es möglich, gleichzeitig an acht verschiedenen Punkten voneinander unabhängige Meßwerte zu erfassen.

Unsere ersten Untersuchungen an diesem Modell galten der Frage, bis zu welcher Temperaturstufe unter den gegebenen Bedingungen eine ausreichende $O_2$-Versorgung der Leber möglich ist.

In der ersten Abbildung ist in einem Versuchsbeispiel die Temperaturabhängigkeit der Atmung und des $O_2$-Druckes im Gewebe wiedergegeben. Zu Beginn dieses Versuches wird mit einer Platinmehrdrahtelektrode bei 19 bis 20 °C die $O_2$-Druckverteilung an verschiedenen Stellen der Leberoberfläche ausgemessen. Dabei finden sich überall hohe $P_{O_2}$-Werte. Anschließend wird bei konstanter Elektrodenlage der $P_{O_2}$-Verlauf während einer Erwärmung der Leber von 21 bis 27 °C verfolgt.

Mit zunehmender Erwärmung kommt es zu einer kontinuierlichen Atmungssteigerung, wobei gleichzeitig die $O_2$-Drucke im Gewebe abfallen. Nach Überschreiten einer Temperatur von 26 bis 27 °C, bei der die Atmung einen Wert von 2,5 ml $O_2$/100 g/min erreicht hat, verlangsamt sich jedoch plötzlich der venöse $P_{O_2}$-Abfall und damit die $O_2$-Aufnahme. Einzelmessungen des Gewebe-$P_{O_2}$ bei 29 bis

31 °C an vergleichbaren Stellen der Leberoberfläche, wie zu Beginn des Versuchs, ergeben jetzt trotz hohem venösem $P_{O_2}$-Druck, eine partielle Anoxie. Diese partielle Gewebsanoxie, die bei einem scheinbar ausreichendem $O_2$-Angebot auftritt, wird durch einen $O_2$-Diffusionsshunt verursacht. Ein solcher $O_2$-Diffusionsshunt entsteht

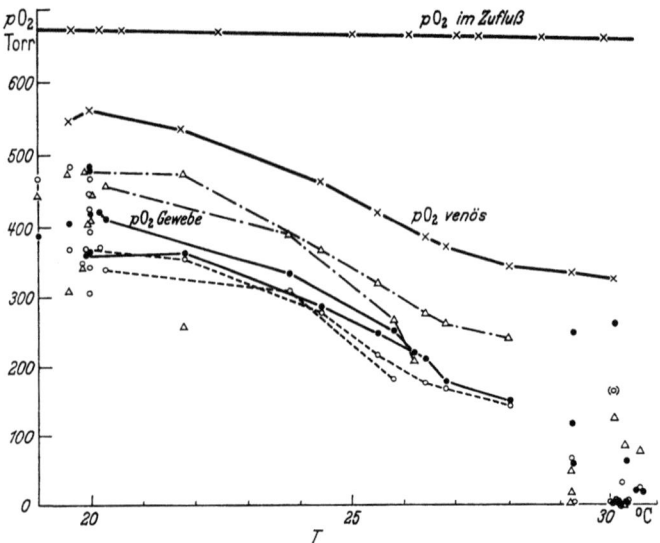

Abb. 1. $O_2$-Versorgung der Hb-frei perfundierten Rattenleber in Abhängigkeit von der Temperatur

dann, wenn es bei hohem $O_2$-Druck durch eine Art Kurzschlußdiffusion zu einem Abfließen von Sauerstoff aus arteriellen Sinusoidanteilen in benachbarte venöse Schenkel kommt. Auf diese Weise können große $O_2$-Mengen vorzeitig durch Querdiffusion verlorengehen, ehe sie das eigentliche Versorgungsgebiet im Gewebe erreicht haben. Ein Diffusionsshunt kann sich allerdings nur dort ausbilden, wo parallel verlaufende Capillaren gegensinnig durchströmt werden, oder wo sich arterielle und venöse Capillarschenkel kreuzen.

Als Folge des Diffusionsshunt entstehen hohe venöse $P_{O_2}$-Werte. Diese hohen venösen $O_2$-Drucke können eine scheinbar ausreichende $O_2$-Versorgung des Gewebes vortäuschen, obwohl in Wirklichkeit eine partielle Anoxie besteht.

Wegen des großen Anteiles an Shuntsauerstoff im venösen Medium ist bei der hämoglobinfreien Perfusion eine Bestimmung des kritischen venösen $O_2$-Druckes durch Senken des $P_{O_2}$ im Zufluß nicht möglich. Bei einer Perfusion der Leber mit erythrocytenhaltigem Medium läßt sich dagegen der kritische venöse $O_2$-Druck ohne Schwierigkeiten messen. So fanden wir [3] an der mit Rindererythrocyten durchströmten Rattenleber bei maximalen Atmungswerten um 11 ml $O_2$/100 g·min kritische venöse $O_2$-Drucke von 12 mm Hg.

Auch an anderen hämoglobinfrei perfundierten Organen kann es durch $O_2$-Diffusionsshunts zu erheblichen Sauerstoffverlusten kommen. Von LÜBBERS[4] wurde dies am Meerschweinchengehirn und von KESSLER und WEISS[5] an der Rattenniere nachgewiesen.

Befunde dieser Art lassen sehr deutlich erkennen, welche entscheidende funktionelle Bedeutung dem Hämoglobin für die $O_2$-Versorgung des Gewebes zukommt. Offenbar sind die Diffusionswege im Gewebe so dimensioniert, daß eine optimale $O_2$-Versorgung von Organen erst durch die $O_2$-Speicherfunktion des Hämoglobins möglich wird. Ein Ersatz der $O_2$-Pufferwirkung des Hämoglobins durch Anheben des $O_2$-Partialdruckes im zufließenden Medium kommt der $O_2$-Versorgung in beschränktem Umfang zugute, da bei hohen $O_2$-Drucken durch $O_2$-Diffusionsshunt ein großer Teil der angebotenen Sauerstoffmenge verlorengeht. Es lassen sich somit zwei Punkte herausstellen:

1. Eine $O_2$-Versorgung der hämoglobinfrei perfundierten Rattenleber (Durchfluß 3 bis 3,5 ml/g·min) müßte nach der im Medium vorhandenen $O_2$-Menge bis zu einer Temperatur von 30 bis 32 °C möglich sein. Da jedoch die $O_2$-Pufferwirkung des Hämoglobins fehlt, fließen relativ große Sauerstoffmengen durch Diffusionsshunt ungenutzt ab. Deshalb läßt sich eine ausreichende $O_2$-Versorgung nur bis zu einer Temperatur von 25 bis 26 °C aufrechterhalten.

2. Bei einer hämoglobinfreien Perfusion geben die venösen $O_2$-Drucke keine Hinweise über die tatsächliche $O_2$-Versorgung des Gewebes. Auch können wegen der Zumischung von Shuntsauerstoff zum venösen Medium kritische venöse $O_2$-Drucke nicht bestimmt werden.

In Abb. 2 sind die Atmungswerte von sechs Perfusionsversuchen in Abhängigkeit vom Durchfluß aufgetragen. Es zeigt sich, daß ein Durchfluß von mindestens 2,3 bis 2,7 ml/g/min eingestellt werden muß, um die Leber bei 22 °C ausreichend mit Sauerstoff zu versorgen.

Bei Übergang von normaler Durchblutung der Leber auf eine hämoglobinfreie Durchströmung muß, wie sich bei unseren Versuchen zeigte, spätestens 8 bis 12 min nach Perfusionsbeginn eine Unterkühlung mit Temperaturen von 22 bis 23 °C erreicht sein. Wird diese

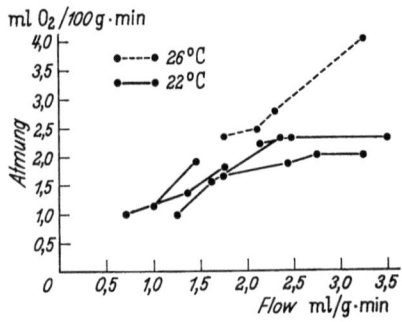

Abb. 2. Atmung und Durchfluß an der Hb-frei perfundierten Rattenleber

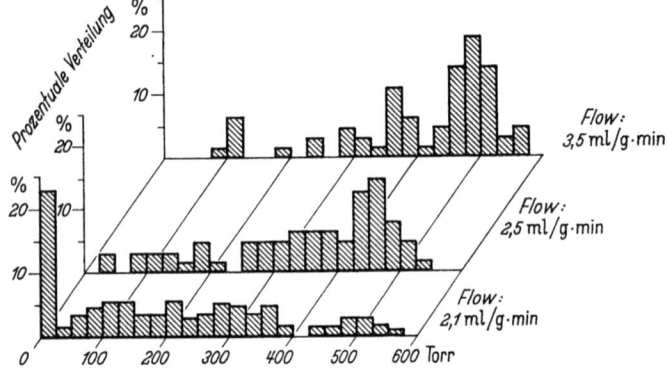

Abb. 3. Flußabhängige $P_{O_2}$-Verteilung an der Oberfläche einer Hb-frei perfundierten Rattenleber

Zeit überschritten, so kommt es im Gewebe zu irreversiblen Störungen der $O_2$-Versorgung. Beginnt man die Perfusion im kritischen Temperaturbereich von 25 bis 26 °C, so ist es auch nach längerer Perfusionsdauer, bei maximalem Durchfluß (3,5 ml/g/min), nicht möglich, eine Normalisierung der Atmung, die anfangs wegen präparationsbedingter Anoxie erhöht ist, zu erreichen (s. Abb. 2). An der Rattenleber ist es ohne weiteres möglich, eine Hypothermiestufe von

22 bis 23 °C innerhalb von 8 bis 10 min einzustellen. Eine ebenso rasche Unterkühlung der Leber von größeren Tieren kann dagegen aus technischen Gründen sehr schwierig sein. In solchen Fällen ist es zweckmäßig, die Perfusion mit einem erythrocytenhaltigen Medium einzuleiten und erst nach Erreichen einer Temperatur von 22 bis 23 °C auf ein Hb-freies Medium umzuschalten.

Die Abb. 3 zeigt eine flußabhängige prozentuale Verteilung von Sauerstoffdrucken, die mit einer Mehrdrahtelektrode an der Oberfläche einer Hb-frei perfundierten Rattenleber (22 °C) ausgemessen wurden. Bei einem Durchfluß von 3,5 ml/g/min finden sich $O_2$-Drucke von 75 bis 575 mm Hg, wobei der venöse $P_{O_2}$ 310 mm Hg beträgt. Wird der Durchfluß auf 2,5 ml/g/min reduziert, so sinken die $O_2$-Drucke im Gewebe und im venösen Medium ab (s. Tabelle). Die Atmung bleibt jedoch unverändert. Nach einer weiteren Durchflußverminderung auf 2,1 ml/g/min werden 5% der Meßwerte aus der $P_{O_2}$-Gruppe von 0 bis 25 mm Hg hyp- bis anoxisch. Der venöse $O_2$-Druck liegt trotz dieser partiellen Anoxie noch bei etwa 375 mm Hg.

Tabelle

| Durchfluß | venöser $P_{O_2}$ | Atmung | Anoxie |
|---|---|---|---|
| 3,5 ml/g·min | 478 Torr | 2,3 ml/100 g·min | 0% |
| 2,5 ml/g·min | 402 Torr | 2,3 ml/100 g·min | 0% |
| 2,1 ml/g·min | 375 Torr | 2,2 ml/100 g·min | 5% |

Aus den gezeigten Meßwerten ergeben sich drei wichtige Hinweise: 1. Bei hämoglobinfreier Perfusion findet sich im Gewebe eine $P_{O_2}$-Verteilung, die sich über einen sehr weiten Druckbereich erstreckt. Deshalb ist eine Aussage über die Sauerstoffversorgung des Gewebes durch Messungen des Gewebs-$P_{O_2}$ an nur wenigen Stellen nicht möglich. 2. Es besteht eine enge Korrelation zwischen der $O_2$-Versorgung der Leberoberfläche und der $O_2$-Versorgung der Gesamtleber. 3. Bei hohen $O_2$-Drucken (650 bis 680 mm Hg) im zugeführten Medium fließt bis zu 45% des Sauerstoffs durch Kurzschlußdiffusion ab, ohne in das eigentliche Versorgungsgebiet der Capillaren gelangen zu können.

Soll die Hb-frei perfundierte Leber bei Temperaturen über 26 °C noch mit Sauerstoff versorgt werden, so muß durch Erhöhung des Perfusionsdruckes die Durchströmung auf Werte von 4—6 ml/g/min gesteigert werden. Wie gemeinsame Untersuchungen mit SCHOLZ[6] gezeigt haben, ist es allerdings gleichzeitig erforderlich, einen venösen Gegendruck von 5—10 cm $H_2O$ zu erzeugen. Erst dadurch wird eine ausreichende Sauerstoffversorgung des Gewebes möglich. Die physiologischen Durchblutungsbedingungen sind jedoch unter diesen Bedingungen erheblich gestört.

Bei der Diffusion von Sauerstoff aus den Sinusoiden in die atmende Leberzelle entstehen $O_2$-Druckgradienten. Diese Gradienten verursachen, wie es in Abb. 3 gezeigt wurde, im Gewebe ein räumlich inhomogenes Verteilungsmuster der $O_2$-Drucke. Dadurch ist auch die im Gewebe gelöste $O_2$-Menge ungleichmäßig verteilt (nimmt man an, die Löslichkeit für Sauerstoff sei überall im Gewebe annähernd gleich, dann ist die lokal gelöste $O_2$-Menge proportional dem jeweiligen $P_{O_2}$). Dies hat zur Folge, daß es nach Unterbrechung der $O_2$-Zufuhr an einzelnen Punkten des Gewebes mit unterschiedlicher Geschwindigkeit zur Ausbildung einer Anoxie kommt. Wird der bei Ischämiereaktionen auftretende $O_2$-Druckabfall mit Pt-Elektroden gleichzeitig an verschiedenen Stellen im Gewebe gemessen, so ergeben sich, da die lokal gelösten $O_2$-Mengen uneinheitlich sind, sehr verschiedene Kurvenabläufe. Betrachtet man das zeitliche Verhalten dieser Kurven, dann zeigt der Vergleich der einzelnen Werte, daß bis zum Beginn einer lokalen Hyp- oder Anoxie Zeitdifferenzen bis zu 30 sec auftreten können. Bei kinetischen Untersuchungen von $O_2$-druckabhängigen Stoffwechselreaktionen kann dieser lokal unterschiedliche Anoxiebeginn eine große praktische Bedeutung haben. Untersucht man beispielsweise an größeren Gewebsarealen $P_{O_2}$-abhängige Reaktionen durch Gefrierstop, so z. B. Lactatanstiege oder Veränderungen des Redoxzustandes von Atmungsfermenten, so wird das Bild der tatsächlichen Kinetik verfälscht, da eine Hyp- oder Anoxie nicht an allen Punkten der entnommenen Probe gleichzeitig eintritt.

Wie wir in früheren Untersuchungen [7] feststellen konnten, wird der bei Ischämiereaktionen meßbare, lokale $P_{O_2}$-Abfall im Gewebe durch zwei Parameter bestimmt: 1. durch einen Ausgleich der dreidimensionalen $O_2$-Druckverteilung des Gewebes, 2. durch die Atmung. Da sich diese beiden Vorgänge in ihrem zeitlichen Ablauf überlagern, kann aus der Steilheit des $P_{O_2}$-Abfalles die Größe der lokalen Atmung nur berechnet werden, wenn bekannt ist, in welchem Ausmaß der Druckausgleich räumlicher $P_{O_2}$-Gradienten den lokalen

Die $O_2$-Versorgung der hämoglobinfrei perfundierten Rattenleber 19

Druckabfall beeinflußt. Ein Versuchsbeispiel soll dies deutlich machen: Die Oberflächenschicht einer Hb-frei perfundierten Rattenleber wurde durch Anblasen mit Sauerstoff äquilibriert (Abb. 4). Nach Er-

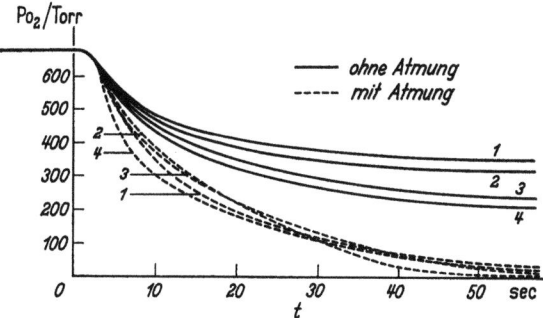

Abb. 4. Lokaler $P_{O_2}$-Abfall an der perfundierten Leber
——— ohne Atmung, - - - - - mit Atmung

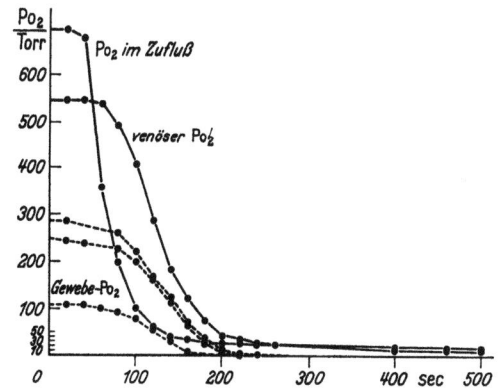

Abb. 5. Anoxiereaktion an der Hb-frei perfundierten Rattenleber

reichen eines $P_{O_2}$-steady-state wurde die äußere $O_2$-Zufuhr durch Aufsetzen einer Pt-Mehrdrahtelektrode unterbrochen und der danach entstehende $O_2$-Druckabfall gemessen. Anschließend wurde nach Auftropfen von Cyanid und erneutem Anblasen mit Sauerstoff der $P_{O_2}$-Abfall ohne Atmung registriert. Die in der Abbildung wiedergegebenen Kurven mit und ohne Atmung lassen deutlich erkennen, daß der zeitliche Ablauf der beiden Reaktionen sehr ähnlich ist. Deshalb kann bei einer Ischämie die Atmung aus der Steilheit des lokalen $P_{O_2}$-Abfalles nur dann berechnet werden, wenn der Einfluß des jeweiligen $P_{O_2}$-Gradientenausgleichs bekannt ist.

Zum Schluß soll an einem weiteren Versuchsbeispiel demonstriert werden, welche $P_{O_2}$-Reaktionen im Gewebe und im venösen Medium bei raschen Anoxiereaktionen auftreten. Wie Abb. 5 zeigt, liegen während eines raschen $P_{O_2}$-Abfalles im zufließenden Medium die venösen Drucke erheblich über den arteriellen $P_{O_2}$-Werten. Dies wird dadurch verursacht, daß sich als Folge der plötzlichen $O_2$-Drucksenkung im Zufluß die $P_{O_2}$-Gradienten im Gewebe umkehren. Dadurch kommt es zu einem sehr raschen Auswaschen des im Gewebe gelösten Sauerstoffs, was zu einem vorübergehenden Anstieg der venösen $P_{O_2}$-Werte führt. Vergleicht man die bei dieser Anoxiereaktion ebenfalls mitregistrierten $O_2$-Drucke des Gewebes mit den arteriellen und venösen Sauerstoffdrucken, so läßt sich erkennen, daß diese Werte nicht besonders eng miteinander korreliert sind. Es ergibt sich damit auch hier, daß nur durch direkte Messung der $P_{O_2}$-Gewebswerte Genaues über die tatsächliche $O_2$-Versorgung des Gewebes während einer Anoxiereaktion ausgesagt werden kann.

## Literatur

[1] MILLER, L. L., C. G. BLY, M. L. WATSON, and W. F. BALE: J. exp. Med. **94**, 431 (1951).

[2] SCHIMASSEK, H.: Biochem. Z. **336**, 460 (1963).

[3] KESSLER, M.: In: $O_2$-Versorgung der Organe (7. Bad Oeynhausener Gespräch). Berlin-Heidelberg-New York: Springer (im Druck).

[4] LÜBBERS, D. W.: In: Marburger Jahrbuch 1966. Gladenbach: Kempkes 1966.

[5] KESSLER, M., und CH. WEISS: Pflügers Arch. ges. Physiol. **294**, 41 (1967).

[6] — D. W. LÜBBERS und R. SCHOLZ: unveröffentlicht.

[7] — W. GRUNEWALD und D. W. LÜBBERS: Pflügers Arch. ges. Physiol. **283**, R 37 (1965).

## Diskussion

SCHMIDT: Bei hämoglobinfreier Perfusion mit hohen portalen Sauerstoffdrucken bei 37° C finden wir oft eine Abnahme der Atmung zusammen mit einer starken Durchflußminderung. Wir haben dabei an Mikroembolien gedacht und versucht, Gasbläschen in den Capillaren nachzuweisen. Auf den Röntgenbildern, die wir nach der Perfusion angefertigt haben, erkennt man tatsächlich bei Lupenbetrachtung Aufhellungen im Capillarsystem.

KESSLER: Mikroembolien, die durch kleine Gasbläschen verursacht werden, können an der perfundierten Leber schwere Störungen der Mikrozirkulation und der $O_2$-Versorung hervorrufen. Solche Gasbläschen, die oft so klein sind, daß man sie mit bloßem Auge fast nicht sehen kann, entstehen dann besonders leicht, wenn sich an Verbindungsstellen des Perfusionssystems das Lumen von Schläuchen und Glasrohren plötzlich vergrößert.

HESS: Können Sie sagen, wie groß die maximalen Diffusionswege sind? Ich meine die Abstände zwischen den arteriellen und venösen Schenkeln.

KESSLER: Wir können bisher noch nicht sagen, welche durchschnittlichen Längen die Diffusionsstrecken in der perfundierten Leber haben. Sie dürften sich aber aus der jeweiligen Größe des $O_2$-Diffusionsshunts bei unterschiedlichem Sauerstoffdruck in zufließendem Medium berechnen lassen, und ich hoffe, daß wir darüber bald nähere Angaben machen können. Aus dem $O_2$-Diffusionsshunt läßt sich nicht nur die Länge von Diffusionsstrecken berechnen, sondern es ergeben sich auch morphologische Hinweise über die Häufigkeit von „Kreuzungspunkten" der Sinusoide, an denen es zu einer Kurzschlußdiffusion kommen kann.

HESS: Glauben Sie, daß diese Verhältnisse gerade bei der hämoglobinfreien Durchströmung konstant bleiben, oder daß sie sich — z. B. durch Wasseraufnahme — ändern?

KESSLER: Im Laufe der Perfusion ändern sich die Verhältnisse sicherlich etwas. Vor und nach der Perfusion bestimmen wir routinemäßig das Gewicht der Leber. Bei 22° C und einer Perfusionsdauer von zwei Stunden finden wir keine Gewichtszunahme der Organe, was gegen ein stärkeres Ödem spricht. Allerdings muß ich hinzufügen, daß in ganz vereinzelten Fällen sofort nach Versuchsbeginn ein massives Ödem auftritt, dessen Ursache wir bislang nicht klären konnten. Wir untersuchen deshalb die Organe histologisch und hoffen dadurch einige Hinweise zu erhalten.

NETTER: Ich möchte Sie fragen, ob Sie histologische Veränderungen bei den perfundierten Lebern gesehen haben. Es wäre generell und besonders bei den hämoglobinfrei perfundierten Lebern wichtig, ob eine histologische Untersuchung etwas über den Zustand der isolierten Leber aussagen kann.

KESSLER: Gewebsveränderungen, die auf einen $O_2$-Mangel zurückzuführen sind, lassen sich in der Regel erst zwei bis drei Stunden nach einer Hyp-

oder Anoxieschädigung nachweisen. Die üblichen histologischen Methoden sind deshalb für die Beurteilung der $O_2$-Versorgung nur bedingt geeignet. Elektronenmikroskopische Untersuchungen scheinen dagegen aussichtsreicher zu sein.

MANDEL: Gibt es Unterschiede in der Zeit?

KESSLER: Während einer Perfusionsdauer von zwei Stunden sind Durchströmungen und $O_2$-Versorgung der Leber sehr konstant. Später kommt es allerdings zu einem leichten Ödem, das man u. a. daran erkennen kann, daß der Durchfluß langsam abnimmt, und die Sauerstoffdrucke im Gewebe absinken.

HESS: Was ist der kritische $O_2$-Druck des cellulären Atmungssystems?

KESSLER: Wir haben an isolierten Mitochondrien in Abhängigkeit von der Atmungsgröße kritische mitochondriale $O_2$-Drucke zwischen 1,5 bis 3,5 Torr gefunden. An der hämoglobinfrei perfundierten Leber ist es uns bisher nicht geglückt, die kritischen Drucke des Gewebes mit hinreichender Genauigkeit zu messen. An der mit Erythrocyten perfundierten Leber konn-

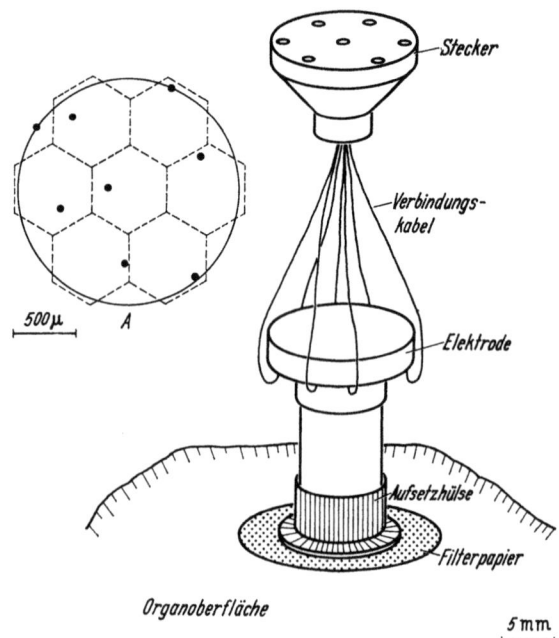

Abb. 1. Platinmehrdrahtelektrode, die an einer Organoberfläche mit feuchtem Filterpapier fixiert ist. Links ist das Meßfeld einer solchen Elektrode eingezeichnet. Die Sechsecke entsprechen in ihrem Größenverhältnis 7 Läppchen der Rattenleber

ten wir einen kritischen venösen $O_2$-Druck um 12 Torr messen, wobei sich ein Transportdruck von 7 bis 8 Torr errechnete. Man kann daraus wohl folgern, daß die Werte, die wir an isolierten Mitochondrien gefunden haben, auch für das intakte Organ gültig sein dürften.

BÜCHER: Sie sagen, daß Sie im Hb-frei perfundierten System den kritischen Sauerstoffdruck nicht messen können. Trifft das auch zu, wenn Sie die Fluorescenz als Indicator nehmen und Ihre wunderschönen Elektroden in die Nähe des fluorescierenden Feldes auf die Leberoberfläche setzen? Wir haben doch seinerzeit mit Ihnen in Marburg Sauerstoffdrucke beim Übergang zur Anoxie gemessen. Zum Zeitpunkt des raschen Anstieges der Fluorescenz sind wir in die Größenordnung von 5 Torr gekommen.

KESSLER: Es handelt sich ja bei den kritischen Sauerstoffdrucken um sehr tiefe Drucke, wobei es für die $O_2$-Versorgung sehr bedeutsam sein kann, ob die kritischen Drucke bei 1 oder bei 5 Torr liegen, und es war uns bisher noch nicht möglich, diese kritischen Werte mit hinreichender Sicherheit nachzuweisen.

BÜCHER: Das Schönste an diesen Versuchen sind die Techniken, die der Arbeitskreis von LÜBBERS entwickelt hat. Können Sie uns vielleicht eine der kleinen Elektroden zeigen, die, auf Filtrierpapier gestützt, tatsächlich keinen physikalischen Druck auf die Leberoberfläche ausüben?

KESSLER: Ich kann Ihnen in einer schematischen Abbildung (Abb. 1, S. 22) eine unserer Mehrdrahtelektroden und deren Aufsetztechnik zeigen. Elektroden werden in eine Hülse eingesetzt, die mit feuchtem Filtrierpapier an der Leberoberfläche fixiert wird. Dank ihres geringen Gewichtes können die Elektroden auf der Oberfläche der Leber „reiten", ohne eine Druckischämie zu erzeugen. Auf diese Weise lassen sich auch an der durch Atmung bewegten Rattenleber in situ einwandfreie Messungen durchführen.

SCHOLZ: Wir bemühen uns bei der Hb-freien Perfusion einen Sauerstoffdruck von etwa 150 bis 200 mm Hg im venösen Perfusat aufrechtzuerhalten. Halten Sie diese Bedingungen noch für ausreichend, um bei 37° C die Leber genügend mit Sauerstoff zu versorgen?

KESSLER: Ich glaube das schon; aber wir müßten vielleicht die $O_2$-Versorgungsbedingungen Ihres Modells bei verschiedenen venösen $O_2$-Drucken noch einmal genauer untersuchen.

SCHOLZ: Wir haben ja sehr empfindliche Indicatoren des Stoffwechsels, die uns sofort anzeigen, wenn in der Atmungskette der Sauerstoff limitiert ist. Mit Hilfe des Lübbers'schen Reflexionsspektrophotometers haben wir festgestellt, daß Cytochrom A in den oberflächennahen Gewebsbezirken vollständig oxydiert ist. Dabei ist gerade die Leberperipherie die Achillesferse der Perfusion unter diesen Bedingungen. Außerdem lassen die Redoxquotienten im Perfusat sofort erkennen, wenn Lebergewebe schlecht durchströmt wird. Wir finden normalerweise Quotienten Lactat zu Pyruvat zwischen 6 und 8. Ich meine deshalb, daß unsere Perfusionsbedingungen für die Sauerstoffversorgung des Organs ausreichen müßten.

KESSLER: Bei der Erzeugung des Gegendruckes und überhaupt durch einen relativ hohen Perfusionsdruck — das sagte ich ja auch schon in meinem

Vortrag — werden die normalen Durchströmungsverhältnisse an der Leber erheblich geändert. Ein Teil des Mediums fließt dabei auch über die Oberfläche ab. So ergaben sich auch bei unseren gemeinsamen Messungen keine Anhaltspunkte für eine Anoxie des Gewebes.

STAIB: Welche Temperatur würden Sie als optimal bezeichnen?

KESSLER: Ich glaube, daß eine Temperatur von 22° C am zweckmäßigsten sein dürfte. Man hat dabei noch eine gewisse Reserve und kann den Durchfluß variieren, ohne daß sofort eine Hypoxie droht. Darüber hinaus ist es bei dieser Temperatur noch nicht erforderlich, die Leber und die Perfusionsapparatur zu kühlen.

# Untersuchungen zur Redoxkompartmentierung bei der hämoglobinfrei perfundierten Rattenleber

Von

ROLAND SCHOLZ[*]

*Physiologisch-Chemisches Institut der Universität München*

Mit 15 Abbildungen

Mein Referat gehört zwar der Sektion „Physiologie" an. Ich möchte Ihnen jedoch von einem „zellphysiologischen" Problem berichten. Nach der klassisch-morphologischen Einteilung besteht die Zelle aus Kern, Zellsaft und Organellen. Die Frage ist, inwieweit die Stoffwechselreaktionen in den verschiedenen zellulären Räumen koordiniert oder voneinander isoliert sind. Im Arbeitskreis von Professor BÜCHER sind wir dem Problem der Kompartmentierung Pyridinnucleotid-abhängiger Redoxsysteme nachgegangen. Unser Untersuchungsobjekt war die hämoglobinfrei perfundierte Leber.

## Hämoglobinfreie Leberperfusion

Bei der Entwicklung unserer Perfusionsmethode verfolgten wir zwei Ziele:

1. die Standardisierung einer Organpräparation mit eingeschränkter Komplexität, die die Forderungen nach Reproduzierbarkeit, Homogenität und Übersichtlichkeit erfüllt, und

2. die Ausschaltung des Hämoglobins, das wegen seiner starken Absorption im Bereich des sichtbaren Lichtes die Anwendung optischer Methoden erschwert bzw. verhindert. Mit Hilfe dieser Methoden, die eine kontinuierliche Registrierung verschiedener Parameter im intakten Gewebe ermöglichen, können Einblicke in die Stoffwechselabläufe gewonnen werden, die über die Informationen aus der Messung

---

[*] In Zusammenarbeit mit Dr. rer. nat. URSULA PATAT, JOACHIM GRUNST, FRANK SCHWARZ und JÜRGEN ZEHNER.

arteriovenöser Differenzen oder momentaner Gewebsgehalte hinausgehen.

*Perfusionslösung:* Wir durchströmen isolierte Rattenlebern von der Vena portae her mit einer Tyrode-Dextran-Lösung. Sie besteht aus der von SCHIMASSEK (*1*) angegebenen isotonischen Salzlösung, deren Bicarbonatkonzentration allerdings dem Kohlendioxydgehalt der Gasgemische angepaßt wurde (Tabelle 1). Die Kapazität des auf pH 7,40 eingestellten Bicarbonatpuffers ist ausreichend. Unter aeroben Bedingungen wird auch bei längerer Perfusion ein pH von 7,30 nicht unterschritten. Als Plasmaexpander verwenden wir Dextran[1] mit einem mittleren Molekulargewicht von 40 000, mit dem der onkotische Druck der Lösung weitgehend auf den erhöhten Perfusionsdruck (siehe unten) abgestimmt werden kann. Im Vergleich zu Rinder-Serumalbumin[2] oder einem Plasmaexpander auf Gelatinebasis[3] erwies sich Dextran als eine inerte Substanz, die unter den Bedingungen der Leberperfusion in wesentlichen Mengen nicht abgebaut wird. Außerdem scheint Dextran im Hinblick auf den Enzymaustritt die Membranfunktionen in der perfundierten Leber besser zu erhalten als z. B. Rinder-Serumalbumin. Um einer Verarmung an Aminostickstoff und einem verstärkten Proteinkatabolismus zum Aufbau charakteristischer Aminosäurespiegel im Perfusat (*2*) entgegenzuwirken, setzen wir ein Aminosäuregemisch zu (Tabelle 1). Im übrigen enthält die Perfusionslösung unter Standardbedingungen keine weiteren Substrate.

Tabelle 1. *Perfusionslösung*

| Aminosäuren (L-Form) | Elektrolyte |
|---|---|
| 0,1 mM Asparaginsäure | 137,0 mM NaCl |
| 0,2 mM Threonin | 3,0 mM KCl |
| 0,3 mM Serin | 0,7 mM $NaH_2PO_4$ |
| 0,5 mM Glycocoll | 0,5 mM $CaCl_2$ |
| 0,6 mM Alanin | 0,5 mM $MgCl_2$ |
| 0,9 mM Glutaminsäure | 24,0 mM $NaHCO_3$ |
| 0,9 mM Glutamin | |
| Dextran (mittl. MW 40 000)[1] | 7 g pro 100 ml |

[1] Rheomacrodex®, salzfreies Trockenpulver; Knoll AG, Ludwigshafen;

[2] Serumalbumin vom Rind, „reinst"; Behring-Werke, Marburg/Lahn;

[3] Haemaccel®, Trockenpulver; Behring-Werke, Marburg/Lahn.

Die Perfusionslösung wird mit einem wasserdampf-angereicherten Gasgemisch aus 95% $O_2$ und 5% $CO_2$ (bzw. aus 95% Argon und 5% $CO_2$ für sauerstofffreie Durchströmung) gesättigt. Der Sauerstoffpartialdruck in der Lösung nach Verlassen des Oxygenators beträgt ungefähr 640 Torr. Legt man den Absorptionskoeffizienten $\alpha = 0,023$ (3) für die Löslichkeit von Sauerstoff in 0,9%iger NaCl-Lösung bei 37 °C zugrunde, so sind in 1 ml Perfusat 0,018 ml Sauerstoff gelöst (d. i. 0,81 mM $O_2$). Die blutig perfundierte Leber verbraucht ungefähr 0,05 ml Sauerstoff pro Minute und Gramm (1). Der Sauerstoffbedarf der hämoglobinfrei perfundierten Leber müßte demnach mit einer Durchströmung von 3—4 ml pro Minute und Gramm vollständig gedeckt werden können. Unsere Ergebnisse bestätigen diese Überlegungen. Die geringe Viscosität der Perfusionslösung ermöglicht eine Leberdurchströmung bis zu 6 ml pro Minute und Gramm, so daß auch bei 37 °C noch Sauerstoffreserven vorhanden sind. Um partielle Gewebsanoxien infolge verlängerter Diffusionsstrecken oder Eröffnung

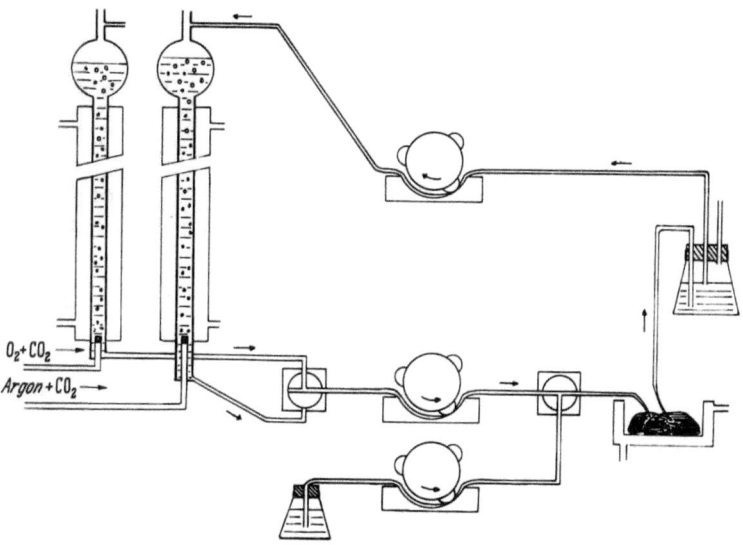

Abb. 1. Schema einer Perfusionsapparatur mit Oxygenator, Rollenpumpen, Dreiwegehähnen, temperiertem Gefäß für die Leber und dem Sammelgefäß zur Einstellung eines Rückstaues. Die Perfusionslösung wird in Glasrohren (Länge 100 cm, Durchmesser 2 cm; umgeben von einem Wassermantel) mit Gasgemischen in feiner Verteilung (G-3-Fritte) durchperlt

arteriovenöser Anastomosen zu vermeiden, wird die Durchströmungsgeschwindigkeit so eingestellt, daß ein Sauerstoffpartialdruck von 100—150 Torr im austretenden Perfusat erhalten bleibt.

*Perfusionsapparatur:* Die mit den entsprechenden Gasgemischen im Oxygenator gesättigte Perfusionslösung wird durch eine Rollenpumpe zur Leber befördert und gelangt von dort in ein Sammelgefäß, aus dem sie durch eine weitere Rollenpumpe zum Oxygenator zurückgeleitet wird. Abbildung 1 gibt eine Übersicht über die erste Ausführung unserer Apparatur, mit der u. a. die „Anoxie"-Experimente ausgeführt worden sind, über die ich später berichten werde. Die Lösung wird in langen, temperierten Glasrohren von Gasgemischen in feiner Verteilung durchperlt. Ein Dreiwegehahn zwischen den beiden Oxygenatoren ermöglicht ein Umschalten auf eine Perfusionslösung von anderer Aufsättigung, so daß bei unveränderter Leberdurchströmung in wenigen Sekunden verschiedene Zustände der Sauerstoffversorgung erzielt werden können. Filter aus feinmaschiger Seidengaze sind der Leber vorgeschaltet, um denaturiertes Eiweiß oder Luftbläschen zurückzuhalten.

Abb. 2. Perfusionsapparatur (ohne Rollenpumpen). Der Thermostat (temperierter Aluminiumblock) enthält in seinem Mittelteil einen Filmoxygenator (rotierende Kunststoffwalze mit ausgefrästen Scheiben; Länge 29 cm, Durchmesser 8 cm) und in den Seitenteilen ein Filtergefäß mit Kontaktthermometer, 2 Durchflußelektroden zur Sauerstoffmessung, Leber- und Sammelgefäß (vorne, von links nach rechts) sowie Gasvorwärmflaschen (hinten rechts)

In unserer augenblicklichen Perfusionsapparatur* (Abb. 2) verwenden wir das Prinzip eines Filmoxygenators. Er besteht aus einer rotierenden Kunststoffwalze mit ausgefrästen Scheiben. Trotz geringer äußerer Abmessungen (zylindrische Oxygenatorkammer: Länge 30 cm, Durchmesser 9 cm) beträgt die benetzbare Oberfläche 2000 cm$^2$. Bei 120 Umdrehungen pro Minute wird die durch den Oxygenator laufende Perfusionslösung (Volumen: 150 ml) in jeder Minute auf einer Fläche von ungefähr 20 m$^2$ ausgebreitet. Die Kapazität reicht aus, um nach Umschaltung der Begasung von Sauerstoff auf Argon oder umgekehrt die Perfusionslösung innerhalb einer Minute fast vollständig zu tonometrieren. Ein luftblasenfreies Einleiten des Perfusates in die Oxygenatorkammer ist Voraussetzung für ein Funktionieren ohne Schäumen. Luftblasenfreiheit im „venösen" Schlauchsystem wird durch ein diskontinuierliches Arbeiten der Absaugpumpe erreicht, die durch den Perfusatspiegel im Sammelgefäß hinter der Leber gesteuert wird. Die Oxygenatorkammer ist zusammen mit den Gefäßen für Filter, Sauerstoffelektroden, Leber usw. in einem Aluminiumblock eingelassen, der durch elektrische Heizstäbe temperiert wird. Ein Kontaktthermometer (37 °C) im Filtergefäß vor der Leber steuert die Heizstäbe in der Nähe der Oxygenatorkammer. Temperaturverluste auf dem Wege zur Leber werden dadurch ausgeglichen.

Im Schlauchsystem vor und hinter der Leber befinden sich Platinelektroden (4), die den Sauerstoffpartialdruck im Perfusat kontinuierlich messen. Da der Hämoglobinpuffer für Sauerstoff fehlt, ist die arteriovenöse Differenz der Partialdrucke direkt proportional der Atmungsgröße. Die Sauerstoffmessungen werden von einem Registriergerät aufgezeichnet. Bei konstanter Durchströmungsgeschwindigkeit läßt sich die Atmungsgröße der Leber unmittelbar ablesen, so daß ein wichtiger Parameter des energieliefernden Stoffwechsels ständig beobachtet werden kann.

*Operationstechnik:* Die Operation der Versuchstiere (weibliche Wistar-II-Ratten, 200—250 g) lehnt sich an die bekannten Methoden an (5, 6). Ich muß jedoch erwähnen, daß die Pfortaderkanüle in situ und bei laufender Perfusionspumpe eingeführt wird, so daß der Über-

---

* Die Perfusionsapparatur wurde gemeinsam mit Herrn Mechanikermeister WILLI BENDER und Herrn Ingenieur HELMUT HOFNER konstruiert und von Herrn ALBERT SCHALLWEG in der Werkstatt des Physiologischchemischen Institutes München angefertigt.

gang von blutiger auf künstliche Durchströmung ohne Unterbrechung, d. h. ohne Ischaemie, erfolgt. Innerhalb von wenigen Sekunden nimmt die Leber ihre gelblich-braune Eigenfarbe an, die etwa der Farbe isolierter Mitochondrien gleicht. Eine rasche und gleichmäßige Auswaschung des Blutes gelingt nicht bei Lebern mit einer Blutstase, z. B. bei Kreislaufkollaps infolge zu starken Blutverlustes oder zu tiefer Narkose. Die Operation wird deshalb bei schwerer Cyanose oder Leberstauung abgebrochen, da erfahrungsgemäß diese Lebern während des Perfusionsexperimentes einen geringen Sauerstoffverbrauch haben und außerdem meist Hypoxiereaktionen zeigen. Offensichtlich werden Gefäßbezirke mit Blutstase nach Umstellung auf die künstliche Durchströmung nicht mehr geöffnet. Das Perfusat verläßt die Leber über eine Kanüle in der Vena cava und wird von dort zur Platinelektrode geleitet.

*Homogene Durchströmung und Perfusionsdruck:* Bei der MILLERschen Perfusionsmethode tropft das Blut aus der Vena cava frei ab (5). Je nach Lagerung der Leber entsteht dabei ein mehr oder weniger starker Sog in den Lebervenen, der den Abfluß begünstigt. Versuche mit Zusatz von Evansblau zur Perfusionslösung ohne Erythrocyten zeigen jedoch, daß unter diesen Abflußbedingungen nur die zentralen Bezirke der Leberlappen angefärbt werden. Eine 1—2 mm dicke Schale muß demnach mangelhaft mit Sauerstoff versorgt werden. Diese Zentralisation der Durchströmung, die wahrscheinlich jeder Perfusion isolierter Organe droht, kann allerdings durch einen Rückstau (etwa 3—5 cm Wassersäule) in den großen Lebervenen verhindert werden. Die Perfusionslösung wird dadurch in die Leberperipherie gedrückt. In der Anwendung eines Rückstaues im Abflußsystem sehen wir die entscheidende Maßnahme für eine homogene Durchströmung der Leber. Die oberflächennahen Bezirke können unter diesen Bedingungen als weitgehend repräsentativ für die gesamte Leber angesehen werden, — eine Voraussetzung für die Anwendung optischer Methoden, wie z. B. Oberflächenfluorometrie oder Reflexionsspektrophotometrie.

Die Folge dieses unphysiologischen Rückstaues ist jedoch eine Ausweitung des Gefäßsystems und interstitielle Ödeme. Die Leber schwillt um mehr als 50%/o an. Die dadurch bedingte Verlängerung der Diffusionsstrecken muß durch höhere venöse Sauerstoffpartialdrucke (siehe oben) ausgeglichen werden. Weiterhin ist durch den Rückstau der Lymphstrom verstärkt, so daß ein Teil des Perfusates über die Leberoberfläche abfließt. Diese Maßnahmen zum Zwecke eines homogenen Organpräparates führen allmählich zu Gewebszerreißungen, die allein die Dauer der Experimente auf 5—6 Std begrenzen.

Die große Durchströmungsgeschwindigkeit, die für eine ausreichende Versorgung mit physikalisch gelöstem Sauerstoff erforderlich ist, wird mit Pumpen erzwungen. Wir arbeiten somit nicht druckkonstant, wie die meisten unter Ihnen, sondern volumenkonstant. Rückstau und Durchströmungsgeschwindigkeit verursachen einen hohen Perfusionsdruck, der zwischen 20 und 40 cm Wassersäule schwankt. Abbildung 3 zeigt seine Bewegung während eines vierstün-

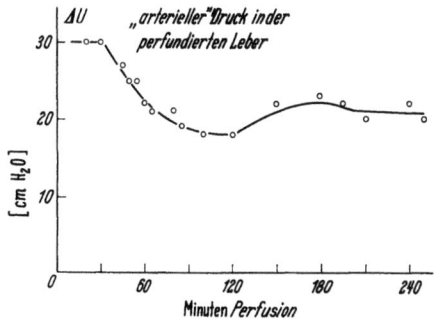

Abb. 3. Änderungen des Perfusionsdruckes während eines Perfusionsexperimentes. Differenz der Drucke im Schlauchsystem mit und ohne Leber, gemessen bei konstanter Durchströmungsgeschwindigkeit mit einem Federkapselmanometer

digen Experimentes. Der Druckabfall nach einer halben Stunde ist möglicherweise durch Ausschaltung der Gefäßregulation bedingt. Der spätere Anstieg muß wahrscheinlich auf die Widerstandserhöhung infolge eines zunehmenden interstitiellen Ödems zurückgeführt werden.

*Charakterisierung der hämoglobinfrei perfundierten Leber:* Jede Vereinfachung und Standardisierung des Untersuchungsobjektes führt zwangsläufig zu einer Entfernung von den physiologischen Verhältnissen. Wir sehen deshalb in dieser Organpräparation nicht die Leber selbst, sondern nur ein Modell der Leber. Wir müssen dementsprechend unsere Aussagen bei der Übertragung der Perfusionsergebnisse auf die Verhältnisse in vivo einschränken.

Das Modell hat die Funktionen des Originals in unterschiedlicher Weise bewahrt. So zum Beispiel versiegt im Laufe der Perfusion die

Gallensaftsekretion, die jedoch auf Choleretica noch anspricht (Abb. 4). Wahrscheinlich führt der hohe Perfusionsdruck und die Leberschwellung zu einem Verschluß der Gallencapillaren. Biosynthetische Prozesse, wie zum Beispiel die Gluconeogenese, sind — verglichen mit den Ergebnissen an der blutig perfundierten Leber (7, 8) — um den Faktor 2 bis 3 vermindert. Atmungsgröße, Phosphatpotential, Einstellung charakteristischer Substratspiegel im Perfusat usw. stimmen dagegen mit der blutig perfundierten Leber überein.

Die Übersichtlichkeit des Modells und seine methodischen Möglichkeiten, die die kontinuierliche Registrierung mehrerer Parameter er-

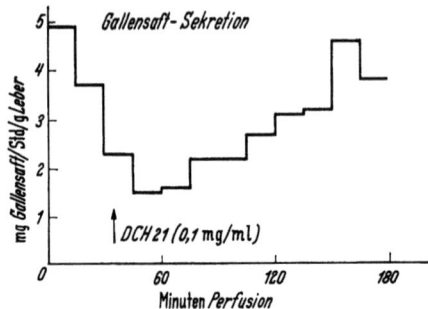

Abb. 4. Ausscheidung von Gallensaft bei der isolierten, hämoglobinfrei perfundierten Leber. Applikation einer cholagogen Substanz (DCH 21; Fa. Dr. Karl Thomae, Biberach) 40 min nach Perfusionsbeginn

lauben, machen es besonders geeignet für die Untersuchung zellulärer Koordinationen im Bereich des energieliefernden Stoffwechsels. Die Gesetzmäßigkeiten dieser Prozesse sind fast durchweg an isolierten Zellfraktionen, z. B. an Mitochondrien-Präparationen, erarbeitet worden, die noch stärker vereinfachte Modelle darstellen. Unsere Experimente an der hämoglobinfrei perfundierten Leber sind der Versuch, diese Gesetzmäßigkeiten unter den Bedingungen einer größeren Komplexität zu überprüfen, d. h.: das Zusammenwirken der „Zellfraktionen" in der weitgehend intakten Leberzelle zu studieren. Für diese Untersuchungen bietet das überlebende Organ wesentliche methodische Vorteile gegenüber inkubierten Gewebsschnitten. Die Zellen werden u. a. in einem größeren Parenchymverband erhalten, in dem das physiologische Versorgungsprinzip bestehen bleibt.

Untersuchungen zur Redoxkompartmentierung 33

## Oberflächenfluorometrie

Der Gewebsgehalt an reduzierten Pyridinnucleotiden kann durch Oberflächenfluorometrie erfaßt werden (9—12). Diese Methode ist bei durchbluteten Organen jedoch nur bedingt anwendbar, da infolge der starken Absorption des Hämoglobins bereits geringe Änderungen der Blutfülle große Fluorescenzeffekte hervorrufen (13). Entsprechend der von CHANCE (9) angegebenen Technik haben wir ein Aufsichtsmikroskop mit wassergekühlter Quecksilberdampflampe, Primär- und Sekundärfilter und Photomultiplier ausgerüstet (Abb. 5). Die Primärstrahlung von 366 mµ wird auf die Leberoberfläche gerichtet. Die in einem Gewebscylinder bis zu 1 mm Tiefe angeregte blaue Fluorescenz-

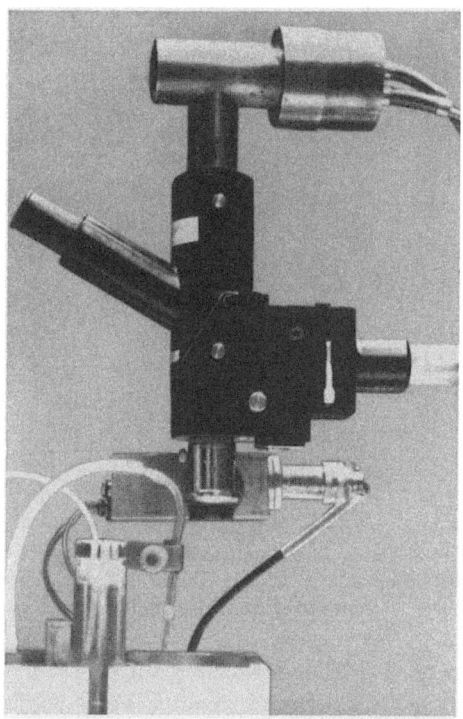

Abb. 5. Fluorometer. Aufsichtsmikroskop („Ultrapak"; Fa. Leitz, Wetzlar) ausgerüstet mit wassergekühlter Quecksilberdampflampe (ST 40; Fa. Heraeus, Hanau), Primärfilter (366 mµ), Sekundärfilter (Wratten-2C-Folie, Sperrfilter mit steiler Flanke bei 400 mµ) und Photomultiplier (RCA 1 P 21)

strahlung mit einem Maximum zwischen 450 und 480 mμ gelangt über ein Linsensystem auf den Photomultiplier. Das Fluorometer wird zusammen mit einem Photometerbauteil[1] und einem Registriergerät betrieben.

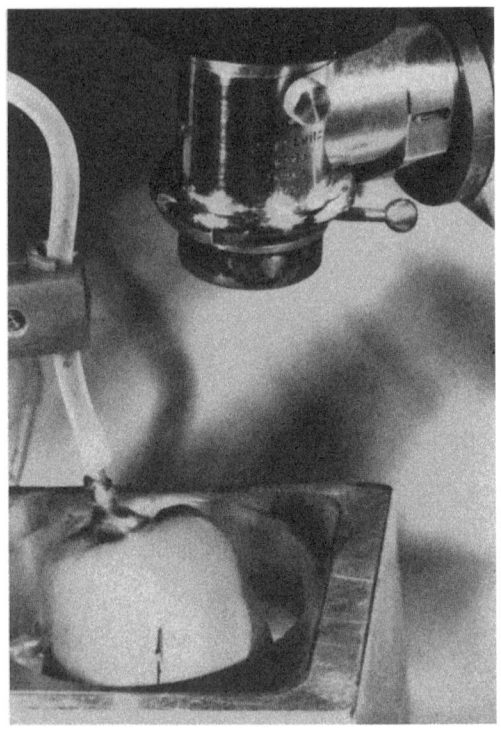

Abb. 6. Hämoglobinfrei perfundierte Leber mit Kopf des Fluorometers. Die Kunststoffkanüle in der V. cava ist zusammen mit den Zwerchfellzipfeln eingebunden. Die Leber ist teils an der Kanüle hängend, teils aufliegend im temperierten Gefäß fixiert

Umschalten der Leberdurchströmung auf eine sauerstofffreie und wieder zurück auf eine sauerstoffhaltige Perfusionslösung — wir bezeichnen diese Folge als „Anoxie-Cyclus" — bewirkt eine charak-

---

[1] Photometerbauteil „Eppendorf" mit stabilisierter Stromversorgung für Hg-Lampe und Multiplier, Verstärker usw.; Netheler und Hinz, Hamburg.

teristische Bewegung der Fluorescenzintensität (Abb. 7). Wir unterscheiden drei deutlich voneinander abgesetzte Phasen: 1. eine Latenzphase, 2. einen raschen Anstieg, der nach 15—20 sec Anoxie einsetzt, und 3. einen langsameren Anstieg, in den die 2. Phase nach 30—40 sec

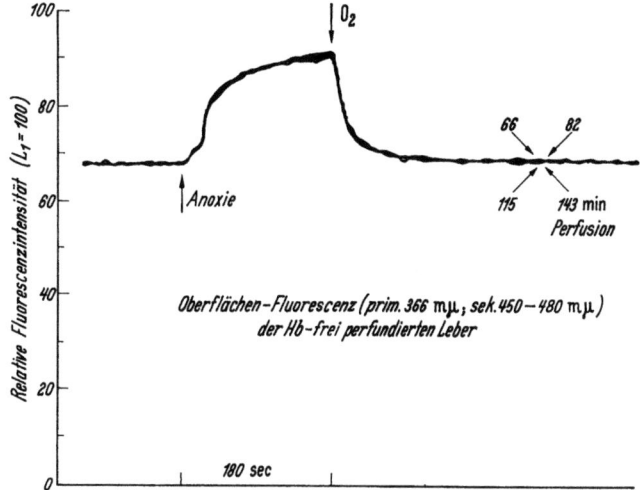

Abb. 7. Bewegung der Fluorescenzintensität in 4 Anoxie-Cyclen (Anoxiedauer 3 min), registriert von derselben Stelle der Leberoberfläche zu verschiedenen Perfusionszeiten. Die Kurven wurden mit Bezug auf den Zeitpunkt, an dem die Anoxie einsetzte, übereinander gezeichnet. Aus SCHNITGER, SCHOLZ, BÜCHER und LÜBBERS (13)

Anoxie übergeht und der mehrere Minuten anhalten kann. Nach Sauerstoffzufuhr bilden sich diese Veränderungen schnell zurück. In Abb. 7 sind die Fluorescenzkurven von 4 Anoxiecyclen — aufgenommen von derselben Stelle der Leberoberfläche zu verschiedenen Zeiten einer dreistündigen Perfusion — übereinandergezeichnet. Der Parameter Oberflächenfluorescenz zeigt, daß die durch Anoxie bedingten Veränderungen im Lebergewebe vollständig reversibel und reproduzierbar sind.

Die Veränderungen im Gewebsgehalt der reduzierten Pyridinnucleotide während des Anoxie-Cyclus sind in Abb. 8 wiedergegeben. Es handelt sich dabei um die Analysen von Gewebsproben (Frierstoptechnik, Perchlorsäureextraktion, Anionenaustauscherchromatographie) aus insgesamt 60 Perfusionsexperimenten. DPNH zeigt ebenfalls eine 3-Phasen-Kinetik mit Latenzphase, schnellem und langsamen Anstieg. TPNH verhält sich dagegen anders. Sein Anstieg setzt bereits nach wenigen Sekunden Anoxie ein, — möglicherweise noch vor dem des DPNH. TPNH erreicht bald ein Maximum und scheint bei längerer Anoxie sogar wieder abzufallen, während DPNH weiter ansteigt.

Das unterschiedliche Verhalten der beiden Pyridinnucleotide ist Ausdruck ihrer verschiedenen Stellung im Metabolismus. Wasserstoff kann wahrscheinlich nur unter ATP-Verbrauch von DPNH auf TPN übertragen werden. Die TPNH-Bildung zu Beginn der Anoxie sollte deshalb abgeschlossen sein, wenn der Zerfall der energiereichen Phosphate vollständig ist. Andererseits ist der Wasserstoffakzeptor des TPNH nicht die Atmungskette, sondern energieverbrauchende Prozesse, die erst nach Aufbau des ursprünglichen Phosphatpotentials wieder anlaufen können. Die Bewegungen der energiereichen Phosphate während des Anoxiecyclus (11) stimmen mit dieser Vorstellung überein.

Wenn wir die Veränderungen im Gewebsgehalt der reduzierten Pyridinnucleotide (Abb. 8) mit der Kinetik der Oberflächenfluorescenz

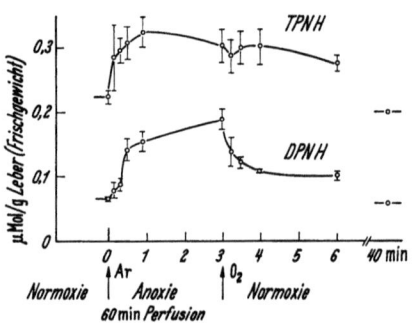

Abb. 8. Gewebsgehalt der reduzierten Pyridinnucleotide (DPNH und TPNH). Frierstop zu verschiedenen Zeiten des Anoxie-Cyclus. Analyse der säurelöslichen Extrakte durch Anionenaustauscherchromatographie, bei der DPNH als ADP-Ribose bzw. TPNH als ADP-Ribose-Phosphat bestimmt wird. Mittelwerte mit Standardabweichungen aus insgesamt 60 Perfusionsexperimenten.

(Abb. 7) im Anoxie-Cyclus vergleichen, fällt die gute Übereinstimmung zwischen Fluorescenz und DPNH auf. Die Intensitätsänderungen der Oberflächenfluorescenz scheinen deshalb vorwiegend Änderungen des DPNH-Gehaltes, weniger des TPNH-Gehaltes widerzuspiegeln.

## Redoxkompartmentierung

Seit den Untersuchungen LEHNINGERs (14) ist bekannt, daß die Mitochondrienmembran für Pyridinnucleotide undurchlässig ist. Der Wasserstofftransport in die Mitochondrien hinein wird nur durch Einschaltung besonderer Mechanismen ermöglicht, wie z. B. des Glycerophosphat-Cyclus (15, 16). Wir müssen uns fragen, ob neben dieser Kompartmentierung der Pyridinnucleotide auch eine Kompartmentierung der mit ihnen verbundenen Redoxsysteme besteht. Das heißt: Trennt die Mitochondrienmembran Räume mit unterschiedlichem Wasserstoffdruck, zwischen denen kein direkter und rascher Ausgleich erfolgen kann? Bei grober Einteilung handelt es sich hier um das mitochondriale und um das extramitochondriale Redoxsystem. Wir wollen bei unseren weiteren Überlegungen nicht diskutieren, ob im Hinblick auf die Leberzelle diese beiden Systeme noch unterteilt werden müssen.

Erste Hinweise für eine unterschiedliche Beteiligung der einzelnen Systeme an Redoxvorgängen lieferte die Fluorescenzregistrierung. Abb. 9 zeigt eine Zusammenstellung typischer Fluorescenzkurven bei verschiedenartigen Eingriffen in den Redoxstatus der Leber. Anoxie und Äthanolzugabe verursachen Fluorescenzausschläge von etwa gleicher Größe. Beide Ausschläge sind im „Sättigungsplateau" jedoch superponierbar. Sie müssen deshalb verschiedenen Diphosphopyridinnucleotid-Systemen zugeordnet werden, die unabhängig voneinander reagieren können. Eine Zuordnung zu den einzelnen Kompartimenten gelingt mit Hilfe der Metabolitanalysen im Perfusat, über die ich später berichten werde.

*Anoxie-Cyclus:* Fluorescenzregistrierung und DPNH-Analysen erfassen die Summe des freien und des gebundenen DPNH aus sämtlichen Räumen der Zelle. Hinter der charakteristischen Kinetik des Anoxie-Cyclus (Abb. 7 und 8) verbirgt sich somit ein komplexes Geschehen, dessen einzelne Anteile zunächst nicht zu erkennen sind. Während aber die Analysen des Gewebsgehaltes keine weiteren Informationen für unsere Fragestellung liefern, lassen sich die Fluorescenzkurven durch geeignete Maßnahmen aufschlüsseln.

Die Anoxiefluorescenz ist in Form und Größe abhängig von der Pyruvatkonzentration im Perfusat. Im Experiment der Abb. 10 wurden die Anoxien bei Konzentrationen zwischen 0,1 und 4 mM Pyruvat durchgeführt. Phase 3 — d. i. der langsame Fluorescenzanstieg —

ist bei höheren Pyruvatkonzentrationen abgeflacht, wobei ein Maximum ungefähr bei 4 mM erreicht ist. Phase 1 und 2 scheinen dagegen unbeeinflußt zu sein.

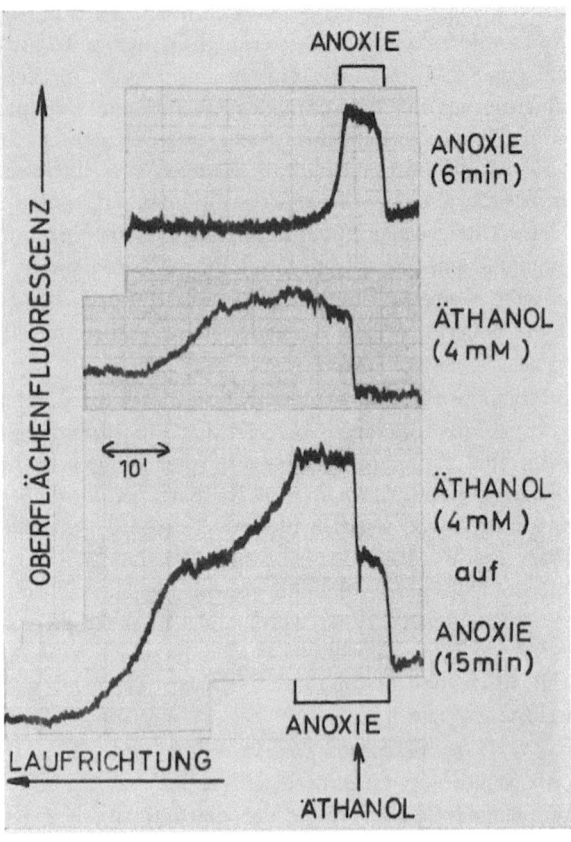

Abb. 9. Reaktionen der Oberflächenfluorescenz bei verschiedenen Eingriffen in den Redoxstatus der Leber, zusammengestellt aus 3 Perfusionsexperimenten mit annähernd vergleichbarer Registrierung. Zeitschreibung von rechts nach links. Aufwärtsbewegung der Kurven: Anstieg der Fluorescenzintensität (primär 366 mµ, sekundär 450—480 mµ).
Untere Registrierung: Äthanol-Applikation während einer Anoxie. Die „Äthanol-Fluorescenz" setzt sich der „Anoxie-Fluorescenz" auf. Der erste Abfall entspricht der Erholungsphase nach Anoxie (siehe obere Kurve), der zweite dem Verschwinden des Äthanols aus dem Perfusat (siehe mittlere Kurve)

Untersuchungen zur Redoxkompartmentierung 39

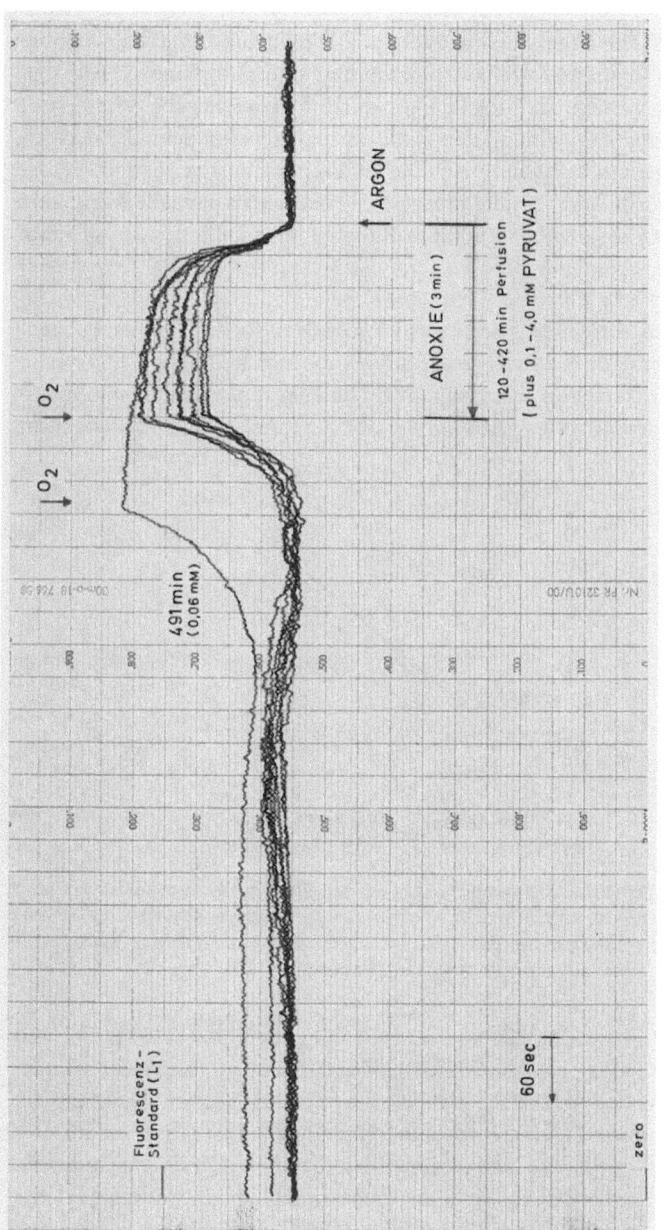

Abb. 10. Partielle Kompensation der Anoxie-Fluorescenz durch Pyruvat. In einem Perfusionsexperiment von 8 Stunden Dauer wurden insgesamt 11 Anoxien mit verschiedenen Pyruvatkonzentrationen im Perfusat (0,1—4,0 mM) durchgeführt. Registrierung der Fluorescenz (primär 366 mµ, sekundär 450—480 mµ) von derselben Stelle der Leberoberfläche. Zeitschreibung von rechts nach links

Wie kann dieser Effekt erklärt werden? Unter anaeroben Bedingungen ist der Weg des Pyruvats auf die Reduktion zu Lactat beschränkt; Oxydation und Carboxylierung sind unterbunden. Auf diesem Wege besteht die Möglichkeit, durch Pyruvatzugabe Wasserstoff zunächst aus dem Raum der Zelle abzuziehen, in dem die Lactat-Dehydrogenase lokalisiert ist. Der Wasserstoffanstau in der Anoxie kann dadurch kompensiert werden, — und zwar partiell, wenn kein Wasserstoff aus den benachbarten Räumen nachfließt, und total, wenn ein rascher Ausgleich der Wasserstoffdrucke erfolgt. Das Experiment spricht für eine partielle Kompensation.

Der entscheidende Parameter ist jedoch nicht die Pyruvatkonzentration, sondern die Pyruvataufnahme, die sich leicht aus den arteriovenösen Differenzen berechnen läßt. Die Extrapolation auf ihre maximale Geschwindigkeit (Abb. 11) ergibt eine Aufnahme von ungefähr

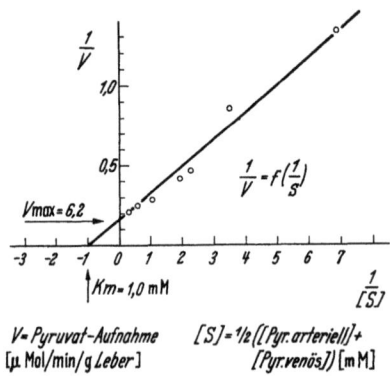

Abb. 11. Pyruvataufnahme der Leber in der Anoxie. Reziproke Auftragung nach LINEWEAVER und BURK. $V = \mu\text{Mol/min/g}$ Leber; S = „effektive" Pyruvatkonzentration, für die das Mittel aus arterieller und venöser Konzentration angenommen wurde (Experiment aus Abb. 10)

6 $\mu$Mol Pyruvat pro Minute und Gramm (d. i. 300—400 $\mu$Mol pro Stunde und Gramm). Für diesen Umsatz ist nur etwa 1% der Lactat-Dehydrogenase-Aktivität, die bei Substratsättigung im Lebergewebe gefunden wird (17), erforderlich. Die Pyruvataufnahme wird deshalb nicht durch das Enzym, sondern durch das Substrat limitiert. Der begrenzende Faktor ist wahrscheinlich das extramitochondrial zur Verfügung gestellte DPNH. In der maximalen Pyruvataufnahme ha-

ben wir folglich einen Meßwert für die Geschwindigkeit der anaeroben Glykolyse.

Fluorescenzanstieg und Pyruvataufnahme sind umgekehrt proportional, wie aus der Darstellung in Abb. 12 hervorgeht. Wenn wir bis

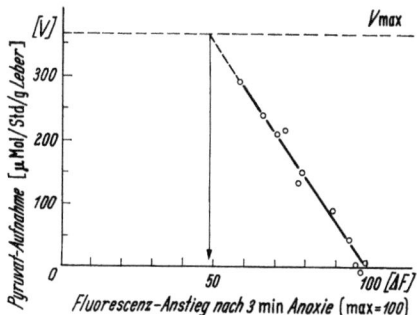

Abb. 12. Partielle Kompensation der Anoxie-Fluorescenz durch Pyruvat (Experiment aus Abb. 10). Lineare Beziehung zwischen Fluorescenzanstieg und Pyruvataufnahme in der Anoxie. Die Pyruvataufnahme wurde berechnet aus der Differenz der Konzentration im Perfusat vor und hinter der Leber sowie aus der Perfusionsgeschwindigkeit. Extrapolation auf den Fluorescenzanstieg bei maximaler Pyruvataufnahme (siehe Abb. 11)

zur maximalen Pyruvataufnahme extrapolieren, können wir ablesen, daß ungefähr die Hälfte der Anoxiefluorescenz durch Pyruvat löschbar ist. Diese Fluorescenz muß dem DPNH im Cytosol[1] zugeschrieben werden, mit dem allein Pyruvat reagieren kann.

Wir betrachten noch einmal die Kinetik der Anoxiefluorescenz (Abb. 13). Der Anstieg der Fluorescenzintensität ist in erster Näherung ein Maß für die Geschwindigkeit, mit der die DPNH-Konzentrationen in den verschiedenen Kompartimenten aufgebaut werden. Der Fluorescenzanstieg ($\Delta F/t$) kann demnach beschrieben werden als die Summe der Geschwindigkeiten, mit denen DPNH in den Mitochondrien ($V_{mit.}$) und im Cytosol ($V_{cyt.}$) entsteht und wieder verschwindet, — hier durch Wasserstoffabzug über Pyruvat-Lactat ($V_{pyr.}$):

$$\Delta F/t = V_{mit.} + V_{cyt.} - V_{pyr.}$$

---

[1] LARDY (18) definiert das „Cytosol" als die Zellfraktion, die nach einstündiger Zentrifugation eines Gewebshomogenates bei 105 000 × g im löslichen Überstand gefunden wird. Es entspricht dem Cytoplasma minus Mitochondrien und den Komponenten des endoplasmatischen Reticulums.

Abbildung 13 enthält zwei extreme Anoxien: Pyruvataufnahme in A minimal, in B fast maximal. Unter der Voraussetzung, daß die Pyruvataufnahme durch glykolytisches DPNH limitiert wird, muß

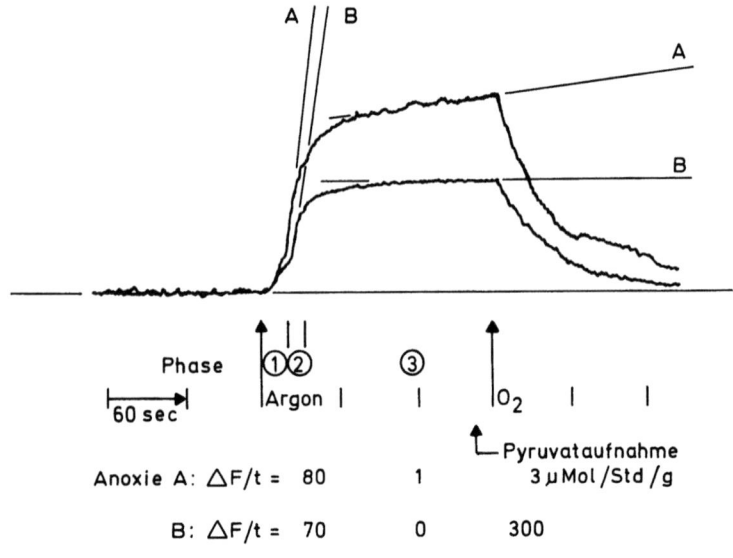

$\Delta F/t = V\,\text{mit} + V\,\text{cyt} - V\,\text{pyr}$

Anoxie A: $V\,\text{pyr} = 0$, $\Delta F/t = V\,\text{mit} + V\,\text{cyt}$

B: $V\,\text{pyr} = \text{max}$, $V\,\text{cyt} = V\,\text{pyr}$, $\Delta F/t = V\,\text{mit}$

Abb. 13. Redoxkompartmentierung in der Anoxie-Fluorescenz. 2 Registrierungen aus dem Experiment der Abb. 10: Anoxien mit (A) 0,1 mM und (B) 4,0 mM Pyruvat im Perfusat.
Fluorescenzanstieg: $\Delta F/t = V_{\text{mit.}} + V_{\text{cyt.}} - V_{\text{pyr.}}$
*Anoxie A:* $V_{\text{pyr.}} = 0$, $\Delta F/t = V_{\text{mit.}} + V_{\text{cyt.}}$.
 Phase 3: $\Delta F/t = V_{\text{cyt.}}$.
*Anoxie B:* $V_{\text{pyr.}} = \text{max.}$, $V_{\text{cyt.}} = V_{\text{pyr.}}$, $\Delta F/t = V_{\text{mit.}}$.
 Phase 3: $\Delta F/t = V_{\text{mit.}} = 0$

der Fluorescenzanstieg in Anoxie B weitgehend mitochondrial bedingt sein ($\Delta F/t = V_{\text{mit.}}$, wenn $V_{\text{pyr. max}} = V_{\text{cyt.}}$). In Phase 3 nähert er sich Null. Wir können daraus schließen, daß der mitochondriale Raum an den späten Redoxvorgängen einer Anoxie nicht mehr beteiligt ist.

Der Fluorescenzanstieg in Phase 3 der Anoxie A muß folglich extramitochondriales DPNH widerspiegeln. Da in diesem Falle kein Wasserstoff abgezogen wird, entspricht er einer DPNH-Zunahme von 300—400 $\mu$Mol pro Stunde und Gramm Leber (siehe oben). Die Steigung der Fluorescenzkurve kann somit bestimmten metabolischen Aktivitäten gleichgesetzt werden. Vergleichen wir jetzt die einzelnen Abschnitte, so ergibt sich bei Anoxiebeginn eine Geschwindigkeit der mitochondrialen DPNH-Zunahme von über 20 000 $\mu$Mol pro Stunde und Gramm. Die Aktivität der mitochondrialen Dehydrogenasen liegt in dieser Größenordnung (17). Diese Überschlagsrechnungen geben allerdings nur Hinweise. Die Oberflächenfluorescenz ist zu komplex, als daß wir uns beim augenblicklichen Stand unseres Wissens an sichere quantitative Auswertungen wagen könnten.

Trotz dieser Einschränkung erlaubt das Experiment folgende Aussagen:

1. Die charakteristische Kinetik der Oberflächenfluorescenz während des Anoxie-Cyclus ist Ausdruck einer Kompartmentierung der zellulären Redoxsysteme. Phase 2 gibt vorwiegend den Anstieg des mitochondrialen DPNH wieder; Phase 3 dagegen ist ausschließlich extramitochondrial bedingt.

2. Die Redoxvorgänge in den Mitochondrien beim Übergang zur Anaerobiose laufen nur in den ersten Sekunden der Anoxie ab. Die späteren Änderungen im Redoxstatus der Leber sind auf das Cytosol beschränkt. Die Geschwindigkeiten der Redoxreaktionen in diesen beiden Räumen unterscheiden sich um eine bis zwei Größenordnungen.

3. Der in der Anoxie angestaute Wasserstoff kann aus einem Redoxsystem abgezogen werden, ohne daß Wasserstoff aus dem anderen nachfließt.

*Äthanol:* Ein weiterer Eingriff in den Redoxstatus der Leber ist die Applikation von Äthylalkohol. FORSANDER (19, 20) hat in den letzten Jahren gezeigt, daß bei Äthanolumsatz die Leberzelle gewissermaßen von unkontrolliert freigesetztem Wasserstoff überflutet wird. Der Gewebsgehalt des DPNH steigt an (21). Die Redoxquotienten von Substratpaaren verschieben sich zugunsten der reduzierten Partner.

Die Äthanolzugabe zum Perfusat — im Experiment der Abb. 14: 4 mM — ist von einem raschen Anstieg der Oberflächenfluorescenz gefolgt, der spätestens nach 5 min ein Maximum erreicht. Er bildet sich wieder zurück, wenn die Äthanolkonzentration 0,5 mM unterschreitet. Der Fluorescenzausschlag in der Anoxie, die nach diesem „Äthanol-Cyclus" auf die Leber einwirkte, ist von fast gleicher Höhe. Die Ausschläge sind superponierbar (siehe oben, Abb. 9) und müssen deshalb verschiedenen Diphosphopyridinnucleotid-Systemen zugeordnet werden.

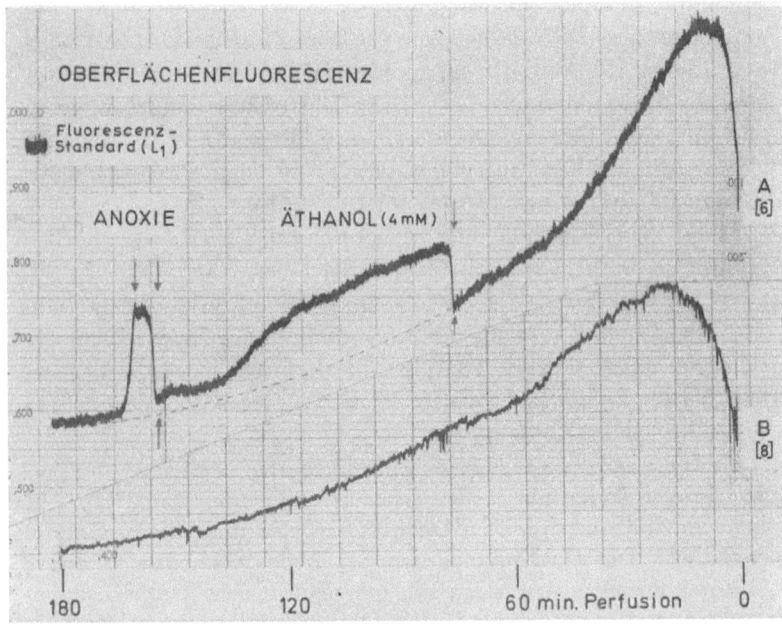

Abb. 14. Registrierung der Fluorescenzintensität (primär 366 mµ, sekundär 450—480 mµ) von der Oberfläche hämoglobinfrei perfundierter Lebern. Zeitschreibung von rechts nach links. Bewegung der Basisfluorescenz in Abhängigkeit von der Intensität der erregenden Strahlung. Experiment B: ungefähr 20% der Strahlungsintensität von A; Verstärkung der Fluorescenzregistrierung A:B=1:3 (Verstärkerstufen [6] und [8], 1 Stufe = log 0,25). Experiment A: bei 75 min Perf. Applikation von Äthanol; Anfangskonzentration im Perfusat 4 mM, nach 1 Std 0,2 mM; von 156 bis 162 min Perf. Durchströmung mit sauerstofffreier Perfusionslösung (6 min Anoxie)

Metabolitanalysen im Perfusat erlauben eine entsprechende Zuordnung. Die Substratpaare Lactat-Pyruvat und β-Hydroxybutyrat-Acetoacetat werden bekanntlich als Indicatoren für das extramitochondriale bzw. für das mitochondriale Redoxsystem angesehen. Voraussetzung ist 1. ihre relativ leichte Permeation durch die Membranen, 2. ihre Stellung in einer „Sackgasse" des intermediären Stoffwechsels und 3. die ausschließliche Lokalisation der vermittelnden Dehydrogenasen in einem der zellulären Räume, deren Aktivität für eine schnelle Gleichgewichtseinstellung ausreicht (16, 22).

Die Perfusatanalysen des Experimentes, dessen Fluorescenzregistrierung in Abb. 14 zu sehen war, zeigen, daß Äthanol vorwiegend

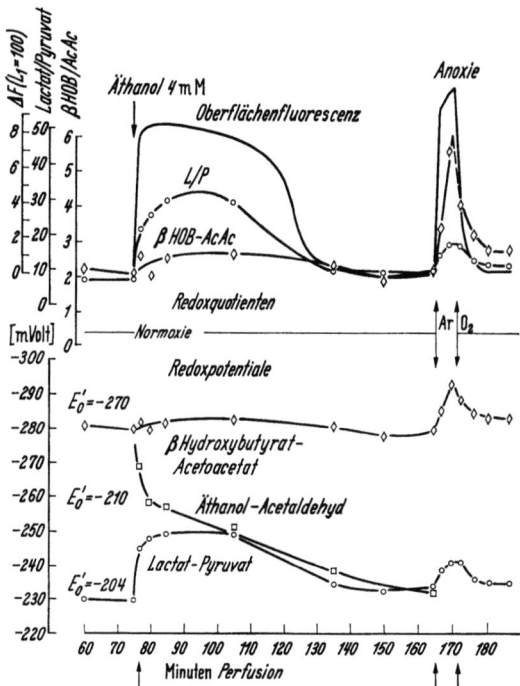

Abb. 15. Kompartmentierung von Oberflächen-Fluorescenz und Pyridinnucleotid-abhängigen Redoxsystemen beim Äthanolumsatz und im Anoxie-Cyclus (Experiment A aus Abb. 14). Oben: Fluorescenzanstieg ($\Delta F$) und Redoxquotienten (Konzentrationen im Perfusat). Transponierung der einzelnen Kurven auf einen gemeinsamen Ausgangspunkt für den Anoxie-Cyclus. Unten: Redoxpotentiale, in erster Näherung berechnet aus den Normalpotentialen und den Redoxquotienten (16).

„Ist-Potential" bei pH 7,0 und 37 °C: $E' = E_0' - \dfrac{R \cdot T}{n \cdot F} \ln \dfrac{\text{RED}}{\text{OX}}$ [Volt]

$E_0'$ = Normalpotential unter „physiologischen" Standardbedingungen

das Metabolitpaar Lactat-Pyruvat in Bewegung setzt. Das Paar β-Hydroxybutyrat-Acetoacetat scheint weniger betroffen zu sein. Beide reagieren jedoch in der Anoxie (Abb. 15).

Um die Veränderungen in diesen Systemen miteinander vergleichen zu können, müssen die Redoxquotienten auf die ihnen zugrunde liegende Größe — d. i. das Redoxpotential — zurückgeführt werden. Das ist im unteren Teil der Abb. 15 geschehen. Als zusätzlichen Parameter haben wir das Metabolitpaar Äthanol-Acetaldehyd erfaßt. Sein Redoxpotential läuft nach einer Äquilibrierungsphase mit dem des Lactat-Pyruvat-Systems zusammen.

Wir können aus dieser Darstellung mehrere zellphysiologische Gegebenheiten ablesen:
1. Im stationären aeroben Zustand besteht eine Potentialdifferenz von ungefähr 40 mVolt zwischen den Redoxsystemen, die durch Lactat-Pyruvat und β-Hydroxybutyrat-Acetoacetat repräsentiert werden.
2. Lactat-Pyruvat und Äthanol-Acetaldehyd scheinen über ein gemeinsames Diphosphopyridinnucleotid-System miteinander verknüpft zu sein. Da ihre Dehydrogenasen sich nur im Cytosol nachweisen lassen, sind sie ein Indicator für das Redoxsystem dieses Raumes.
3. Das Redoxsystem im Cytosol kann unabhängig vom System β-Hydroxybutyrat-Acetoacetat reagieren, mit dem es nicht direkt verbunden zu sein scheint. Dieses Substratpaar ist ein Redoxindicator für den Cristae-Raum der Mitochondrien.

Die Redoxveränderungen beim Äthanolumsatz sind ein vorwiegend extramitochondriales Geschehen. Im Cytosol steigt der Wasserstoffdruck bis auf Werte, die bei der Anoxie beobachtet werden. Die geringen mitochondrialen Redoxverschiebungen setzen mit Verzögerung ein. Sie dauern jedoch noch an, wenn extramitochondrial bereits eine Rückbildung zu erkennen ist.

Die Ergebnisse aus den Anoxie- und Äthanol-Experimenten erlauben den Schluß, daß in der Leberzelle eine echte Kompartmentierung der Redoxsysteme vorliegt. Durch die Mitochondrienmembran voneinander getrennt können die verschiedenen Redoxreaktionen in der Zelle ablaufen, ohne sich gegenseitig zu beeinflussen. Ein direkter Potentialausgleich scheint von untergeordneter Bedeutung zu sein. Eine Koordination besteht möglicherweise nur über das Phosphatpotential. Es beeinflußt jedoch intra- und extramitochondriale Redoxsysteme entgegengesetzt, so daß im stationären Zustand eine Potentialdifferenz aufrecht erhalten wird.

Ich danke Frau URSULA NEUMANN, Frau STEFANIE SCHNITGER, Frau ROSEMARIE SPECKLE und Fräulein HANNE STANEK für ihre umsichtige und tatkräftige Mitarbeit.

## Literatur

1. SCHIMASSEK, H.: Life Sci. 11, 629 (1962).
2. —, und W. GEROK: Biochem. Z. 343, 407 (1965).
3. BARTELS, H., E. BÜCHERL, C. W. HERTZ, G. RODEWALD, und M. SCHWAB: In: Lungenfunktionsprüfungen, S. 408. Berlin: Springer 1959.
4. GLEICHMANN, U., und D. W. LÜBBERS: Pflügers Arch. ges. Physiol. 271, 431 (1960).
5. MILLER, L. L., C. G. BLY, M. L. WATSON, and W. F. BALE: J. exp. Med. 94, 431 (1951).
6. SCHIMASSEK, H.: Biochem. Z. 336, 460 (1963).
7. HEMS, R., B. D. ROSS, M. N. BERRY, and H. A. KREBS: Biochem. J. 101, 284 (1966).
8. EXTON, J. H., and C. R. PARK: J. Biol. Chem. 240, PC 955 (1965).
9. CHANCE, B., and F. JÖBSIS: Nature 184, 195 (1959).
10. —, J. R. WILLIAMSON, D. JAMIESON, and B. SCHOENER: Biochem. Z. 341, 357 (1965).
11. SCHOLZ, R., and TH. BÜCHER: In: Control of energy metabolism. Ed. B. CHANCE, S. 393. New York, London: Acad. Press 1965.
12. —, F. SCHWARZ, und TH. BÜCHER: Z. klin. Chem. 4, 179 (1966).
13. SCHNITGER, H., R. SCHOLZ, TH. BÜCHER, and D. W. LÜBBERS: Biochem. Z. 341, 334 (1965).
14. LEHNINGER, A. L.: J. Biol. Chem. 190, 345 (1951).
15. ZEBE, E., A. DELBRÜCK, und TH. BÜCHER: Ber. ges. Physiol. 189, 115 (1957).
16. BÜCHER, TH., und M. KLINGENBERG: Angew. Chemie 70, 552 (1958).
17. PETTE, D.: Naturwissenschaften 52, 597 (1965).
18. LARDY, H. A.: In: Control of energy metabolism. Ed. B. CHANCE, S. 245. New York, London: Acad. Press 1965.
19. FORSANDER, O. A., P. H. MÄENPÄÄ, and M. P. SALASPURO: Acta chem. scand. 19, 1770 (1965).
20. —, N. RÄIHÄ, M. SALASPURO, and P. MÄENPÄÄ: Biochem. J. 94, 259 (1965).
21. RÄIHÄ, N. C. R., and E. OURA: Proc. Soc. exp. Biol. Med. 109, 908 (1962).
22. KLINGENBERG, M., und H. v. HÄFEN: Biochem. Z. 337, 120 (1963).

## Diskussion

GORDON: How long can the perfused liver be subjected to anoxia before it is irreversibly damaged?

SCHOLZ: Judging from fluorescence, redox quotients in the perfusate, oxygen consumption, glycolyse rate and glycogenolyse rate an anoxia of 15 minutes is completely reversible.

Hess: Ist die „On"-Reaktion wirklich mit der Mikrozirkulation zu erklären? Sie sagten, daß die Latenzphase ungefähr 20 sec dauert. Ist das nicht die Zeit, die man normalerweise als Übergangszeit des ATP-Pools im Cytoplasma findet?

Scholz: In der Latenzphase der Anoxie sind sicherlich beide Vorgänge enthalten. Der Zeitpunkt Null ist in unserer Versuchsanordnung der Augenblick, in dem sauerstofffreie Perfusionslösung in der Pfortader eintrifft. Es vergehen dann ungefähr 8 bis 10 sec, in denen weder in den Gewebsanalysen, noch in der Oberflächenfluorescenz oder in den Reflexionsspektren der Cytochrome irgendwelche Veränderungen zu erkennen sind. Die charakteristischen Bewegungen setzen zwischen 10 und 15 sec ein: Zunächst die Reduktion der Cytochrome und der Zerfall der energiereichen Phosphate, anschließend die Reduktion des Diphosphopyridinnucleotids. Die stärksten Veränderungen sind in der Zeit um 20 sec zu erkennen, — zu dem Zeitpunkt also, an dem die Fluorescenzintensität plötzlich steil ansteigt. Das Phosphatpotential ist nach 30 sec Anoxie fast vollständig zusammengebrochen. Wenn wir die ersten 10 sec abziehen, in denen sauerstoffhaltiges Perfusat aus der Leber ausgewaschen wird, dann erfordert also dieser Vorgang ungefähr 20 sec. Aus der Atmungsgröße läßt sich jedoch eine Energiereserve für die Dauer von nur 5 bis höchstens 10 sec berechnen. Diese Diskrepanz muß wahrscheinlich mit der Tatsache erklärt werden, daß wir nicht die einzelne Leberzelle analysieren, sondern einen größeren Gewebsbezirk, in dem die Anoxie nicht gleichzeitig einsetzt. Die tatsächliche Kinetik der Vorgänge in der Anoxie wird folglich durch die Mikrozirkulation verwischt.

Hess: Sie haben die Kinetik der „On"-Reaktion interpretiert, aber nicht die Kinetik der „Off"-Reaktion. Ich habe den Eindruck, die „Off"-Reaktion geht relativ langsam vonstatten. Die Wechselzahl der Atmungskette für die DPNH-Oxydation liegt im Bereich von 500 µMol pro Sekunde. Haben Sie eine Erklärung für den langsamen Verlauf?

Scholz: Die Mikrozirkulation kann hier sicherlich nicht herangezogen werden. Auch wenn man die Wiederauffüllung des Lebergewebes mit Sauerstoff in der Erholungsphase berücksichtigt, so steht den Leberzellen spätestens nach einer halben Minute ausreichend Sauerstoff zur Verfügung. Wenn Fluorescenzintensität und DPNH-Gehalt aber nach 3 min noch nicht den Ausgangswert erreicht haben, so muß man daran denken, daß der in der Anoxie angestaute Wasserstoff nur zu einem geringen Teil als DPNH vorliegt. In 3 min Erholungsphase finden wir einen zusätzlichen Sauerstoffverbrauch von ungefähr 2 µAtom pro Gramm. Der DPNH-Gehalt sinkt in dieser Zeit aber nur um 0,1 µMol pro Gramm.

Hess: Ich habe von Ihren Versuchen den Eindruck, daß der maximale Umsatz der Glykolyse mit 200 µMol pro Stunde und Gramm sehr klein ist. Möglicherweise handelt es sich dabei um einen stationären Wert und nicht um den Maximalwert des Glykolyseumsatzes.

Scholz: Wir haben den Umsatz der anaeroben Glykolyse auf zwei Wegen bestimmt: 1. durch Messung der Pyruvataufnahme in der Anoxie und Extrapolation auf den Maximalwert, wie ich es Ihnen hier gezeigt habe, und 2. durch Analyse der Lactatausschüttung in das Perfusat bei Ano-

## Diskussion 49

xien von 15 min Dauer. In beiden Versuchen handelt es sich um Lebern von gut gefütterten Tieren, d. h. um Lebern mit einem Anfangsglykogengehalt von ungefähr 300 µMol Glucoseäquivalenten. Aus der Pyruvataufnahme läßt sich ein Glykolyseumsatz von 300 bis 400 µMol pro Stunde und Gramm abschätzen. Die Lactatausschüttung ergibt dagegen einen Umsatz von 150 bis 200 µMol pro Stunde und Gramm, den ich allerdings für zuverlässiger halte. Meines Erachtens liegt er in vernünftiger Größenordnung, wenn wir ihn mit der Aktivität der Phosphofructokinase vergleichen, die Herr Dr. PETTE mit ungefähr 100 µMol pro Stunde und Gramm — allerdings gemessen bei 25° C im Extrakt aus Rattenleber — angibt.

GERBER: Ich habe einige technische Fragen: Bestrahlen Sie bei der mehrfachen Registrierung von Anoxie-Cyclen immer denselben Bezirk der Leberoberfläche? Wie groß ist die bestrahlte Fläche? Wie tief dringen die Strahlen in das Gewebe ein? Haben Sie Veränderungen im bestrahlten Gewebe beobachtet, wie z. B. DPNH-Zerfall o. a.?

SCHOLZ: Wir bestrahlen einen Fleck von 0,2 cm². Das UV-Licht dringt bis in eine Tiefe von 2 mm. Wir erfassen jedoch nur die angeregte Fluorescenz bis aus einer Gewebstiefe von 1 mm. Das sind maximal 30 Zellschichten. Bei mehreren aufeinander folgenden Anoxie-Cyclen können wir nur die Registrierungen von derselben Stelle der Leberoberfläche bei unveränderten Bestrahlungsbedingungen vergleichen. Es gibt sicherlich strahlungsbedingte Veränderungen im Gewebe. Wie Sie gesehen haben, zeigen alle Fluorescenzregistrierungen — allerdings deutlich erkennbar nur bei geraffter Zeitschreibung — eine abfallende Basislinie. Diese Erscheinung ist unabhängig von der Perfusionsdauer oder vom metabolischen Zustand der Leber, sondern allein abhängig von der Bestrahlungsdauer des betreffenden Gewebsbezirkes und der Intensität der erregenden Strahlung. Es handelt sich um einen Ausbleicheffekt und nicht um einen Auswascheffekt. Die metabolisch bedingten Kurzzeitreaktionen der Fluorescenz — in unseren Beispielen Anoxie-Cyclen — zeigen bei vergleichbaren Bedingungen immer die gleichen Ausschläge. Die Fluorescenz der reduzierten Pyridinnucleotide ist demnach nicht von den Veränderungen der Basisfluorescenz betroffen.

GERBER: Sie meinen also, daß die Strahlenschäden nicht die Pyridinnucleotide betreffen. Welche anderen Substanzen, die nicht Nucleotide sind, können denn so stark UV-Licht von 366 mµ absorbieren, daß sie geschädigt werden? Flavinenzyme könnten vielleicht empfindlich gegenüber UV-Strahlung reagieren.

SCHOLZ: Ich habe keine Vorstellung, um welche Substanzen oder Reaktionen es sich bei den Bewegungen der Basisfluorescenz handelt.

HESS: Man kann mit Sicherheit sagen, daß bei der fluorometrischen oder spektrophotometrischen Messung von reduzierten Pyridinnucleotiden in intakten Zellen oder zellfreien Systemen kein Nucleotid durch UV-Strahlung verloren geht. Ich halte es allerdings für möglich, daß FAD zerstört wird.

BÜCHER: Zu jedem Zeitpunkt kann auf den langsamen Fluorescenzabfall eine Anoxiereaktion von gleicher Höhe aufgesetzt werden. Wie Herr SCHOLZ demonstriert hat, sind die einzelnen Ausschläge superponierbar. Das zeigt also, daß die Pyridinnucleotid-Systeme und ihre Kinetik nichts mit dieser Basisfluorescenz zu tun haben. Im übrigen könnte z. B. Vitamin A sehr leicht ausgebleicht werden. Das ist eine Frage, die noch herauszuexperimentieren ist. Auf jeden Fall hat diese Langzeitreaktion der Fluorescenz nichts zu tun mit dem, was wir untersuchen.

Kessler: Ist es möglich, auf Grund der Fluorescenzänderungen, die Sie an der Organoberfläche messen, einigermaßen quantitativ die Änderungen abzuschätzen, die im Gewebe ablaufen?

Scholz: Bislang können wir die Fluorescenzregistrierungen nicht quantitativ auswerten. Dafür sind die Vorgänge, die sich hinter diesen Kurven verbergen, zu komplex. Die Analyse der Anoxiefluorescenz, die ich Ihnen vorgetragen habe, war der erste Versuch in dieser Richtung. Wenn ich versucht habe, den Steigungen der Fluorescenzkinetik bestimmte Aktivitäten zuzuordnen und die einzelnen Abschnitte miteinander zu vergleichen, dann geschah das unter der Voraussetzung konstanter Emissionsbedingungen während der Anoxie. Dieser Beweis steht allerdings noch aus.

Bücher: Ich habe zum gleichen Problem noch eine Frage. Sie zeigten in einem Ihrer Bilder drei übereinandergezeichnete Experimente. Auf der unteren Kurve war zu erkennen, daß nach Zugabe von Äthanol zu einer anoxischen Leber die entsprechenden Fluorescenzeffekte superponiert werden können. Beide Effekte, die Sie dem mitochondrialen DPNH (erster Abschnitt der Anoxie), bzw. dem extramitochondrialen DPNH (Äthanol) zuordnen, sind Fluorescenzausschläge von gleicher Größe. Ihre Gewebsanalysen zeigen aber, daß der Anstieg im DPNH-Gehalt bei einer kurzdauernden Anoxie sehr viel größer ist als bei Einwirkung von Äthanol. Wie ist das zu erklären?

Scholz: Der Gewebsgehalt an reduzierten Pyridinnucleotiden und die Intensität der Oberflächenfluorescenz sind nicht proportional. Die Fluorescenzausbeute hängt von sehr vielen Faktoren ab. So z. B. fluoresciert freies DPNH schwächer als das an Proteine gebundene DPNH. Eastabrook hat dieses Problem des „fluorescence enhancement" bearbeitet und gefunden, daß die Fluorescenzausbeute des mitochondrialen DPNH außerdem stark vom energetischen Status der Atmungskette beeinflußt wird. Große Änderungen der Konzentration des freien DPNH im Cytosol können folglich nur geringe Fluorescenzeffekte hervorrufen, während umgekehrt eine vermehrte Bindung des DPNH an Enzymproteine eine unverhältnismäßig große Fluorescenzsteigerung bewirken kann. So muß z. B. ein Teil des Anstieges nach Äthanolzugabe dadurch erklärt werden, daß die Alkohol-Dehydrogenase vermehrt DPNH bindet. Theorell hat diesen Effekt bereits vor einigen Jahren beschrieben. Proteinbindung und Änderungen des energetischen Zustandes der Mitochondrien führen also zu Fluorescenzeffekten, die sich den Änderungen des DPNH-Gehaltes überlagern und die eine quantitative Auswertung dieser Registrierungen einstweilen verhindern.

Bücher: Um so erstaunlicher ist die Reproduzierbarkeit eines so komplexen Geschehens innerhalb eines zweistündigen Perfusionsexperimentes.

Wieland: Meine Bemerkung betrifft die Frage der Trennung der Redox-Systeme in Lebermitochondrien und im Cytosol. Aus Ihren Versuchen mit

Äthanol hat man ja gesehen, daß das mitochondriale System nicht ganz unbeeinflußt bleibt. Aus Versuchen an der hämoglobinhaltig perfundierten Rattenleber, die Herr Dr. TEUFEL vor einiger Zeit bei mir durchgeführt hat, geht hervor, daß man auch mit Lactat und Pyruvat den Redox-Status der Mitochondrien, gemessen am Verhältnis β-Hydroxybutyrat zu Acetoacetat, beeinflussen kann. Die Verhältnisse sind in der Abbildung (Fig. 1, S. 51) wiedergegeben. Das Verhältnis β-Hydroxybutyrat zu Acetoacetat (Ordinate) ist hier gegen die Perfusionszeit (Abszisse) aufgetragen. Der mit C bezeichnete Versuch gibt die Verhältnisse ohne zugesetztes Substrat wieder. In Experiment A wurde zu den angegebenen Zeitpunkten wiederholt Lactat zugesetzt. Man erkennt, daß — in gewisser Abhängigkeit von der Lactatmenge — das Verhältnis β-Hydroxybutyrat zu Acetoacetat jeweils in die Höhe geht. Dasselbe läßt sich auch mit Pyruvat anstatt Lactat erreichen (Versuch B). Ich glaube, man kann deshalb sagen, daß die Kompartmentierung der DPN-Systeme im C-Raum und im M-Raum unter bestimmten Bedingungen durchbrochen werden kann. Ich möchte es offenlassen, ob sich aus diesen Versuchen Konsequenzen für das Verhalten der Leber *in vivo* ableiten lassen.

SCHOLZ: In der Tat lassen unsere Experimente mit Äthanol, wie auch die von Ihnen gezeigten Versuche mit Lactat und Pyruvat, einen Potentialausgleich zwischen den cellulären Räumen vermuten. Dieser Ausgleich ist jedoch sehr langsam. Das zeigen ja auch Ihre Versuche. Ihre ersten Meßwerte liegen

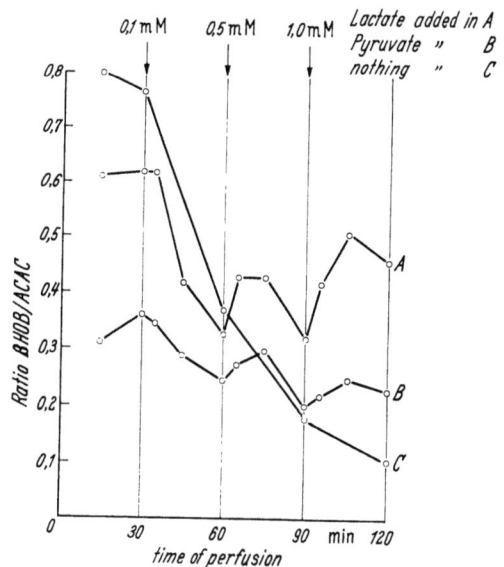

Fig. 1. Redox changes of ketone effected by lactate or pyruvate (after TEUFEL, SHIP and WIELAND, unpublished)

5 Minuten nach Zugabe von Lactat oder Pyruvat. Die entscheidenden Änderungen im System der Ketonkörper werden erst später beobachtet. Unmittelbar nach der Zugabe der Substrate würden Sie wahrscheinlich noch keinen Effekt bemerken. Bei diesen relativ langen Zeiten, die in der Größenordnung von Minuten liegen, ist ein direkter Potentialausgleich unwahrscheinlich. Ich kann mir deshalb kaum vorstellen, daß ein so langsamer Prozeß für die Physiologie der Leberzelle von Bedeutung sein könnte.

WIELAND: Ich stimme Ihnen durchaus zu, daß es sich um verzögert einsetzende Reaktionen handelt, und ich habe deshalb vermieden, von einem direkten Potentialausgleich zu sprechen.

BÜCHER: Der entscheidende Unterschied zwischen Ihren Pyruvatexperimenten liegt doch darin, daß Sie, Herr WIELAND, Pyruvat auf ein System mit Sauerstoff einwirken lassen. Sie erfassen deshalb zusätzlich die gesamte metabolische Aktivität, mit der das Pyruvat in den Mitochondrien umgesetzt wird. Redoxveränderungen im mitochondrialen Raum sind deshalb nicht zwangsläufig eine Folge der Redoxänderungen im Cytosol. Das haben Sie wohl auch zeigen wollen. In den Experimenten von Herrn SCHOLZ erreicht dagegen das Pyruvat die Leberzellen erst in dem Augenblick, in dem die Anoxie einsetzt. Decarboxylierung und Carboxylierung des Pyruvats sind jetzt ausgeschaltet. Unter diesen Bedingungen sind die Effekte lediglich eine Folge der Redoxreaktion im Cytosol.

# Austritt von Zell-Enzymen aus der isolierten, perfundierten Rattenleber

Von

Ellen Schmidt[*]

Gastroenterolog. Abt. der Med. Klinik, Med. Hochschule Hannover

Mit 5 Abbildungen

Die isolierte, perfundierte Rattenleber dient uns als Modell, an dem wir einige Faktoren, die den Austritt von Zell-Enzymen bei bestimmten Schädigungen beeinflussen, näher zu definieren versuchen. Die Isolierung des Organs schien uns notwendig, um die Überlagerung von Enzym-Mustern mehrerer Organe und den Einfluß nervaler und hormoneller Regulationen auszuschalten.

Die Perfusions-Technik haben wir weitgehend von Schimassek[1, 2] übernommen, also im geschlossenen System porto-caval mit einer physiologischen Salz-Lösung vom pH 7,3, der 25 g Rinder-Albumin, 5,5 mMol Glucose, 1,3 mMol Lactat und 0,09 mMol Pyruvat pro Liter zugesetzt waren, mit einem Druck von ca. 16 cm Wasser und einer Durchfluß-Geschwindigkeit von 2—6 ml pro Minute und Gramm Leber bei 37 °C für 4 Std. durchströmt. Die Oxygenierung erfolgte im Gegenstrom mit Carbogen. Der portale $O_2$-Druck betrug 300—500 Torr.

Da bei Zusatz von Erythrocyten zum Perfusions-Medium die Enzym-Aktivitäten aus den hämolysierenden Erythrocyten diejenigen aus der Leber überlagern, und die Korrelation zwischen Hämoglobin und den einzelnen Enzym-Aktivitäten im Perfusat bei unterschiedlichen Erythrocyten-Populationen verschieden sein kann, wurde in den hier referierten Untersuchungen auf den Zusatz von Erythrocyten verzichtet.

Als Bezugs-Größen für den Zustand der Leber vor, während und nach der Perfusion dienten uns das histologische (z. T. auch das elek-

---

[*] Die Untersuchungen wurden gemeinsam mit F. W. Schmidt, Ch. Herfahrt (Chir. Univ.-Klinik, Marburg), J. Möhr und K. Wrogemann durchgeführt.

tronenoptische) Bild, Protein-Gehalt und Enzym-Aktivitäts-Muster der Leber vor und nach der Perfusion (im Lob. caud. bzw. Lob. sinister), sowie das Verhalten von Glucose, Lactat und Pyruvat im Perfusions-Medium.

In Leber und Perfusat wurden die Aktivitäten von 17 Enzymen des energieliefernden Stoffwechsels gemessen und die Isoenzym-Verteilung von GOT und MDH[*] chromatographisch bestimmt[3—5]. Das geschlossene System zwingt dazu, die Veränderungen, die die Enzym-Aktivitäten während ihrer Akkumulation im Kreislauf erleiden, bei der Auswertung zu berücksichtigen. Diese Änderungen treten einerseits sofort beim Eintritt der Enzyme in das extracelluläre Millieu und der damit verbundenen Verdünnung auf, zum anderen durch die Alterung der Enzyme in der Zeit ihres Verweilens im Kreislauf. Art und Ausmaß dieser Änderungen sind von Enzym zu Enzym verschieden. Sie sind von der Zusammensetzung des Perfusions-Mediums, vom Verdünnungs-Grad und der Temperatur abhängig und bestehen sowohl in Aktivitäts-Zunahmen wie auch Aktivitäts-Verlusten. Der Einfluß dieser Verzerrung auf das extracelluläre Enzym-Muster ist bei den folgenden Abbildungen weitest möglich rechnerisch korrigiert[3].

Nach der 4stündigen Perfusion der normalen Rattenleber zeigt weder das lichtmikroskopische noch das elektronenoptische Bild der Leber pathologische Veränderungen[6].

Der Extrakt-Protein-Gehalt der Leber nimmt etwa 30% ab, die Aktivitäten der untersuchten Enzyme vermindern sich jedoch nur ma-

---

[*] *Abkürzungen:* ADH = Alkohol-Dehydrogenase, ALD = Fructose-1,6-Diphosphat-Aldolase, ENO = Enolase, GAPDH = Glycerinaldehydphosphat-Dehydrogenase, GDH = $\alpha$-Glycerophosphat-Dehydrogenase, GLDH = Glutamat-Dehydrogenase, GOT = Glutamat-Oxalacetat-Transaminase, GPT = Glutamat-Pyruvat-Transaminase, ICDH = Isocitrat-Dehydrogenase, LDH = Lactat-Dehydrogenase, MDH = Malat-Dehydrogenase, PFA = Fructose-1-Phosphat-Aldolase, PGDH = 6-Phosphogluconat-Dehydrogenase, PGK = Phosphoglycerat-Kinase, PK = Pyruvat-Kinase, SDH = Sorbit-Dehydrogenase, ZF = Glucose-6-Phosphat-Dehydrogenase (Zwischenferment), C-Raum = cytoplasmatischer Raum, M-Raum = mitochondrialer Raum, AT = 2,5% Serum-Albumin vom Rind in Tyrode-Lösung mit 1,3 mMol Lactat u. 0,09 mMol Pyruvat/Liter, pH 7,3; DCH = AT + 1 mMol Na-Desoxycholat/Liter, pH 7,3; DNP = AT + 1 mMol 2,4-Dinitrophenol/Liter, pH 7,3; JAA = AT + 1 mMol Monojodacetat/Liter, pH 7,3; KCN = AT + 1 mMol Kaliumcyanid/Liter, pH 7,3; $CCl_4$ = Tetrachlorkohlenstoff, TAA = Thioacetamid.

ximal um 20%, im Durchschnitt etwa um 10%. Einige Enzym-Aktivitäten nehmen sogar bezogen auf das Feuchtgewicht zu. Die Isoenzym-Verteilung von MDH und GOT ändert sich praktisch nicht[6].

Der Glucose-Spiegel im Perfusat wird auf einem normalen Wert gehalten, der Lactat-Pyruvat-Quotient bleibt nach einem kurzen initialen Anstieg bei 10, da die muldenförmige Senkung von Lactat und Pyruvat während der ersten beiden Stunden der Perfusion parallel verläuft[6].

Im Gegensatz dazu steigen die Aktivitäten der Zell-Enzyme im Perfusat im Laufe der Perfusion erheblich an: durchschnittlich auf das 50fache ihrer Ausgangs-Werte kurz nach Perfusionsbeginn[6], (Abb. 1).

Die 3 Gruppen von Enzymen, die sich abzeichnen, wenn, wie auf Abb. 1, die absoluten Enzym-Aktivitäten aufgetragen sind, lassen darauf schließen, daß der Enzym-Austritt zunächst dem Konzentrations-Gefälle Leber-Kreislauf folgt. Bezieht man die extracellulären Enzym-Aktivitäten auf den Gehalt der Leber an diesen Enzymen, so rücken die meisten Enzyme in die große Mittelgruppe ein (Abb. 2). Nur die GLDH behält ihre Sonderstellung bei. Es liegt nahe, den späten und geringen Anstieg der GLDH auf ihr hohes Molekular-Gewicht zu beziehen. Ordnet man die Austritts-Raten der untersuchten Enzyme gemäß ihren Molekular-Gewichten, so findet sich für die meisten eine gute Korrelation: je höher das Molekular-Gewicht, desto kleiner die Austritts-Rate (Abb. 3a).

Das Molekular-Gewicht ist also ein weiterer, den Enzym-Austritt beeinflussender Faktor. Außer der GLDH zeigen hier jedoch zwei weitere Enzyme ein abweichendes Verhalten, das sich aus ihrer intracellulären Lokalisation erklären läßt: GLDH ist zu 100, GOT zu über 75% und MDH zu fast 40% in den Mitochondrien der Rattenleberzelle lokalisiert. Von den beiden bilokulären Enzymen MDH und GOT werden weit überwiegend die hyaloplasmatischen Anteile in das Perfusat abgegeben, deren Austritts-Raten sich (wie Abb. 3b zeigt) vollkommen in den Rahmen der anderen hyaloplasmatischen Enzyme einordnen, während die mitochondrialen Anteile ebenso kleine Austritts-Raten zeigen wie die GLDH[6].

Das extracelluläre Enzym-Muster wird im Falle der Perfusion der normalen Leber von den 3 Faktoren Konzentrations-Gefälle, Molekular-Gewicht und intracelluläre Lokalisation bestimmt. Es erweist sich so, daß Nekrosen für sein Zustandekommen nur eine geringfügige Rolle spielen. Es zeigt sich jedoch darüberhinaus, daß der Austritt hyaloplasmatischer Zell-Enzyme ein weit sensiblerer Indicator für eine Zell-Schädigung ist, als das Auftreten morphologischer Veränderungen, markanter Abweichungen im intracellulären Enzym-Muster oder Störungen der Gesamt-Funktion der Leber.

Von der Vorstellung ausgehend, daß unterschiedliche Schädigungen auch zu verschiedenen Enzym-Mustern im Extracellular-Raum führen sollten, haben wir dem Perfusions-Medium in 1 m-molarer

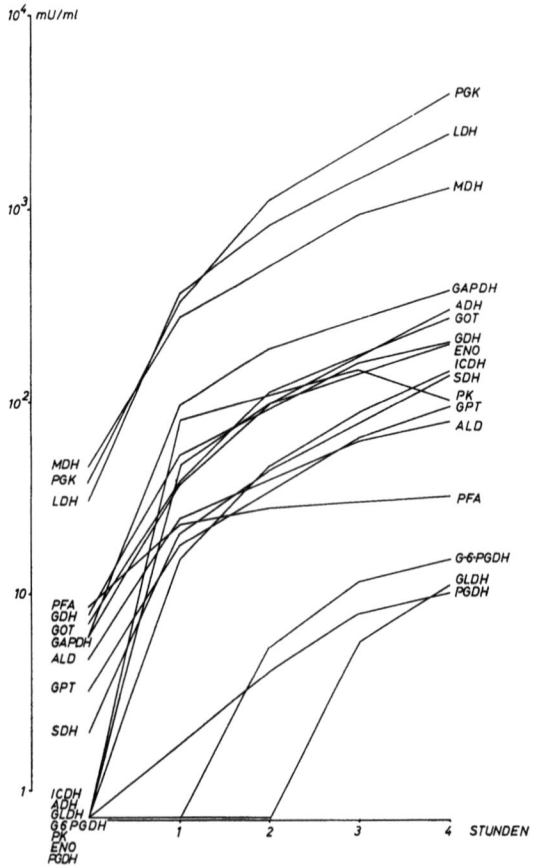

Abb. 1. Anstieg von Enzym-Aktivitäten im Perfusat bei der erythrocytenfreien Durchströmung der Rattenleber.
(Mittelwerte; $n=8$; corr. absolute Akt.)

Konzentration Kalium-Cyanid, Natrium-Desoxycholat, 2,4-Dinitrophenol und Monojodacetat zugesetzt, und normale Rattenlebern damit unter sonst gleichen Bedingungen durchströmt[7].

Unter der Einwirkung dieser Gifte kam es erwartungsgemäß zu deutlichen morphologischen Veränderungen (vor allem bei der KCN-Vergiftung mit disseminierten Nekrosen), zu Veränderungen der Metabolit-Spiegel im Perfusat (Anstieg des Lactat-Pyruvat-Quotienten über 100 bei KCN, Abfall unter 2 bei JAA) und zu stärkeren Verschiebungen des Organ-Enzym-Musters (Zunahme aller untersuchten Enzym-Aktivitäten bei KCN, maximale Verminderung bei Jodacetat).

Der Enzym-Anstieg im Perfusions-Medium erreichte bei Jodacetat, Na-Desoxycholat und Dinitrophenol das 5- bis 10fache dessen ohne Gift-Zusatz, bei der Perfusion unter KCN war er nur etwa dop-

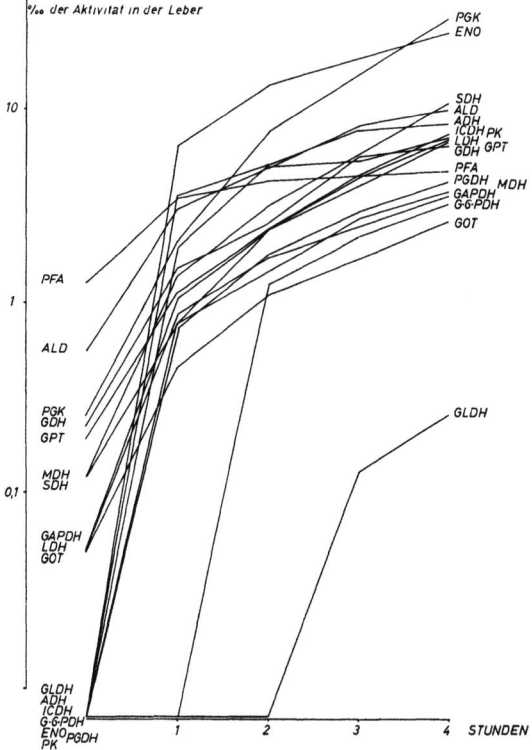

Abb. 2. Anstieg von Enzym-Aktivitäten im Perfusat bei der erythrocytenfreien Durchströmung der Rattenleber, bezogen auf den Gehalt in der Leber

pelt so hoch wie ohne Zusatz-Schädigung. Die extracellulären Enzym-Muster zeigten deutliche Unterschiede, die in Abb. 4 dadurch hervorgehoben sind, daß die intracellulären Konzentrations-Differenzen durch den Bezug auf den Gehalt der Enzyme in der Leber und die quantitativen Verschiedenheiten zwischen den Perfusionen mit Albumin-Tyrode-Lösung allein und KCN einerseits und den Perfusionen

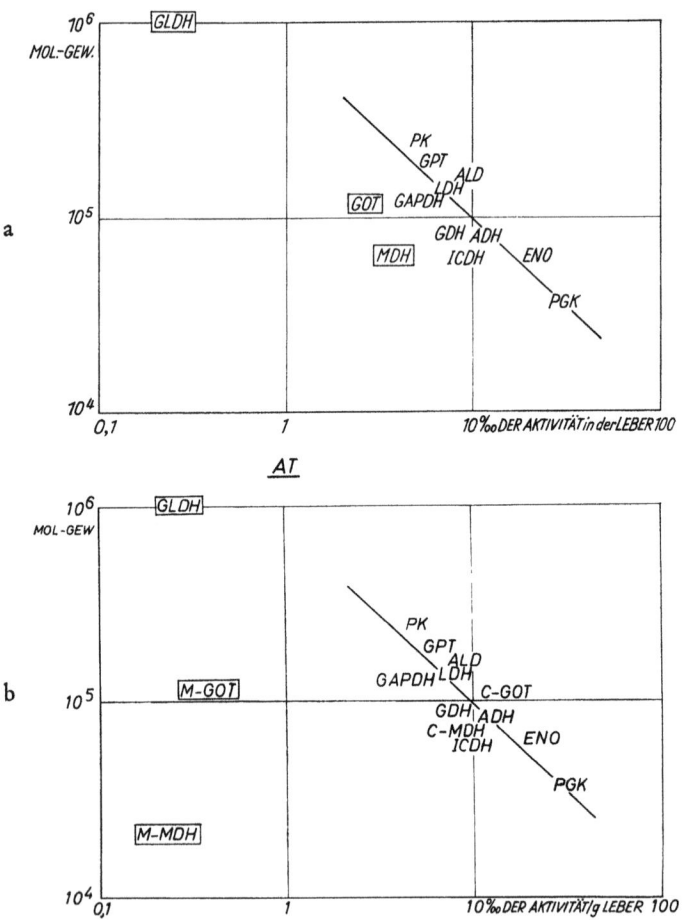

Abb. 3. Beziehung zwischen den Austritts-Raten von Zell-Enzymen bei der erythrocytenfreien Perfusion der normalen Rattenleber und ihren Molekular-Gewichten. a = ohne Berücksichtigung der intracellulären Lokalisation; b = mit Berücksichtigung der intracellulären Lokalisation

mit Desoxycholat, Dinitrophenol und Jodacetat andererseits durch den Bezug auf Aldolase eliminert sind (Abb. 4).

Der Vergleich der reinen Enzym-Muster zeigt, daß bei Zusatz von Dinitrophenol und Jodacetat der Anteil mitochondrialer Enzyme nur wenig höher ist als ohne Zusatz (relativ sogar niedriger), bei Zusatz von KCN und Desoxycholat jedoch wesentlich mehr mitochondriale Enzyme aus der Leber austreten (absolut das 5- bis 10fache, relativ etwa das doppelte) wie bei der Perfusion ohne Zusatz-Schädigung. Es finden sich also zwei Typen der Zell-Schädigung mit unterschied-

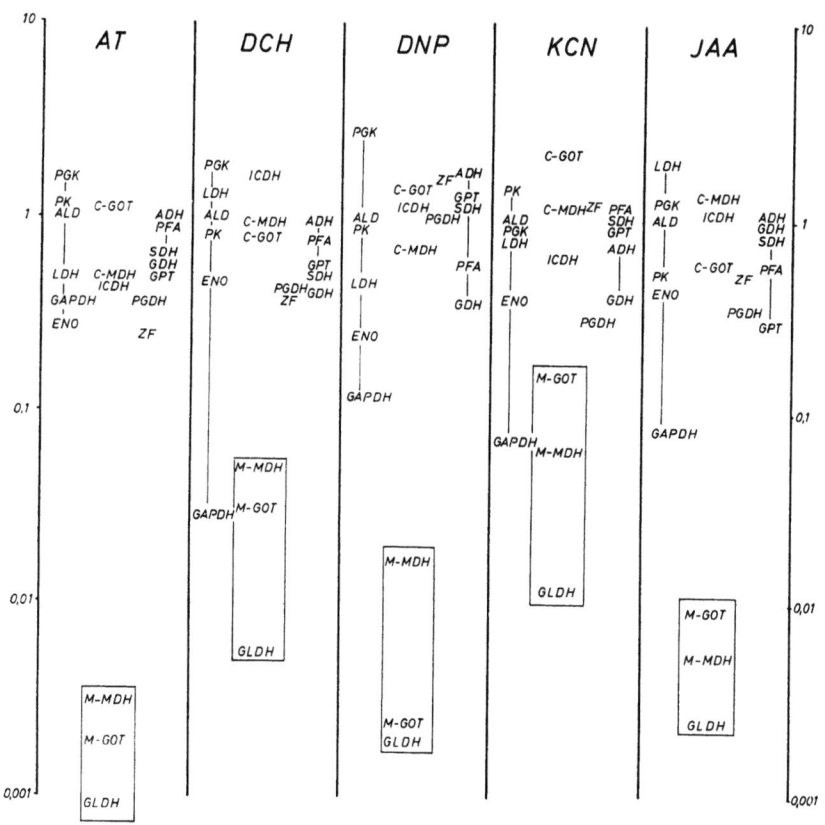

Abb. 4. Enzym-Muster im Perfusat nach 2stündiger Perfusion der normalen Rattenleber mit erythrocytenfreiem Medium unter Zusatz von Stoffwechsel-Giften. Enzym-Aktivitäten bezogen auf den jeweiligen Gehalt der Leber und auf die Aktivität der Aldolase = 1; mitochondriale Enzyme umrandet

licher Beteiligung des mitochondrialen Raumes bei wiederum verschieden starkem Ansteigen hyaloplasmatischer Enzyme[7]. Außer der zusätzlichen Schädigung in vitro haben wir auch den Effekt der Perfusion mit erythrocytenfreiem Medium auf vorgeschädigte Lebern untersucht[8]. Die hierzu verwandten Ratten wurden entweder 24 Std. vor Perfusions-Beginn mit Tetrachlorkohlenstoff (0,03 ml/100 g K.-Gew.) oder Thioacetamid (20 mg/100 g K.-Gew.) intraperitoneal akut vergiftet, oder es wurde durch neunmonatelange Gabe von Thioacetamid bei ihnen eine Lebercirrhose erzeugt.

Bei den akuten Vergiftungen fanden sich morphologisch zentrale Schädigungs-Felder mit Nekrosen, ausgedehnter bei der Tetrachlorkohlenstoff-Vergiftung als bei der akuten Thioacetamid-Vergiftung. Die Thioacetamid-Cirrhosen gingen mit einer leichten Verfettung einher.

Das Enzym-Muster in der Leber wurde durch die Vergiftung ebenfalls stark verändert, vor allem im Sinne einer Aktivitäts-Abnahme. Zunahmen bei den akuten Vergiftungen zeigten allein die PFA, LDH und PK. Bei der chronischen TAA-Vergiftung waren die Enzym-Aktivitäts-Abnahmen allgemein geringer, bemerkenswerterweise fand sich eine Aktivitäts-Zunahme von GOT, GPT und GLDH, sowie ADH und SDH[8]. Während der Perfusion kam es in den akut vorgeschädigten Lebern zu weiteren starken Aktivitäts-Verlusten, die bei der chronischen TAA-Vergiftung weniger ausgeprägt waren.

Diesen deutlichen Enzym-Muster-Änderungen unter der Perfusion entsprach auch das Verhalten der Metabolit-Spiegel im Perfusat: bei den akuten Vergiftungen sank der Glucose-Spiegel während der Perfusion (bei Tetrachlorkohlenstoff-Vergiftung auf ein Viertel in 4 Std, bei Thioacetamid-Vergiftung auf die Hälfte), bei der Perfusion der cirrhotischen Leber stieg er in der ersten Stunde der Perfusion auf das Doppelte. Der Lactat-Spiegel und der Lactat-Pyruvat-Quotient erhöhten sich bei allen 3 Vergiftungen.

Der Enzym-Anstieg im Perfusat, der bei den vorgeschädigten Lebern von deutlich erhöhten Werten zu Beginn der Perfusion ausgeht, ist bei der akuten Thioacetamid-Vergiftung wider Erwarten ebenso hoch wie bei der akuten $CCl_4$-Vergiftung, bei der chronischen Thioacetamid-Vergiftung nur wenig höher als bei der normalen Leber.

Zum Vergleich der Enzym- und Isoenzym-Muster im Perfusat, der in Abb. 5 dargestellt ist, wurden wiederum die extracellulär gemessenen Enzym-Aktivitäten auf den Gehalt der Leber bezogen, die quantitativen Unterschiede zwischen den Mustern hingegen — anders als in Abb. 4 — belassen, um das verschiedene Ausmaß der Schädigung bei akuten und chronischen Vergiftungen nicht zu ver-

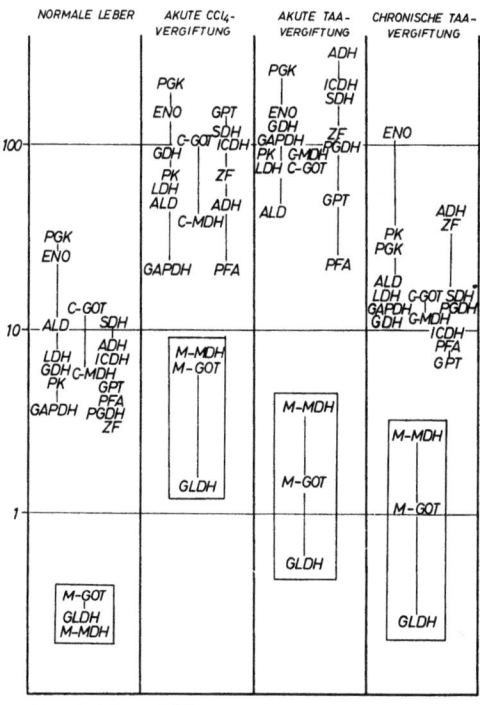

Abb. 5. Enzym-Muster im Perfusat nach 4stündiger erythrocytenfreier Perfusion der akut und chronisch vorgeschädigten Rattenleber. Enzym-Aktivitäten bezogen auf den jeweiligen Gehalt der Leber; mitochondriale Enzyme umrandet

wischen. Der höchste Anteil mitochondrialer Enzyme findet sich bei der akuten CCl₄-Vergiftung, nur wenig geringer ist er bei der Thioacetamid-Cirrhose, während die akute Thioacetamid-Vergiftung relativ kaum mehr mitochondriale Beteiligung während der Perfusion zeigt als die normale Leber. Innerhalb der Enzyme des hyaloplasmatischen Raumes ist das Hervortreten der beiden Transaminasen bei der akuten CCl₄-Vergiftung, der hohe Anstieg der ADH bei beiden Thioacetamid-Vergiftungen bemerkenswert.

Zusammenfassend lassen sich folgende Feststellungen treffen:

1. Der Austritt von Zell-Enzymen aus der normalen, erythrocytenfrei perfundierten Leber folgt dem Konzentrationsgefälle der Enzyme, ihrem Molekular-Gewicht und ihrer intracellulären Lokalisation.

2. Bei Zusatz von Stoffwechsel-Giften kommt es nicht nur zu verschiedenartigen Veränderungen des Organ-Enzym-Musters, sondern neben einem erhöhten Enzym-Austritt auch zu unterschiedlichen Enzym-Mustern im Perfusat.

3. Bei der erythrocytenfreien Perfusion akut oder chronisch vorgeschädigter Leber führt über die Verzerrung durch die schädigungsbedingte unterschiedliche Umprägung des Organ-Enzym-Musters hinaus der Enzym-Austritt während der Durchströmung zu quantitativ und qualitativ verschiedenen extracellulären Enzym-Mustern.

4. Der Austritt von Zell-Enzymen aus der Leber ist ein sensibleres Schädigungs-Zeichen als Änderungen des morphologischen Bildes, der intra-cellulären Enzym-Aktivitäten und der Metabolit-Spiegel im Perfusat.

## Literatur

[1] SCHIMASSEK, H.: Perfusion of isolated rat liver with a semisynthetic medium and control of liver function. Life Sci. 11, 629 (1962).

[2] — Regulation of lactate and pyruvate levels in perfusion medium by isolated rat liver. Life Sci. 11, 635 (1962).

[3] SCHMIDT, E., F. W. SCHMIDT, and C. HERFARTH: Studien zum Austritt von Zell-Enzymen am Modell der isolierten, perfundierten Rattenleber. I. Mitt. mit K. H. DETTMAR. Enzymol. biol. Clin. 7, 53 (1966).

[4] — — — Studien zum Austritt von Zell-Enzymen am Modell der isolierten, perfundierten Rattenleber. II. Mitt. mit K. H. DETTMAR und H. FABEL. Enzymol. biol. Clin. 7, 167 (1966).

[5] — —, and J. MÖHR: An improved simple chromatographic method for separating the isoenzymes of malic dehydrogenase and glutamic oxalacetic transaminase. Clin. chim. Acta 15, 337 (1967).

[6] — —, und C. HERFARTH: Studien zum Austritt von Zell-Enzymen am Modell der isolierten, perfundierten Rattenleber. III. Mitt. mit K. OPITZ u. W. VOGELL. Enzymol. biol. Clin. 7, 185 (1966).

[7] MÖHR, J.: Untersuchungen über den Austritt von Zell-Enzymen unter der Einwirkung verschiedener Gifte am Modell der isolierten, perfundierten Rattenleber. Diss. Marburg 1965.

[8] WROGEMANN, K.: Untersuchungen über den Austritt von Zell-Enzymen aus der akut oder chronisch vorgeschädigten, isolierten, perfundierten Rattenleber. Diss. Marburg 1966.

## Diskussion

Krebs: Mein früherer Mitarbeiter, Herr Berry, hat sich (unabhängig von mir) mit dem Austritt von Fermenten beschäftigt. Er hat gefunden, daß der zeitliche Verlauf des Austritts vom Glykogengehalt der Leber abhängig ist. Die Fermentabgabe ist viel schneller beim Hungertier. Bemerkenswert ist, daß selbst unter anaeroben Bedingungen die Leber keine wesentlichen Fermentmengen abgibt, solange Glykogen vorhanden ist. Das hängt nicht vom ATP-Gehalt ab; denn dieser fällt unter anaeroben Bedingungen sehr schnell. Ich möchte Sie fragen, ob Sie vielleicht ähnliche Erfahrungen gemacht haben? Man muß allerdings die Tiere 48 Std hungern lassen, um wirklich alles Glykogen aus der Leber heraus zu bekommen.

Schmidt: Ja, das haben wir gefunden. Unsere Tiere hungern normalerweise 12 Std. Wir entziehen ihnen für die Nacht das Futter und beginnen morgens mit den Versuchen. Der Glykogengehalt der Leber unterliegt ja bekanntlich einem Tagesrhythmus, der von den Freßgewohnheiten unabhängig ist. Man muß sicherlich sehr darauf achten, daß man bei der Auswertung keine Vormittags- und Nachmittags-Experimente in einen Topf wirft.

Krebs: Es ist nicht nur entscheidend, ob die Experimente vormittags oder nachmittags durchgeführt werden, sondern es kommt auch darauf an, ob die Tiere z. B. im Laboratorium oder im Stall gehalten werden. Wenn Ratten nicht gestört werden, dann schlafen sie den Tag über. Andernfalls können sie während des Tages sehr häufig fressen. Bei vielen Versuchen ist das von entscheidender Bedeutung.

Schmidt: Das ist wahrscheinlich auch ein Grund für die großen Streuungen bei solchen Versuchen.

Gerber: Sie sprechen dauernd von Schädigung. Kann man hier von Schädigung überhaupt sprechen? Im Normaltier haben wir doch auch einen Austritt von Enzymen. Bei der Perfusion fehlen dagegen die Orte, an denen die Enzyme wieder verschwinden können, z. B. Darm und Niere. Bei einer Ausschüttung von 1% der Enzyme haben sie eine Halbwertszeit von ungefähr 10 Tagen. Das wäre für diese Enzyme eine durchaus normale Turnoverzeit. Ich weiß deshalb nicht, ob man hier noch von Schädigung sprechen kann. Diese Überlegung trifft auch für den Hunger zu. Wir wissen, daß die Proteine der Leber im Zustand des Hungers ziemlich rasch abnehmen. Unter Umständen sind es also ganz normale, physiologische Prozesse, die Sie bei der normalen, nicht vergifteten oder anderweitig geschädigten Leber bestimmen.

Schmidt: Nein! Ich glaube, daß man diese Geschwindigkeit des Enzymaustrittes nicht als normal bezeichnen kann. Wenn man natürlich die Aktivitäten, die man extracellulär mißt, auf den Lebergehalt bezieht, dann scheint das sehr wenig zu sein. Anders sieht es jedoch aus, wenn man die Aktivitäten im Perfusat mit den normalen Enzymspiegeln vergleicht, die wir bei Tier oder Mensch unter physiologischen Bedingungen finden.

Gerber: Sie haben aber kaum Abbau und keine Ausscheidung im Perfusionssystem.

SCHMIDT: Diese Enzyme gehen zum allergrößten Teil nicht durch die gesunde Niere. Man nimmt statt dessen an, daß sie zum Teil schon intravasal einen Teil ihrer Aktivität verlieren, und daß sie dann in den allgemeinen Proteinabbau laufen. Wir können inaktive Enzyme nicht mehr finden, wenn wir sie nicht vorher markiert haben. Wir wissen also nicht, wohin sie gehen. Das RES soll dabei eine ziemlich große Rolle spielen.

SCHIMASSEK: Ich glaube, daß der Enzymaustritt hier etwas Besonderes ist. Die gemeinsamen Versuche, die wir zu Anfang mit blutig perfundierten Lebern gemacht haben, zeigten einen stärkeren Enzymaustritt erst nach 6 oder 7 Std. Hier ist also eine Differenz, die wahrscheinlich durch die unterschiedlichen Perfusionsbedingungen verursacht wird.

MANDEL: Haben Sie auch Austritte proteolytischer Enzyme beobachtet?

SCHMIDT: Wir haben den Austritt proteolytischer Enzyme nicht gemessen.

HESS: Um ein quantitatives Bild zu bekommen, können Sie sagen, wie die Aktivitätsgradienten in der normalen Leber sind, z. B. im Falle der GAPDH? Man könnte daran sehen, inwieweit eine Schädigung vorliegt, d. h., ob es sich um ein Homogenat oder um ein noch intaktes System mit entsprechend dichten Zellwänden handelt. Sie haben solche Aktivitätsgradienten (Enzymaktivität/mg/ml Serum) doch früher schon einmal ausgerechnet.

SCHMIDT: Wir haben normalerweise einen Gradienten bis zu 10 000 : 1.

HESS: Und wie ist es nach der Perfusion?

SCHMIDT: Für die LDH haben wir z. B. nach Jodacetat-Vergiftung einen Konzentrationsgradienten von 2 : 1 bei Perfusionsende berechnet.

HESS: Dann haben Sie also ein Homogenat?

SCHMIDT: Das ist aber nur bei der Jodacetat-Vergiftung der Fall.

HESS: Wie ist es bei Durchströmung mit Albumin-Tyrode-Lösung?

SCHMIDT: Dabei haben wir praktisch kaum Verminderungen in der Leber, im Mittel 6% der Anfangsaktivität. Der Konzentrationsgradient ist höchstens um den Faktor 20 vermindert. Das heißt, er sinkt von 10 000 auf 500 ab. Das ist natürlich ein Unterschied. Vielleicht ist das der Grund, weshalb in der 3. bis 4. Stunde der Austritt mancher Enzyme nachläßt, obwohl die Schädigung ja weiter fortschreitet.

SCHOLZ: Wir haben in der hämoglobinfrei perfundierten Leber aus den arteriovenösen Differenzen die Geschwindigkeit der Enzymausschüttung bestimmt. Diese Tabelle (Tab. 1, S. 65) enthält die Werte von Lactat-Dehydrogenase und Malat-Dehydrogenase. Bei Perfusionen mit Dextran (40 000) als Plasmaexpander wird in der ersten Stunde ungefähr jeweils eine halbe Einheit pro Gramm Gewebe ausgeschüttet. Der Austritt steigt nach 3 Std auf ungefähr 1 Einheit pro Stunde und Gramm an. Das bedeutet, daß die Leber während einer 3stündigen Perfusion ungefähr 1% ihres Gehaltes an Dehydrogenasen verliert. Wenn wir dagegen Albumin als Plasmaexpander verwenden, dann ist die Enzymausschüttung in der ersten Stunde auf das 5fache, in der dritten Stunde sogar auf das 20fache gesteigert. Die Leber verliert unter diesen Bedingungen mehr als 10% ihres Enzymgehaltes. Ich wollte mit dieser Tabelle darauf hinweisen, daß die Eigenschaft des Plasmaexpanders ein entscheidender Faktor bei der Enzymausschüttung sein kann. Ich erwähne noch kurz einen weiteren Befund dieser Tabelle, der die Angaben von Herrn Prof. KREBS bestätigt. Nach 24 Std Nahrungsentzug sehen wir eine massive Enzymausschüttung, die sogar über den Albumineffekt hinausgeht.

Tabelle. Enzymausschüttung in das Perfusat ($i.\,U./Std/g\ Leber$)

| Perfusionsdauer (min) | LDH 60 | LDH 120 | LDH 180 | MDH 60 | MDH 120 | MDH 180 |
|---|---|---|---|---|---|---|
| A. 1. normal gefüttert DEXTRAN $n=8$ | 0,5 ±0,1 | 0,7 ±0,2 | 0,7 ±0,3 | 0,8 ±0,2 | 1,0 ±0,4 | 1,5 ±0,4 |
| A. 2. normal gefüttert ALBUMIN $n=2$ | 3,0—3,2 | 4,9—7,2 | 5,5—24,4 | 4,2—16,0 | 5,9—6,1 | 14,0—19,8 |
| B. 1. 24 Std Hunger DEXTRAN $n=2$ | 23 | 13—102 | 11—21 | 19—56 | 28—33 | 24—27 |
| B. 2. 24 Std Hunger DEXT.+ALBUMIN $n=4$ | 42 ±29 | 21 ±8 | | 30 ±15 | 36 ±12 | |

SCHMIDT: Wir haben einmal unsere Geschwindigkeit der Ausschüttung auf die dabei auftretenden arteriovenösen Differenzen umgerechnet. Für die LDH hätten wir dann z. B. einen Unterschied von 31,2 minus 30,9 gleich 0,3 mU Einheiten pro ml gefunden. Das kann man praktisch nicht mehr exakt messen.

SCHOLZ: In unserem System fällt die Kumulierung der Enzyme fort. Bei einem Durchgang werden 80 bis 90% der Aktivität im Oxygenator inaktiviert. Wir messen deshalb Differenzen z. B. von 1,3 minus 1,0 gleich 0,3 Einheiten pro ml, und das ist noch ausreichend genau meßbar.

FRIMMER: Wo haben Sie die Gewebsproben für die histologischen Untersuchungen entnommen? Ich frage das aus folgendem Grund: Wir finden, wenn wir bei der unter Ihren Bedingungen perfundierten Leber am Rande entnehmen, nach einer Stunde durchaus Veränderungen im histologischen Bild. Wenn wir zentral entnehmen, so sieht es anders aus. Es hängt also doch sehr stark von der Versorgung ab.

SCHMIDT: Vor der Entnahme am Rande muß bei der Leber sowieso dringend gewarnt werden. Dort findet man auch vor der Perfusion keine normalen Verhältnisse. Wir haben immer aus den zentralen Lappenbezirken entnommen.

STAIB: Haben Sie einmal das Verhalten von Enzymen ohne Leber einfach in der Apparatur gemessen?

SCHMIDT: Ja. Es kommt in Abhängigkeit von der Temperatur und vom Milieu zu unterschiedlichen Aktivitätsänderungen der einzelnen Enzyme in der Zeit. Diese, auch im Leerkreislauf auftretenden Aktivitätsänderungen haben wir bei der Berechnung des Enzymaustritts während der Leberperfusion berücksichtigt [E. SCHMIDT et al., Enzym. biol. clin. 7, 53—72, 167—202 (1966)].

STAIB: Herr SCHOLZ, haben Sie einmal verschiedene Albunimchargen untersucht? Es ist ja von Herrn SCHIMASSEK bekannt, daß die Chargen unterschiedlich ausfallen. Verschiedene Albuminchargen könnten durchaus einen unterschiedlichen Effekt auf den Enzymaustritt haben.

SCHOLZ: Nein! Diese Untersuchungen sind mit derselben Albumincharge durchgeführt worden.

SCHMIDT: Wir haben jetzt den Fettgehalt dieses Albumins* untersucht. Er schwankt ganz beträchtlich von Charge zu Charge.

KREBS: Das Albumin (Armour) kann auch beträchtliche Mengen Essigsäure enthalten.

---

\* Serumalbumin vom Rind „reinst", Behringwerke, Marburg/Lahn.

# Freisetzung lysosomaler Enzyme aus der isoliert perfundierten Rattenleber

Von

MAX FRIMMER [*]

*Institut für Pharmakologie und Toxikologie an der Veterinärmedizinischen Fakultät der Justus-Liebig-Universität Gießen*

Mit 3 Abbildungen

Für den Pharmakologen und Toxikologen sind Untersuchungen über die Beeinflussung von Lysosomen im Zusammenhang mit der pathophysiologischen Bedeutung dieser subcellulären Partikel besonders wichtig geworden. Häufig führen in vitro-Messungen der Freisetzung von Enzymen aus isolierten Lysosomen allein nicht zum Ziele. Während z. B. durch Endotoxine oder durch das Gift des Knollenblätterpilzes Phalloidin am Ganztier Veränderungen der Lysosomen beobachtet werden können, reagieren die isolierten Partikel in vitro überhaupt nicht auf biologisch interessierende Konzentrationen dieser Gifte. Die bisher übliche Untersuchungsmethode für labilisierende oder stabilisierende Einflüsse auf Lysosomen bestand darin, daß man Ganztiere mit entsprechenden Pharmaka oder Giften behandelte und anschließend in Gewebshomogenaten die Proportion zwischen gebundenen und freien lysosomalen Enzymen analytisch ermittelte. Dieses Verfahren hat erhebliche technische Nachteile, da die Ergebnisse stark von der Aufarbeitung der Organe abhängig sind. Wir haben deshalb isoliert perfundierte Organe zur Bearbeitung der o. g. Fragestellungen verwendet und dabei erste Erfahrungen über die Abgabe lysosomaler Enzyme durch die isoliert perfundierte Rattenleber gesammelt. Aus den bisherigen Untersuchungen ergeben sich folgende Informationen:

1. Auch unter den von SCHIMASSEK angegebenen Versuchsbedingungen werden von der Leber lysosomale Enzyme ins Perfusionsmedium abgegeben. Die Konzentrationen der Enzyme (Kathepsin, $\beta$-Glucuro-

[*] Die diesem Vortrag zugrunde liegenden Experimente wurden unter Mitarbeit von Herrn Dr. med. vet. J. GRIES durchgeführt.

nidase usw.) steigen im Verlaufe der Perfusion bei geschlossenem System im Medium an. Das gleiche gilt für das ursprünglich intracelluläre Kalium. Möglicherweise ist die Kaliumfreisetzung und partielle Zerstörung von Lysosomen einer der Gründe dafür, daß die isoliert perfundierte Leber nicht beliebig lang extracorporal erhalten werden kann. Es wurden auch informierende Versuche über die Freisetzung von Kathepsin und $\beta$-Glucuronidase in der Hb-frei perfundierten Rattenleber durchgeführt. Dabei war die Freisetzungsrate gegenüber den nach SCHIMASSEK perfundierten Lebern deutlich erhöht (Abb. 1). Es kann noch nicht entschieden werden, ob die Unter-

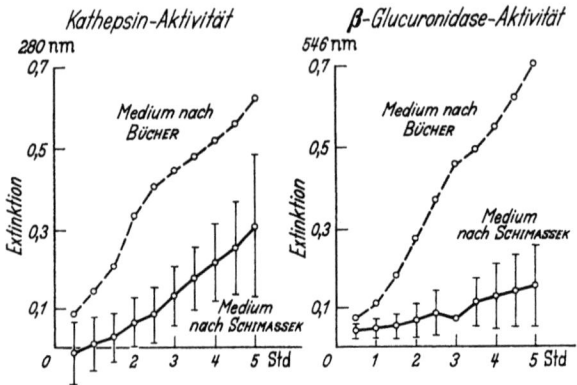

Abb. 1. Freisetzung lysosomaler Enzyme aus der isoliert perfundierten Rattenleber. Vergleich des Anstiegs von Kathepsin und $\beta$-Glucuronidase im Perfusionsmedium bei Verwendung des erythrocytenhaltigen Mediums nach SCHIMASSEK und bei der hämoglobinfrei durchströmten Leber

schiede auf experimentellen Mängeln beruhen oder prinzipieller Art sind. Unabhängig davon dürfte die Messung lysosomaler Enzyme im Perfusat ein gutes Kriterium für eine beginnende Autolyse sein.

2. Nach Festlegung der „Normalverhältnisse" und deren Streuung haben wir an zwei toxikologischen Problemen die Brauchbarkeit der isolierten Leber zur Prüfung des Verhaltens der Lysosomen näher untersucht. Unser erstes Problem war der Mechanismus der Phalloidinvergiftung. Hier war die Leber als hauptsächlich betroffenes Organ das geeignete Untersuchungsobjekt. O. WIELAND hatte bereits früher darauf hingewiesen, daß möglicherweise lysosomale Enzyme an den bei dieser Vergiftung auffallenden destruktiven Prozessen beteiligt sein könnten. Bei Zugabe des Giftes zum Perfusionsmedium stellte sich her-

aus, daß in gewisser Abhängigkeit von der Dosis (Abb. 2 a) schon zu einem frühen Zeitpunkt der Phalloidinvergiftung lysosomale Enzyme freigesetzt werden (siehe FRIMMER, GRIES, HEGENDER u. SCHNORR, 1967). Dies wurde in gleicher Weise für Kathepsin, $\beta$-Glucuronidase und auch für die N-Acetylglucosaminidase nachgewiesen. Die Freisetzung der lysosomalen Enzyme erfolgt nach unserem Eindruck früher und nachhaltiger als diejenige protoplasmatischer Enzyme. Untersuchungen an sehr sauberen isolierten Lysosomenfraktionen aus neutrophilen Leukocyten ergaben, daß Phalloidin in vitro keinen primären Angriffspunkt an der Lysosomenmembran hat. Informierende Untersuchungen an lysosomenreichen Partikelfraktionen aus Leber hatten das gleiche Ergebnis. Die ursprüngliche Vermutung, nach der Phalloidin an Lysosomen vielleicht in Form eines Metaboliten wirksam werden könnte, hat sich bisher experimentell nicht bestätigen lassen. Dagegen zeigte sich bei weiteren Perfusionsexperimenten, daß der Abgabe lysosomaler Enzyme ein massiver Kaliumverlust der Leberzelle vorausgeht (Abb. 2 b). Dieser Kaliumverlust wird von uns als Ausdruck einer Schädigung der Zellmembran angesehen, die sich auch im elektronenoptischen Bild sehr früh nachweisen läßt. Da nach den Untersuchungen von O. WIELAND u. Mitarb. der ATP-Spiegel der Leber bei der Phalloidinvergiftung erst relativ spät zusammenbricht, kann ein ATP-Verlust nicht als Ursache der Kaliumfreisetzung angesehen werden. Dieses experimentelle Beispiel zeigt, daß die Verwendung der isoliert perfundierten Leber den alleinigen Untersuchungen an isolierter Lysosomenfraktion in vitro überlegen sein kann.

3. Wir haben die Messung der Freisetzung lysosomaler Enzyme im Leberperfusat auch zur Klärung eines anderen Problems herangezogen: Durch Untersuchungen aus dem Arbeitskreis von DE DUVE und von DINGLE ergaben sich Anhaltspunkte dafür, daß unphysiologisch hohe Konzentrationen an Vitamin A zur Schädigung von Lysosomen bzw. zur Labilisierung von lysosomalen Membranen führen. Da diese Frage im Hinblick auf die therapeutische und prophylaktische Anwendung hoher Vitamin A-Dosen von Bedeutung ist, wurde die Freisetzung der schon erwähnten lysosomalen Enzyme in der perfundierten Leber von Vitamin A vorbehandelter und unbehandelter Ratten verglichen. In diesem Falle wurde das schädigende Agens nicht dem Perfusionsmedium während des Versuches zugesetzt; die Tiere wurden vielmehr über ca. 10 Tage mit den zu prüfenden Vitamindosen (Vitamin A-Alkohol) zuvorbehandelt. Drei mögliche Arten von Er-

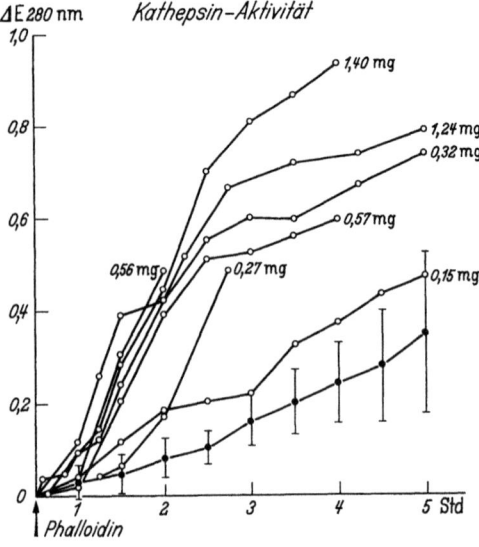

Abb. 2 a

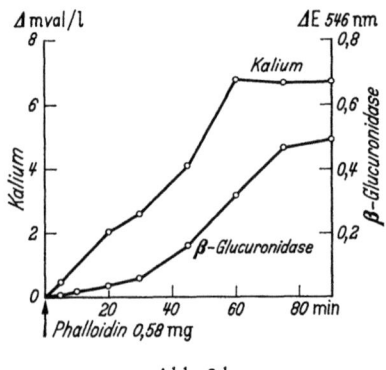

Abb. 2 b

Abb. 2. Freisetzung von Kathepsin in der isoliert perfundierten Rattenleber (Methode Schimassek) nach Zugabe verschiedener Dosen Phalloidin. Vor Zugabe des Giftes wurden die Lebern jeweils ½ Std ins Gleichgewicht gebracht. Zum Vergleich sind Werte von nicht vergifteten Kontrollen mit Standardabweichung angegeben. Der Anstieg der $\beta$-Glucuronidase-Aktivität im Perfusionsmedium verläuft ähnlich. Die Freisetzung von Kalium geht jedoch derjenigen der lysosomalen Enzyme voraus

gebnissen waren zu erwarten: Entweder konnte bei den behandelten Tieren die Freisetzung lysosomaler Enzyme im Streubereich der Kontrollen liegen, oder es konnten Abweichungen nach oben bzw. unten auftreten. Eine verminderte Abgabe lysosomaler Enzyme würde bedeuten, daß bereits während der Vorbehandlungsperiode Lysosomen zerstört wurden und die noch verfügbaren Enzymmengen der Leberlysosomen zum Zeitpunkt der Perfusion quantitativ vermindert waren. Ein erhöhter Verlust lysosomaler Enzyme während der Perfusion kann nach unserer Meinung als Labilisierung lysosomaler Membranen durch die Vorbehandlung gedeutet werden. Wir konnten bei unseren bisherigen Untersuchungen vorwiegend Abweichungen der letzteren Art beobachten (Abb. 3). Bei Vorbehandlung mit extrem

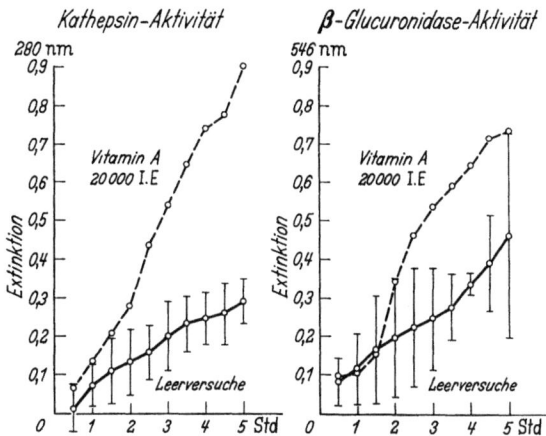

Abb. 3. Freisetzung lysosomaler Enzyme in der isoliert perfundierten Rattenleber nach mehrtägiger Vorbehandlung mit hohen Vitamin A-Dosen. Für die Leerversuche wurden Ratten verwendet, denen in der Vorbehandlungsperiode analoge Dosen des Lösungsvermittlers injiziert worden waren

hohen Vitamin A-Dosen traten im Perfusat dosisabhängig wieder geringere Enzymkonzentrationen als die in Abb. 3 gezeigten auf. Unsere bisherigen mit Vit. A durchgeführten Experimente lassen vermuten, daß eine nennenswerte Labilisierung lysosomaler Membranen in der Leber nur mit sehr hohen Vitamin A-Dosen beobachtet wird. Die gleichen Dosen führen aber bereits in der Vorbehandlungsperiode zu auffallenden Störungen (Gewichtsverlust usw.) bei den Versuchstieren.

Informierende Experimente mit peroraler Vitaminverabfolgung ergaben etwas geringere Effekte als die parenterale Gabe von Vit. A.

Das Beispiel zeigt, daß hier offenbar die Empfindlichkeit der Leberlysosomen in vitro größer als in vivo ist. Einschränkend ist zu bemerken, daß die Verhältnisse in der Leber nicht für Lysosomen anderer Organe repräsentativ sein müssen. Es mag sein, daß Lysosomen des Bindegewebes gegen Vit. A in vivo empfindlicher als Leberlysosomen sind.

Wir sind davon überzeugt, daß die Messung lysosomaler Enzyme im Perfusat isolierter Organe ein wertvolles Verfahren zur Lösung zahlreicher Probleme der Toxikologie ist, das hinsichtlich des technischen Aufwandes durchaus verdient, als toxikologische Routinemethode Anwendung zu finden. Wir hoffen aber auch gezeigt zu haben, daß die technisch einfache Messung lysosomaler Leitenzyme sowie des Kaliums ein gutes Kriterium für die Intaktheit der Leber bei biochemischen Perfusionsexperimenten ist.

## Literatur

DANIEL, M. R., J. T. DINGLE, A. M. GLAUERT, und J. A. LUCY: J. cell. Biol. 30, 465 (1966).
DINGLE, J. T., und LUCY, J. A.: Biol. Rev. 40, 422 (1965).
DUVE, C. DE, R. WATTIAUX, und M. WIBO: Biochem. Pharmacol. 9, 97 (1962).
FRIMMER, M., J. GRIES, D. HEGNER, und D. SCHNORR: Naunyn Schmiedeberg's Arch. exp. Path. Pharmak. (im Druck).
LUCY, J. A., und DINGLE, J. T.: Nature 204, 156 (1964).
MATSCHINSKY, F.: Inaug.-Diss. München, 1959.
WIELAND, O.: Clinical Chem. 2, 323 (1965).

## Diskussion

SCHRIEFERS: Es wäre sehr interessant zu wissen, um was für ein Kathepsin es sich handelt, das in Ihren Versuchen auftritt. Wir wissen, daß es eine ganze Reihe von Kathepsinfraktionen gibt (z. B. das Kathepsin A, B, C usw.). Herr Dr. OTTO von unserem Institut hat sich damit beschäftigt, diese Kathepsinaktivitäten an Sephadexsäulen zu zerlegen. Er ist z. B. dabei auch auf ein Präparat gestoßen, das ganz spezifisch imstande ist, Glucokinase zu inaktivieren. Man könnte es also ein glucokinase-inaktivierendes Enzym nennen. Dieser Befund wäre außerordentlich wichtig, wenn man beispielsweise der zunehmenden Lysosomenlabilisierung eine Art regulatorischer Funktion im Zellgeschehen zuspricht.

Und ein Zweites: Wir nehmen an, daß Corticosteroide eine Art stabilisierenden Einfluß auf die Lysosomenmembran ausüben. Ich glaube, Ihr Modell wäre außerordentlich gut geeignet, diesen Fall einmal zu untersuchen. Man könnte z. B. Tiere mit Corticosteroiden behandeln und dann nachsehen, ob nach einer Applikation von Phalloidin ein geringerer Austritt an $\beta$-Glucuronidase und Kathepsin erfolgt.

FRIMMER: Wir haben, wie andere Arbeitsgruppen, zur Analyse der Kathepsinaktivität zunächst die Anson'sche Methode verwendet. Wir beabsichtigen selbstverständlich, die in unseren Lysosomenfraktionen aufgefundenen Kathepsinaktivitäten hinsichtlich der Zugehörigkeit zu den verschiedenen Typen noch näher zu charakterisieren. Diese Versuche sind aber noch nicht abgeschlossen.

Bei unseren Untersuchungen an isolierten Lysosomen aus Rinderleukocyten bestehen bereits einige Erfahrungen über die Schutzwirkung von Glucocorticoiden, z. B. kann die granolytische Wirkung von Lysophosphatiden schon durch relativ kleine Konzentrationen von Glucocorticoiden gehemmt werden. Bei der isoliert perfundierten Leber liegen in unserem Institut noch keine speziellen Erfahrungen über die Wirkung dieser Steroide vor.

WIELAND, O.: Sie haben zweifellos zwei neue Befunde für die Phalloidin-Vergiftung erhoben, und das ist sicher ein wichtiger Fortschritt. Bei der Interpretation muß man sich aber noch überlegen, ob diese Befunde etwas mit dem primären Angriffspunkt zu tun haben. Das heißt, man müßte einfach wissen, wann diese Veränderungen, zeitlich gesehen, auftreten. Wir haben das einigermaßen systematisch zusammengestellt. Und nach meiner Erfahrung ist das früheste sichtbar zu machende Symptom der Vergiftung an der isolierten Leber das Versiegen des Galleflusses. Das passiert etwa 3 bis 4 min bereits nach Zusatz des Giftstoffes zum Medium. Wir waren der Ansicht, daß wir damit dem primären Angriffspunkt, wenigstens zeitlich gesehen, am nächsten gekommen waren. Können Sie aus Ihren Versuchen irgend etwas aussagen? Wann geht es mit dem Kalium los, und wann geht es mit den lysosomalen Enzymen los?

FRIMMER: Die Freisetzung des Zellkaliums aus der isoliert perfundierten Rattenleber setzt praktisch bei der Zugabe von Phalloidin ein. Wie ich in der Abbildung gezeigt habe, setzt die Kaliumfreisetzung bereits vor der Abgabe lysosomaler Enzyme ein. Es handelt sich also um die früheste mit chemischen Methoden meßbare Wirkung bei der Phalloidinvergiftung. α-Amanitin hat diesen Effekt nicht. Wir wollen nicht behaupten, daß die Kaliumfreisetzung der einzige Mechanismus bei der Phalloidinvergiftung ist, der zur Auslösung sämtlicher übriger Wirkungen führt. Neben der äußeren Zellmembran wird sicherlich sehr früh auch das endoplasmatische Reticulum beeinflußt. Wir haben bei unseren zahlreichen Versuchen ohne Ausnahme immer wieder festgestellt, daß die Kaliumfreisetzung schneller und nachhaltiger einsetzt als andere mit chemischen oder morphologischen Methoden nachweisbare Ergebnisse. Nach unseren Erfahrungen tritt das Versiegen des Galleflusses nur bei sehr hohen Phalloidindosen zu einem frühen Zeitpunkt der Vergiftung auf. Bei den von uns verwendeten Dosen versiegt der Gallefluß erst, wenn die Leber anschwillt.

WIELAND, O.: Das könnte ja sehr gut mit dem Versiegen der Gallesekretion in Zusammenhang stehen.

74 Diskussion

MILLER: Gibt es Phalloidin unempfindliche und empfindliche Lysosomen?
FRIMMER: Es gibt zunächst experimentell keine Anhaltspunkte dafür, daß bestimmte Lysosomen-Populationen gegen Phalloidin empfindlicher als andere sein könnten. Wir glauben nicht, daß das Phalloidin direkt auf Lysosomenmembranen einwirkt.
Die Frage, wieviel von den lysosomalen Enzymen nach der Vergiftung mit Phalloidin noch in der Leber verbleibt, ist nicht leicht zu beantworten. Die perfundierte Leber nimmt während der Vergiftung ganz erheblich an Volumen zu, was zu einem großen Teil durch die Vacuolisierung zu erklären ist. Bei der Aufarbeitung solcher Lebern ist es schwer zu entscheiden, welche Enzymanteile auf die Leberzellen bzw. auf die Extravasate entfallen. Bei Vergiftungen mit Phalloidindosen, die unter der $LD_{50}$ lagen, fanden wir nach Beendigung der Perfusion (5 Std) noch bis zu $1/4$ der Gesamtaktivität in subcellulären Partikeln fest gebunden. Bei höheren Phalloidindosen dürfte dieser Betrag kleiner sein. Von der Gesamtaktivität gelangte bei submaximalen Giftdosen nur etwa $1/3$ ins Perfusionsmedium. Der Rest lag in der Leber teils intracellulär, teils extracellulär in wasserlöslicher Form vor. Bei der Vergiftung in vivo ist die Blutmenge um den Faktor 5—10 kleiner als bei den Perfusionsexperimenten. Man kann erwarten, daß dann nur ein geringer Teil der lysosomalen Enzyme ins Blut gelangt. Die Hauptmenge der Hydrolasen dürfte dabei im Cytosol verbleiben. Dies erklärt die bei dieser Vergiftung typische Autolyse. Man kann nicht erwarten, daß auf der Höhe der Vergiftung bei der erheblichen Störung der Mikrozirkulation ein Gleichgewicht zwischen Enzymkonzentration im Cytosol (bzw. in den Vacuolen) und dem Perfusat erreicht wird.
BAGGIOLINI: Es ist vor kurzem publiziert worden, daß die Tetrachlorkohlenstoffapplikation die Phalloidineffekte abschwächen.
FRIMMER: Bei Tieren, die am Tage vor dem Perfusionsexperiment mit Tetrachlorkohlenstoff vergiftet waren, fanden wir hinsichtlich der Kaliumfreisetzung und der Abgabe lysosomaler Enzyme keine signifikanten Unterschiede gegenüber den im Vortrag beschriebenen Befunden. Es gibt im Augenblick keinerlei Beweise für die Hypothese, daß Phalloidin in Form eines Metaboliten zur Wirkung kommt. Die von Ihnen zitierten Befunde müssen nicht zwangsläufig über einen Metaboliten erklärt werden. Im übrigen möchte ich darauf hinweisen, daß Herr WIELAND vor kurzer Zeit ein Symposium über den *Wirkungsmechanismus von Phalloidin und α-Amanitin* veranstaltet hat, bei dem dieses schwierige Problem ausführlich behandelt wurde. Es würde hier zu weit führen, auf die Problematik der Knollenblätterpilzvergiftung in allen Einzelheiten einzugehen.
SCHMIDT: Die Arbeitsgruppe von HANSON in Halle hat bei der autolysierenden Leber eine große Anzahl von lysosomalen Enzymen im Organ und den Austritt dieser Enzyme in das Perfusat gemessen. Bei langdauernden Perfusionen fällt eine deutliche Phasenverschiebung zwischen dem Austritt der hyaloplasmatischen Enzyme und dem der lysosomalen — und anderen partikulären — Enzyme auf. Bei letzteren beginnt der Austritt erst nach 2 Stunden, und damit sinkt auch die Proteolyse in der Leber auf ca. 10% ab. Selbst nach 24stündiger Autolyse fanden HANSON und Mitarb. etwa 40%

der Ursprungsaktivitäten der lysosomalen Enzyme noch in der Leber, und zwar mit Ausnahme der $\beta$-Glucuronidase noch in ihrer normalen partikulären Form.

FRIMMER: Man muß bei den von Ihnen zitierten Versuchen der Arbeitsgruppe aus Halle berücksichtigen, daß die Versuchsbedingungen verschieden waren, z. B. wurden die Lebern nicht bei 37°, sondern bei niedrigeren Temperaturen perfundiert. Ferner haben wir im geschlossenen System gearbeitet, während man in Halle ein offenes System bevorzugte.

WIELAND, TH.: Geht die Freisetzung des Kathepsins und des anderen Leitenzyms genau synchron mit der Kaliumfreisetzung? Haben Sie das einmal gemessen?

FRIMMER: Soweit man im unteren Bereich, d. h., bei Beginn der Vergiftung, Konzentrationsanstiege zuverlässig messen kann, ist zu sagen, daß zwischen dem Beginn der Kaliumfreisetzung und der Freisetzung lysosomaler Leitenzyme eine kurze zeitliche Verzögerung auftritt. Entscheidender ist vielleicht die Steilheit der Konzentrationsanstiege.

WIELAND, TH.: Ist es etwa so zu verstehen: Das Kalium geht aus der Zelle, die Lysosomen platzen, und dann kommt alles andere in Bewegung?

FRIMMER: Man könnte sich z. B. denken, daß das Kalium durch Natrium aus dem Außenmedium und vielleicht durch Wasserstoffionen ersetzt wird. Ionenmilieuänderungen sind außerordentlich störend für die Stabilität von Lysosomen. Schon DE DUVE hat festgestellt, daß geringe pH-Verschiebungen die Stabilität von Lysosomen beeinflussen.

WIELAND, Th.: Kann man die Kaliumkonzentration im Perfusionsmedium auf die gleiche Höhe bringen wie in der Zelle?

FRIMMER: Wir haben solche Versuche vor.

SEUBERT: Können Sie die Wirkung des Phalloidins durch Strophantin imitieren und 2. haben Sie einmal die Aktivität der Natrium/Kalium abhängigen ATP-ase in Gegenwart von Phalloidin gemessen?

FRIMMER: Untersuchungen in dieser Richtung stehen auf unserem Programm. Wir haben aber geringe Hoffnungen, da wir nicht glauben, daß der Kaliumverlust bei der Phalloidinvergiftung durch eine Beeinflussung von Ionenpumpen zustandekommt.

SCHOLZ: Wie schnell fallen die energieliefernden Prozesse nach der Phalloidinvergiftung aus?

WIELAND, O.: Das haben wir ziemlich genau gemessen. Das dauert lange. Es dauert Minuten, bis das ATP absinkt.

FRIMMER: Ich möchte hierzu folgendes bemerken: Wir glauben nicht, daß der Kaliumverlust eine Folge eines ATP-Mangels sein kann. Der Kaliumverlust beginnt praktisch sofort nach Zusatz des Giftes zum Perfusionsmedium. Wie Herr O. WIELAND überzeugend dargelegt hat, sinken die ATP-Konzentrationen in der perfundierten Leber bei der Phalloidinvergiftung wesentlich später ab.

HILZ: Welche Funktion ordnen Sie nunmehr den Lysosomen überhaupt zu? Nachdem Sie den Vitamin A-Effekt unter den Tisch gewischt haben, bleibt den Lysosomen praktisch nichts mehr anderes übrig, als eine Funktion bei der Selbstauflösung der Zelle zu spielen. Oder haben Sie irgend eine andere experimentell belegte Funktion der Lysosomen gefunden?

FRIMMER: Ich möchte dazu natürlich noch nicht endgültig Stellung nehmen. Aber die Vorstellung ist im Augenblick die, daß physiologischerweise die Lysosomen höchstwahrscheinlich am normalen Turnover beteiligt sind. Sie liefern im Bedarfsfalle die abbauenden Enzyme. Uns interessierten speziell die pathophysiologischen Vorgänge, bei denen plötzlich große Enzymmengen freigesetzt werden. Wir haben festgestellt, daß bei Verabfolgung von Vitamin A-Präparaten die toxischen Allgemeinwirkungen an den Tieren bei den hohen Dosen genauso früh auftreten, wie die durch die Leberperfusion erfaßbare Labilisierung der Lysosomen. Das bedeutet lediglich, daß ich die Messung der Freisetzung von lysosomalen Enzymen aus der Leber nicht für ein besonders empfindliches Kriterium der toxischen Vitamin A-Wirkungen halte.

SCHMIDT: Ich habe eine Frage an Herrn WIELAND. Wenn man sich vorstellt, daß nach 3 min schon das Sistieren des Galleflusses nachgewiesen werden kann, dann stellt sich die Frage, wie groß ist gewissermaßen der Galletotraum in der Leber. Wie lange braucht gewissermaßen die Galle in den intracellulären Wegen von den ersten Gallecapillaren, bis man sie vorne messen kann?

WIELAND, O.: Ich möchte sagen, in der Größenordnung von 1 min.

[BAGGIOLINI zitiert hierzu G. BARBER-RILEY. Amer. J. Physiol. 205, 1122 und 1127 (1963).]

FORTH: Ich bin nicht der Meinung, daß die Aussage über den Totraum etwas über den Gallefluß aussagen kann. Bei einer Permeabilitätsstörung kann z. B. der Galleraum zuschwellen, und der Gallefluß versiegt dadurch, obwohl die Produktion an sich noch intakt wäre.

WIELAND, O.: Aber das müßte man doch histologisch sehen.

BÜCHER: Offenbar gibt es eine kombinierte Wirkung von Dinitrophenol und Phalloidin. Die Gruppe von SCHEPPERS hat ja an den sogenannten Bangosomen (artifizielle Bläschen mit kaliumreichen Medium) gezeigt, daß nach Applikation von Valinomycin das Kalium erst bei Anwesenheit von Dinitrophenol austritt.

HESS: 1955 ist mit konventioneller P/O-Quotientenmessung und Acceptoreffekt diese Frage untersucht worden. Das ist nur etwas am Cytochrom C-System gesehen worden.

# Aminosäuren- und Proteinstoffwechsel

## Einige neuere Beobachtungen über den Aminosäuren- und Protein-Stoffwechsel in der isoliert perfundierten Leber*

Von

Leon L. Miller, David W. John und Paul F. Cloutier

The Department of Radiation Biology and Biophysics, the School of
Medicine and Dentistry, the University of Rochester
Rochester (New York)

Mit 11 Abbildungen

Bevor ich auf mein eigentliches Thema zu sprechen komme, möchte ich nicht versäumen, der Deutschen Biochemischen Gesellschaft für die Einladung zu diesem Symposium zu danken. Ich finde es eine ausgezeichnete Idee, Vertreter der verschiedenen Arbeitsgruppen, die mit dieser vielseitigen Methode der Leberperfusion arbeiten, zu versammeln und ihnen so zu ermöglichen, ihre Erfahrungen auszutauschen. Mein Dank gebührt auch Herrn Kade, dem Leiter der Max Kade Foundation, New York, der mir durch eine großzügige Beihilfe die Reise von Amerika ermöglicht hat. Die Arbeiten, über die ich Ihnen nun berichte, sind zusammen mit Dr. Paul Cloutier und Dr. David John durchgeführt worden, und ich möchte ihnen auch an dieser Stelle für ihre Mitarbeit danken.

Über die letzten 17 Jahre haben viele Arbeiten aus unserem Laboratorium bewiesen, daß die perfundierte Leber der Leber im intakten Tier in bezug auf viele Funktionen des Aminosäurenstoffwechsels und Proteinstoffwechsels entspricht. Von besonderer Bedeutung sind

---

* Die Arbeit wurde im Vertrag mit der Atomic Energy Commission (W-7401-eng-49) an der Universität Rochester, Atomic Energy Project, Rochester, N. Y., durchgeführt, und teilweise durch einen Forschungsfonds des National Institutes of Health (1-Rol-AM-11029-01 Met) unterstützt.

die folgenden Funktionen: a) Die Regulation durch die isolierte Leber des qualitativen und quantitativen Verhaltens der Aminosäuren im Blut[1]. b) Die proteinsparende Wirkung von Glucose und Fructose, die sich in einer verminderten Harnstoffproduktion durch die Leber zeigt, gleichgültig ob die Perfusion mit oder ohne Zusatz von Aminosäuren durchgeführt wurde[2]. c) Die konstante Produktionsrate von Harnstoff über Perfusionszeiten von 6 bis 12 Std, die in Abwesenheit zugegebener Aminosäuren den kontinuierlichen Abbau von Leberproteinen (zu etwa 55—60%) und Plasmaproteinen (zu etwa 40—45%) anzeigt[2, 3]. d) Die Biosynthese fast aller Plasmaproteine mit Ausnahme der Gammaglobuline[4].

Heute möchte ich Ihnen über unsere neueren Arbeiten auf zwei Gebieten berichten. Zunächst wollen wir uns mit Untersuchungen über eine mögliche direkte proteinkatabole Wirkung des Glucocorticoids Hydrocortison beschäftigen. Vielleicht erinnern Sie sich, daß wie wir 1961 berichteten, Hydrocortison keinen Einfluß auf die Basalproduktion von Harnstoff (ohne Zusatz von Aminosäuren) in perfundierten Lebern von normalen hungernden oder gefütterten Tieren hat[5]. Dieser Befund kontrastiert bemerkenswerterweise mit der ausgeprägten Wirkung von Glucagon, das in perfundierten Lebern hungernder oder gefütterter Tiere einen Eiweißabbau herbeiführt[5, 6]. Wir fragten uns daher, ob eine protrahierte Behandlung der normalen Leberspendertiere mit sieben Injektionen von 5 mg Hydrocortison pro Tag die Harnstoffproduktion in der Perfusion anregt. Wie Abb. 1 zeigt, ist dies nicht der Fall. Als nächstes untersuchten wir, ob Hydrocortison die Harnstoffproduktion in einer Leber beeinflußt, wenn sie mit großen Mengen Aminosäuren belastet wird. Abb. 2 zeigt, daß die perfundierte Leber auf eine Dauerinfusion von 54 mg/Std erhöht Harnstoff produziert, aber diese Harnstoffbildung ist nicht durch Hydrocortisonbehandlung beeinflußbar.

Da diese Perfusionen unter denselben Bedingungen durchgeführt wurden, unter denen GOLDSTEIN et al.[7] eine Induktion von Tyrosin-α-ketoglutarattransaminase beobachteten, schien es von Interesse zu verfolgen, ob unter diesen Bedingungen die Fähigkeit der Leber L-Tyrosin-1-$^{14}$C zu oxydieren verändert wird. Die Ergebnisse dieser Versuche zeigen die drei folgenden Abbildungen. In Homogenaten von Leberläppchen aus Kontrollperfusionen nimmt die Enzymaktivität der Tyrosin-α-ketoglutarattransaminase innerhalb von 6 Std auf 25% des Anfangswerts ab. Dagegen erhöht sich die Transaminaseaktivität nach einer Gabe von Hydrocortison innerhalb von 4 Std auf das Vierfache und innerhalb von 6 Std auf das Zwanzigfache (dessen was in ohne Hydrocortison perfundierten Lebern gefunden wird) (Abb. 3). Die Harnstoffbildung ist dagegen in Hydrocortison behandelten und unbehandelten Leberperfusionen dieselbe (Abb. 4). Die Oxydation von L-Tyrosin-1-$^{14}$C zu radioaktivem $CO_2$ während der Perfusion in der

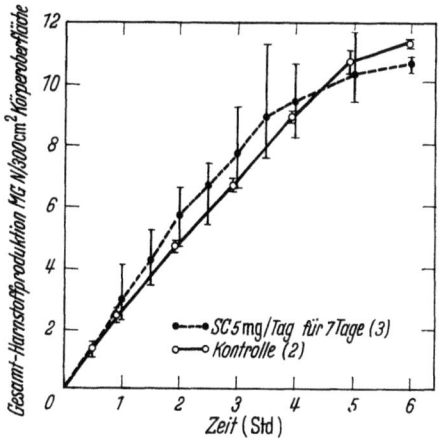

Abb. 1. Unveränderte Gesamt-Harnstoff-N-Produktion in der isoliert perfundierten Rattenleber nach 7 Tage Hydrocortisonvorbehandlung

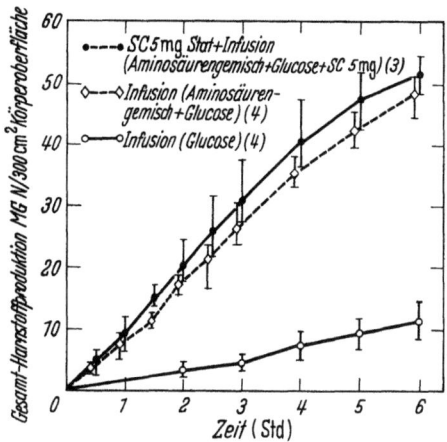

Abb. 2. Einfluß von Hydrocortisoninfusion auf die Gesamt-Harnstoff-N-Produktion aus einem kompletten Aminosäurengemisch

Leber nimmt ebenfalls nach Hydrocortison zu, jedoch anscheinend nur geringfügig (Abb. 5). Die Zunahme der Transaminaseaktivität wird

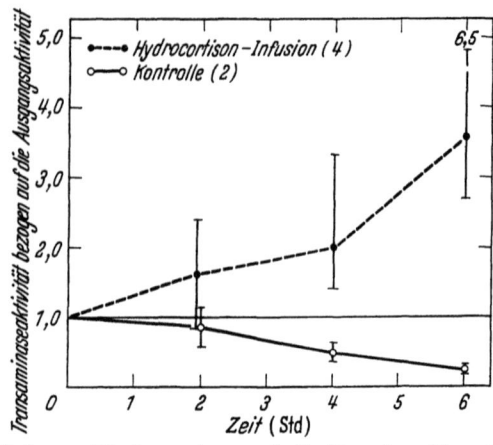

Abb. 3. Einfluß von Hydrocortison auf die Tyrosin-α-Ketoglutarat-Transaminase in der isoliert perfundierten Rattenleber

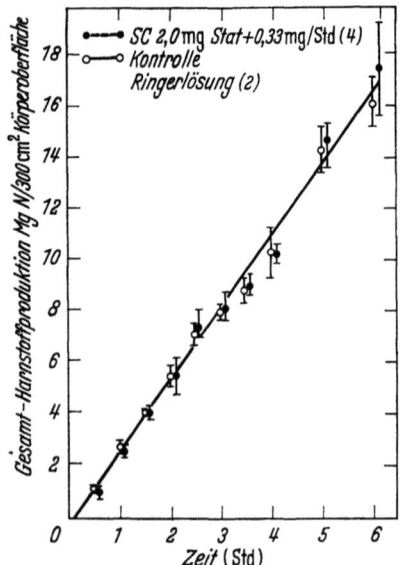

Abb. 4. Die Harnstoffproduktion in der isoliert perfundierten Rattenleber während einer durch Hydrocortison bedingten Tyrosin-α-Ketoglutarat-Transaminase-Induktion

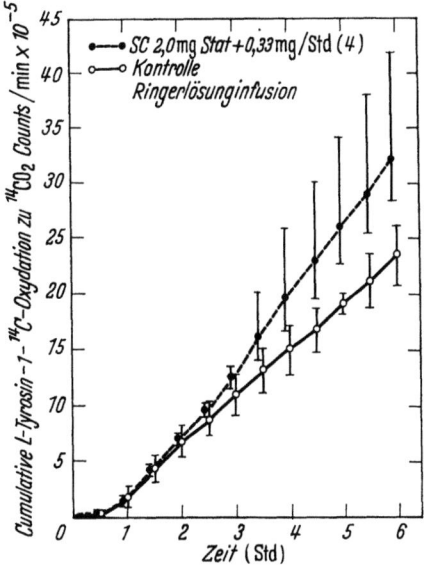

Abb. 5. Einfluß von Hydrocortison auf die Oxydation von L-Tyrosin-1-$^{14}$C zu $^{14}CO_2$ während Tyrosin-α-Ketoglutarat-Transaminase-Induktion

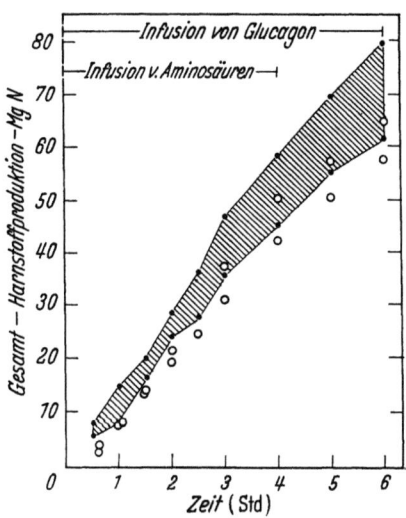

Abb. 6. Kein Einfluß von Glucagon auf die Harnstoffproduktion eines Aminosäurengemisches (320 mg Aminosäurengemisch)
▨ 4 Kontroll-Perfusionen
o  2 Perfusionen mit kontinuierlicher Glucagoninfusion 3 μg/Std

jedoch nicht von einem entsprechend großen Anstieg in der Bildung von radioaktivem $CO_2$ aus Tyrosin *in vitro* begleitet. Leider ist es nicht möglich zu untersuchen, wie höhere Tyrosinmengen die oxydative Kapazität der Leber beeinflussen, da bei physiologischem pH Tyrosin sehr wenig löslich ist.

Da, wie erwähnt, Glucagon den Proteinabbau in der perfundierten Leber stark erhöht, wenn sie ohne zusätzliche Aminosäuren perfundiert wird, hielten wir es von Interesse zu untersuchen, ob Glucagon auch wirksam ist, wenn eine Leber unter Zusatz von 320 mg einer standardisierten Aminosäurenmischung perfundiert wird. Die Zusammensetzung dieser Mischung war den Ernährungsbedürfnissen des Organismus angepaßt[8]. Abb. 6 zeigt, daß unter diesen Bedingungen Glucagon (3 µg/Std) die schon erhöhte Bildung von Harnstoff nicht weiter vermehrt. Man ersieht auch, daß unter Glucagon-Belastung mit Aminosäuren eine signifikante Gluconeogenese herbeigeführt wird, so daß trotz des Ausbleibens eines vermehrten Proteinabbaus und Harnstoffbildung, Glucagon seine starke glykogenolytische Wirkung zu entfalten vermag. Auf Grund dieser Daten kann man daher nicht entscheiden, ob alle verschiedenen intermediären $\alpha$-Ketosäuren in gleicher Weise unter Glucagon beschleunigt umgewandelt werden, wie dies EXTON und PARK[9] für Lactat (das heißt Brenztraubensäure) gezeigt haben.

Im zweiten Teil dieses Vortrags möchte ich Ihnen Beobachtungen über die Wirkung von Röntgenganzkörperbestrahlung auf die Nettobiosynthese spezifischer Plasmaproteine, nämlich von Albumin, Fibrinogen und saurem $\alpha$-Glykoprotein in der perfundierten Leber berichten. Die Leberspender, männliche erwachsene Sprague-Dawley-Ratten, erhielten eine Ganzkörperbestrahlung von 900 oder 2000 R von 1 Std bis 6 Tage vor der Perfusion. Zum Vergleich wurde die Proteinbiosynthese in der perfundierten Leber normaler Ratten nach Hungerzeiten von 18 Std bzw. von 5 Tagen bestimmt. Diese Untersuchungen sollten zwei Probleme klarstellen. Einmal sollte untersucht werden, ob die in der Literatur beschriebenen Veränderungen[10] in der Konzentration von Plasmaproteinen nach Bestrahlung auf eine gestörte Synthese oder einen erhöhten Verlust zurückzuführen sind. Zum anderen sollte geprüft werden, ob eine Stunde nach Bestrahlung mit hohen Dosen (2000 R) das Leberparenchym derart geschädigt ist, daß die Transkription der Messenger-RNS der Serumproteine beeinflußt wird. Vor kurzem haben wir Daten über die Halbwertzeit verschiedener Messenger-RNS veröffentlicht, in denen wir für die Messenger-RNS von Fibrinogen oder Albumin Werte von 1,5 bis 3 Std beobachtet haben[11]. Wäre die Bildung der Messenger-RNS unmittelbar nach Bestrahlung gestört, so sollte sich dies bei einer sechsstündigen Perfusionsdauer an Hand einer verminderten Nettosynthese der entsprechenden spezifischen Plasmaproteine nachweisen lassen.

Abgesehen von der spezifischen Agargel-Radialdiffusionstechnik von MANCINI et al.[12] und FAHEY et al.[13], mittels der wir die verschiedenen Plasmaproteine bestimmten, sind alle methodischen Details bereits in früheren Veröffentlichungen beschrieben[11]. Es soll betont werden, daß die Verwendung heparinisierten, verdünnten, defibrinier-

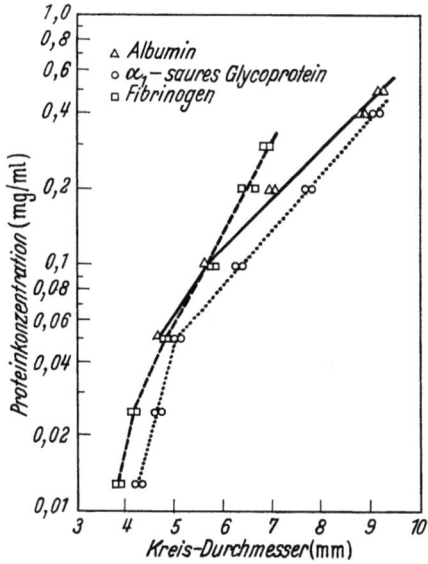

Abb. 7. Eichkurve für die quantitative Bestimmung von Plasmaprotein durch serologische Radial-Disc-Diffusion

ten Kaninchenblutes es ermöglicht, mit spezifischen Kaninchenantiseren die verschiedenen Rattenplasmaproteine quantitativ und ohne Störung durch Kreuzreaktionen zu bestimmen. Die Werte für die Nettobiosynthese, die wir durch immunologische Methoden auf diese Weise erhielten, entsprechen im wesentlichen denen, die die Untersuchung des Einbaus von markierten L-Lysin-$^{14}$C ergibt.

In Abb. 7 sind die Eichkurven dieser Proteine dargestellt. Diese Eichkurven wurden von typischen Platten für die Bestimmung Albumin, Fibrinogen und saurem α-Glykoprotein in Perfusatproben abgelesen. Die kumulative Nettosynthese von Albumin (Abb. 8) 4 und 6 Tage nach Bestrahlung ist nur geringfügig vermindert im Vergleich zu Tieren die 18 Std gehungert haben; sie ist aber nicht geringer als

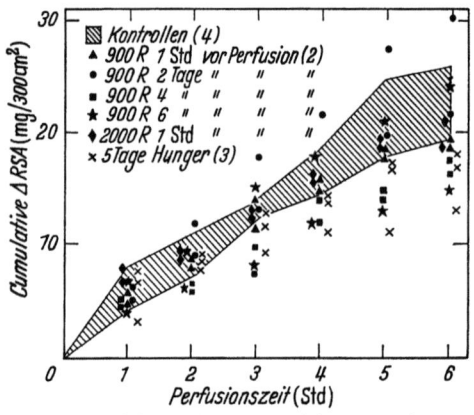

Abb. 8. Ganzkörperbestrahlung des Rattenleber-Spenders senkt nicht die Netto-Serum-Albumin-Synthese unter den nach 5tägigem Hunger beobachteten Wert. RSA = Ratten-Serum-Albumin

die in Ratten nach einer Hungerperiode von 5 Tagen. Der Einbau von L-Lysin-1-$^{14}$C in Albumin ist in Abb. 9 dargestellt und zeigt gleichfalls keinen Unterschied nach Bestrahlung. Man darf daher annehmen, daß die Abnahme des Serumalbumins in bestrahlten Ratten nach Dosen von etwas über der $LD_{50}$ nicht die Folge der Hemmung der Synthese, sondern die Folge des Hungers und/oder eines erhöhten Albuminverlusts durch Abbau ist. Die kumulative Nettosynthese von Fibrinogen in denselben perfundierten Lebern ist in Abb. 10 dargestellt, sie zeigt eine deutliche Zunahme besonders 4—6 Tage nach Bestrahlung. Sehr wahrscheinlich ist diese Zunahme nicht die Folge einer Schädigung der Leber, sondern stellt eine unspezifische Reaktion der Leber auf die Gewebeschädigung dar. In der Tat entspricht der vermehrten Synthese an Fibrinogen ein erhöhter Spiegel dieses Proteins im Plasma intakter Tiere nach Ganzkörperbestrahlung[14].

Es besteht aber auch eine ausgeprägte Zunahme in der Nettobiosynthese des sauren α-Glykoproteins nach Bestrahlung, wie Abb. 11

zeigt. Dieses Protein ist gleichfalls wie das Fibrinogen ein empfindlicher Index für die Schädigung des Gesamtorganismus.

Diese Versuche zeigen daher, daß unabhängig davon, welcher Art die Regulationsvorgänge der Biosynthese dieser oder anderer Plasmaproteine sind, sie alle direkt auf die Leber wirken. Damit spielt auch

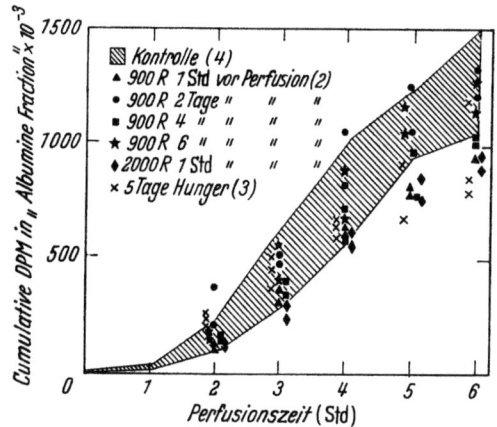

Abb. 9. Ganzkörperbestrahlung des Rattenleber-Spenders senkt nicht den Einbau von L-Lysin-1-$^{14}$C in Albumin unter den nach 5tägigem Hunger beobachteten Wert. DPM = Zerfälle pro Minute

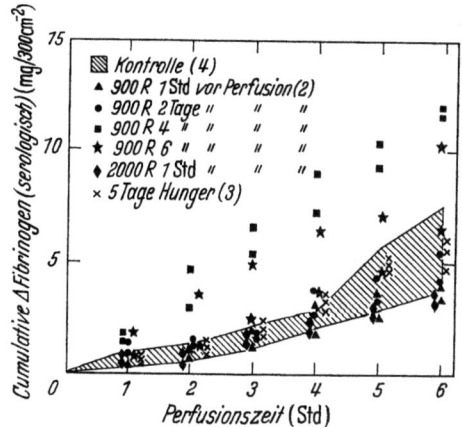

Abb. 10. Ganzkörperbestrahlung von Rattenleber-Spendern führt zum Netto-Anstieg der Fibrinogen-Biosynthese durch die isoliert perfundierte Rattenleber nach 4—6 Tagen

in dieser Beziehung die Leber eine wichtige Rolle für die Reaktion der Abwehr und Wiederherstellung, soweit sie über die in der Leber synthetisierten Proteine vermittelt werden.

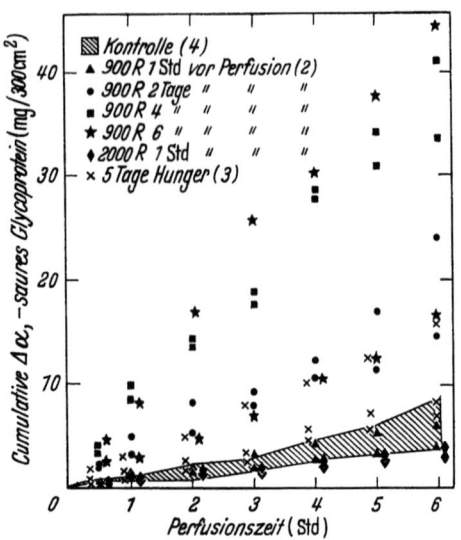

Abb. 11. Ganzkörperbestrahlung des Rattenleberspenders führt zum deutlichen Anstieg der Netto-Biosynthese von Plasma $\alpha_1$-Säuren-Glykoprotein durch die isoliert perfundierte Leber

Für fleißige und gewissenhafte Mitarbeit bedanken wir uns bei Fräulein DONNA EDDY, HELEN R. HANAVAN, und LOUISE ROGERS, und auch bei den Frauen CATHERINE PLANE, CAROL VENTRESS, und DRUSSILLA WEMETT.

Herrn Dr. Georg B. Gerber und Herrn Dr. Kurt I. Altman danken wir herzlich für Ihre Beihilfe bei der Abfassung des Manuskriptes.

*Zusammenfassung.* Die Frage ob Hydrocortison einen unmittelbaren Einfluß auf den Proteinabbau durch die Leber besitzt, wurde mittels der isoliert perfundierten Leber untersucht. Hydrocortison induziert Tyrosin-α-ketoglutarattransaminase während einer 6 Std Perfusion um etwa einen Faktor 4. Dagegen ist die Harnstoffbildung nicht beeinflußt, gleichgültig ob die Perfusion mit oder ohne Zugabe von Aminosäuren stattfand.

Die Biosynthese von Albumin, Fibrinogen und saurem α-Glykoprotein wurde in der perfundierten Leber normaler Ratten sowie in Lebern von Ratten, die 1 Std bis 6 Tage nach Ganzkörperbestrahlung (900—2000 R) perfundiert wurden, verfolgt. Die Nettobiosynthese an Rattenserumproteinen wurde hierbei in dem aus heparinisiertem, defibriniertem Kaninchenblut bestehenden Perfusat mit immunologischen Methoden, sowie an Hand des Einbaus von L-Lysin-1-$^{14}$C verfolgt. Verglichen mit der Leber von Ratten nach 5 Tagen Hunger, zeigt die bestrahlte Leber eine normale Synthese von Albumin und eine vermehrte Synthese an Fibrinogen und saurem α-Glykoprotein 4—6 Tage nach der Bestrahlung.

## Literatur

[1] MILLER, L. L.: In: Amino acid pools. Edited by J. T. Holden. Amsterdam: Elsevier Publishing Company 1962.
[2] —, W. T. BURKE, and D. E. HAFT: Fed. Proc. 14, 707—716 (1955).
[3] GREEN, M., and L. L. MILLER: J. Biol. Chem. 235, 3202—3208 (1960).
[4] MILLER, L. L., and W. F. BALE: J. exp. Med. 99, 125—132 (1954).
[5] — Recent Progr. Hormone Res. 17, 539—568 (1961).
[6] — Nature 185, 243 (1960).
[7] GOLDSTEIN, L., E. J. STELLA, and W. E. KNOX: J. Biol. Chem. 237, 1723—1726 (1962).
[8] OLSEN, J. P., L. L. MILLER, and S. B. TROUP: J. clin. Investig. 45, 690—701 (1966).
[9] EXTON, J. H., and C. R. PARK: Pharmacol. Rev. 18, 181—188 (1966).
[10] FISCHER, M. A., M. Z. MAGEE, and E. P. COULTER: Arch. Biochem. 55, 66—75 (1955).
[11] JOHN, D. W., and L. L. MILLER: J. Biol. Chem. 241, 4817—4824 (1966).
[12] MANCINI, G., A. O. CARBONARA, and J. F. HEREMANS: Immunochemistry 2, 235—254 (1965).
[13] FAHEY, J. L., and E. M. MCKELVEY: J. Immunol. 94, 84—90 (1965).
[14] JACKSON, D. P., E. P. CRONKITE, G. V. LEROY, and B. HALPERN: J. Lab. clin. Med. 39, 449—461 (1952).

## Diskussion

BÜCHER: Wie verhalten sich die bestrahlten Tiere in bezug auf Nahrungsaufnahme?

MILLER: Bis zum 3. oder 4. Tag nach der Bestrahlung fressen die Tiere praktisch nichts, danach etwa 20—50% der Menge eines Normaltieres.

SCHRIEFERS: Wie ist die Tatsache, daß Sie nach mehrtägiger Behandlung mit Hydrocortison keine Mehrproduktion an Harnstoff im Perfusat finden, zu vereinbaren mit den in vivo gewonnenen Ergebnissen, wonach erstens der Aminostickstoff ansteigt, und außerdem die Aktivitäten einer ganzen Reihe von Enzymen des Harnstoffcyclus zunehmen. Schließlich kommt noch hinzu, daß die Leber nach Behandlung mit Corticosteroiden eine erhöhte Retention für Aminosäuren zeigt.

MILLER: Die Harnstoffproduktion der Leber hängt von der angebotenen Aminosäurenmenge ab. Wird die isolierte Leber ohne zusätzliche Aminosäurenzugabe perfundiert, so findet man nur eine geringe Harnstoffproduktion, die aber durch Cortisol nicht beeinflußt wird. Bietet man unter sonst gleichen Bedingungen der Leber eine größere Aminosäurenmenge an, dann beobachtet man eine entsprechend große Harnstoffproduktion, die aber durch Cortisol ebenfalls nicht zu beeinflussen ist. Die meisten Autoren, die sich mit dem Cortisolwirkungsmechanismus befassen, sind der Ansicht, daß in extrahepatischen Geweben die Proteinsynthese unter Cortisoleinfluß gehemmt wird. Die hierdurch freigesetzten Aminosäuren gelangen auf dem Blutweg zur Leber und stimulieren u. a. die Harnstoffsynthese.

SEUBERT: Wenn Ihre Tiere gehungert hatten, dann können Sie aufgrund der Befunde von LARDY m. E. bei der Perfusion keine Steigerung der Harnstoffsynthese durch Cortisol erwarten. Nach den Untersuchungen von LARDY scheint bei Substratsättigung des glucogenen Enzymsystems für die Gluconeogenese die PEP-Carboxykinase geschwindigkeitsbestimmend zu sein. Das Enzym reagiert sehr empfindlich auf Hunger, so daß im Hungerzustand keine zusätzliche Steigerung der Aktivitäten dieses Enzyms durch Cortisol möglich ist. Vermutlich ist auch die Harnstoffsynthese vom Ausmaß der Gluconeogenese in der Leber abhängig. Wenn also in Ihrer Versuchsanordnung die glucogene Kapazität ausgelastet und (wegen des vorherigen Hungers der Tiere) durch Cortisol nicht mehr weiter gesteigert werden kann, so ist auch kein Cortisoleffekt auf die Harnstoffsynthese zu erwarten.

MILLER: Wir haben dieselben Resultate auch bei Versuchen mit Lebern von gefütterten Ratten erhalten. Ich glaube nicht, daß die Enzymveränderungen in der Glykogenablagerung auf quantitativer Basis korrelieren.

SEUBERT: Ich glaube aber doch, daß bei einem Überangebot an Substrat eine Beziehung zwischen glucogener bzw. glykogener Kapazität und Enzymaktivitäten besteht.

MILLER: Meines Wissens nach hat LARDY aber gezeigt, daß die Glykogenablagerung viel früher nachweisbar ist als der Anstieg verschiedener Enzyme.

SEUBERT: Wenn ich mich an die Befunde von LARDY in den Advances of Enzyme Regulation richtig erinnere, so steigt die PEP-Carboxykinase bereits nach einer Stunde an und erreicht das Maximum nach 3 Std. Der Glykogenanstieg tritt ebenfalls mit einer Verzögerung von 1 bis 2 Stunden auf.

STAIB: Was die Glykogenablagerung am Ganztier anbelangt, so haben wir 4 Std nach Cortisolgabe bereits einen signifikanten Anstieg beobachtet. Die Enzyme, wie TP und TKT beginnen nach der 2. Std anzusteigen und erreichen zur 6. Std das Maximum. In unseren Perfusionsversuchen konnten wir den Enzymaktivitätsanstieg nachweisen, aber wir fanden kein Glykogen bei Anwesenheit von Cortisol im Perfusionsmedium. Und was die Harnstoffproduktion anbelangt, so stimmen unsere Befunde mit denen von Herrn MILLER überein. Auch wir fanden unter Cortisol keine vermehrte

## Diskussion

Harnstoffproduktion. Es scheint demnach, so wie Herr MILLER bereits erwähnte, daß das Substrat für die Glykoneogenese extrahepatisch liberiert werden muß.

HILZ: An Leberschnitten von adrenalektomierten Tieren kann man zeigen, daß die Glucosebildung direkt proportional der zugegebenen Alaninmenge ist. Die endogene Glucosebildung solcher Schnitte wird durch Cortisolderivate um das 1,5fache gesteigert. Steigende Alaninkonzentrationen verringern aber diesen Effekt. Sobald das System mit Alanin gesättigt ist, kann der Cortisoleffekt nicht mehr demonstriert werden. Vielleicht ist aus ähnlichem Grunde der Cortisoleffekt auf die Harnstoffproduktion in Ihren Versuchen nicht nachzuweisen [vgl. AZUMA u. EISENSTEIN, Endocrinology 75, 521 (1964); R. C. HAYNES, Endocrinology 71, 399 (1962); W. WOLFERT, Dissertation Hamburg 1967].

MILLER: In Leberschnitten ist niemals die sogenannte Enzymadaptation erfolgreich demonstriert worden. GOLDSTEIN u. Mitarb. beschrieben erstmals den Cortisoleffekt auf die Enzymsynthese in der isoliert perfundierten Rattenleber.

MENAHAN: Wie verhält sich die glucagonabhängige Harnstoffproduktion in der Leberperfusion?

MILLER: 0,8 bis 1,5 g Glucagon/Std verursacht einen maximal gesteigerten Proteinkatabolismus in gefütterten oder gehungerten Rattenlebern. Die Harnstoffproduktion verhält sich direkt proportional zum gesteigerten Proteinkatabolismus. Der glykogenolytische Glucagoneffekt kann aber bereits mit 0,2 bis 0,4 µg Glucagon/Std im Perfusionsversuch nachgewiesen werden.

FRIMMER: Bei Ihren Bestrahlungsversuchen finden Sie einen gesteigerten Albuminabbau. Glauben Sie, daß dies etwas mit Kathepsin zu tun hat? Es wurde nämlich festgestellt, daß eine Strahlendosis in Höhe der $LD_{50}$ mit Sicherheit die Mehrzahl der Lysosomen in der Leber zerstört, so daß unter diesen Bedingungen das Kathepsin extrahepatikulär in der Zelle vorliegt.

MILLER: Solange hierzu keine genauen Daten vorliegen, kann man nur spekulieren.

GERBER: Auf Grund eigener Versuche habe ich den Eindruck, daß der Albuminschwund nach Bestrahlung hauptsächlich im extravasculären Raum, vielleicht zu einem gewissen Grad auch im Darm, zustande kommt.

# The Limitations and Special Advantages of the Perfused Liver in Relation to the Synthesis and Catabolism of the Plasma Proteins

By

ARTHUR HUGH GORDON

*National Institute for Medical Research*
*Mill Hill, London, N.W. 7*

With 2 figures

Although a great deal of information has accumulated concerning the numerous stages involved in the synthesis of proteins little evidence is as yet available concerning the nature of the factors which operate *in vivo* to control the rates of synthesis of individual proteins. Investigation of such factors can only be carried out either *in vivo* or by making use of a particular organ maintained in a state approximating to physiological normality. In the case of the liver such a condition can be achieved without great difficulty by perfusion with heparinised blood.

Unfortunately at the present time little useful evidence concerning the factors which are important in relation to the control of rates of protein synthesis can be derived from the many experiments which have been conducted *in vivo*. Thus although many treatments applied *in vivo* have been found to alter the concentration of certain of the plasma proteins the question as to whether these changes have resulted either wholly or in part from simultaneous changes in the rates of catabolism of the same proteins has usually remained unanswered. However, by means of the isolated perfused liver experiments on the rate of synthesis of plasma proteins can be carried out under conditions in which the rates of catabolism of these proteins are known to be negligible.

Speaking to the present group of experts I am sure that I do not need to stress the value of the perfused liver system. Rather I want to underline that in my view too much time and attention cannot be given to the choice of the most appropriate problems to be studied in experiments of this kind. Obviously the most suitable problems are those in which the maintenance of tissue integrity is an essential. Furthermore the perfused liver provides an ideal system for study of effects which may be induced, or the rate of which may be controlled by substances present in the blood. In this regard the essential nature of the liver perfusion system as a two-component system consisting of the liver and the perfusing blood must be underlined. From this point of view it is evident that the addition of any substance to the blood even though its presence may be essential, as is the case with heparin, must be looked at with a degree of suspicion. Dilution of the blood must also be considered as a possible means by which the normal functioning of the liver may be altered.

Since plasma protein synthesis by the perfused rat liver has been found to continue for up to 10 hours (GORDON 1966) it seems safe to assume that at least for this period the organ can retain a very considerable degree of physiological normality. Several attempts have been made to determine whether in such circumstances the liver continues to synthesise plasma proteins at the same rate as in vivo. While my own data (GORDON and HUMPHREY, 1960) suggest that at least for albumin this is indeed the case, it seems clear that further work on this point would be of great value. A recent experiment (GORDON and MUTSCHLER, 1964) in which the $^{14}$C-urea method of MCFARLANE (1963) was used led to lower rates of synthesis than occur *in vivo*. However, the applicability of this method to the perfused rat liver is not yet certain. This conclusion is suggested by the observations of FISHER and KERLY (1964) who found that in the perfusion system the concentration of arginine in the plasma falls to a very low value. If as seems probable synthesis of albumin continues in the perfused liver at approximately the same rate as *in vivo* then the rate in the perfused liver is approximately 3 times faster than that reported in liver slices by MARSH and DRABKIN (350 $\gamma$/g wet liver/per hour).

Before attempting to indicate the type of problem the solutions of which are most likely to be achieved in experiments with the perfused livers I would like to emphasise that the retention of complete physiological normality during perfusion of a liver must be regarded as a matter of some difficulty. Doubtless if sufficiently exacting criteria are applied the perfused liver must always depart to some degree from the condition of the organ *in vivo*. In practice assessment of the degree in which physiological normality has been retained must be based on one or more selected criteria. Evidently a demonstration of the continuation of the particular metabolic functions in which the experimenter is interested is of first importance.

An alternative approach involves the use of an antiserum to liver proteins. By means of such an antiserum the occurrence during perfusion of considerable leakage of liver cytoplasmic proteins has been demonstrated (GORDON, 1961). However, the appearance of such substances in the plasma used for perfusion apparently does not necessarily result in a serious loss by the liver of its ability to synthesise and catabolise the plasma proteins.

As already mentioned the most important reason for the use of the perfused liver is that in this way the organ can be maintained for the period of an experiment in a state close to physiological normality. However, before a decision is taken to employ a perfused liver for a particular purpose certain disadvantages inherent in such experiments should be considered. Probably the most important of these result from the heterogeneity of the liver in terms of cell types. In this regard the demonstration by HAMASHIMA, HARTER and COONS (1964) of the existence of classes of parenchymal cells apparently responsible for the synthesis of different plasma proteins must be taken into account. Especially in experiments on catabolism of plasma proteins the different roles played by the KUPFFER and parenchymal cells may also be of great importance. FREEMAN, GORDON and HUMPHREY (1958) attempted to avoid this complexity by blocking the KUPFFER cells with carbon particles. As a result of the cellular heterogeneity of the liver grave difficulties also arise in experiments involving inhibitors since these may well affect the different cell types to different degrees. Finally the possibility of effects due to accumulation of metabolic products which *in vivo* would be removed by the kidneys must be recognised.

The advantages and disadvantages of the perfused liver system which have just been mentioned themselves suggest the following three types of experiment which may be carried out advantageously under these conditions.

1. Supposing that a given reaction is known to occur in the liver, then the quantitative significance of the rate of this reaction occurring during perfusion may be compared with that taking place *in vivo*.

2. The relative rates of reactions occurring in the perfused liver may be measured.

3. The possible existence of humoral factors which may affect the rates of reactions which occur in the liver can be investigated.

The following three experiments are given as examples of investigations in which the use of the perfused rat liver has seemed especially suitable. In the first of these the liver of rats which had been fed a diet completely lacking in protein were perfused and the rates of synthesis of albumin, fibrinogen and transferrin were estimated by measurements of the relative incorporation of $^{14}$C-leucine into these three proteins. Because of the dietary deprivation of the liver donors the rates of synthesis of some or all of the plasma proteins must already have been reduced *in vivo*. In the case of albumin this reduction has been found to be to approximately 50% of the rate of synthesis occurring in the same rats when on a complete diet (FREEMAN and GORDON, 1964). Thus after transfer of the livers to the perfusion system either the rates of synthesis might revert quickly to normal or the rates characteristic of the liver donor might persist during the period of the experiment. The figures shown in Table 1 indicate that

Table 1. *Relative $^{14}$C Specific Activities of Plasma Proteins Isolated at End of Liver Perfusion. Data from* GORDON *(1966)*

| Specific activities as % of albumin specific activity in the same plasma |||||||
|---|---|---|---|---|---|---|
| Perf. No. | | Fibrin | Tr 1* | Perf. No. | | Fibrin | Tr 1* |
| 75 | Normals | 75 | 58 | 83 | Protein free diet | 251 | 88 |
| 78 | | 126 | 57 | 85 | | 206 | 92 |
| 86 | | 77 | 42 | 02 | | 261 | 113 |
| 09 | | 158 | 51 | 05 | | 94 | 54 |
| 06 | | 102 | — | 08 | | 164 | 60 |

* Transferrin 1.

The $^{14}$C-leucine was added initially as a single dose. The plasma proteins were isolated 5 hours later.

with one possible exception (Perfusion 05) abnormal rates of synthesis were observed when the livers of the rats which had received the deficient diet were subjected to perfusion. Further work is required to show whether the rates obtained when these livers were perfused were exactly those which had existed *in vivo* or were intermediate. Further work is also necessary before a clear decision can be obtained concerning the effect of transfer of such livers to perfusion on the absolute rate of synthesis of the plasma proteins. This is because the observed increases in plasma protein specific activity must have resulted, in part at least, from the higher intracellular specific activity of the $^{14}$C-leucine due to the decreased concentration of free leucine in such livers. The significance of this investigation is simply that it has demonstrated the possibility of investigation in the perfusion system of changes occurring *in vivo* in the ability of the liver to synthesize the plasma proteins. Apparently the time involved in the induction of such changes is rather long. Thus while the effects of the changes which had occurred *in vivo* could be measured in the perfused liver it seems improbable that a direct investigation of the possible effects of blood from the dieted rats on a normal liver would lead to any useful result.

Certain results obtained by perfusion of rat livers at various times subsequent to partial hepatectomy (MUTSCHLER and GORDON, 1966) provide another example. Once again incorporation of $^{14}$C-leucine into albumin, transferrin and fibrinogen was measured. As shown in Fig. 1 large changes in incorporation into both transferrin and fibrinogen occurred using livers at times up to two days after partial hepatectomy. No such changes were observed for albumin. The existence of differential changes of this kind during regeneration was of course to be expected. For any full understanding of the mechanisms on which these changes are based experiments using simpler systems are necessary. However, for the initial demonstration and measurement of these effects the perfused liver system has proved suitable. This is primarily due to the fact that compensatory changes occurring *in vivo* are avoided and because sufficient quantities of plasma are available for isolation of the three plasma proteins.

The final example which will be mentioned differs from those already discussed in that an attempt has been made to investigate the effects on the perfused liver of a hypothetical factor which is believed to be present in the blood of rats after tissue damage. The existence of such a factor may be postulated because subsequent to tissue damage the rate of synthesis of certain of the plasma proteins and especially the $a'$-globulins investigated by DARCY (1964, 1965) is greatly increased. Evidently a message of some kind must have passed from the site of tissue damage to the liver.

Thus if blood taken from rats subsequent to tissue damage is used to perfuse a normal liver the presence of such a factor in the blood

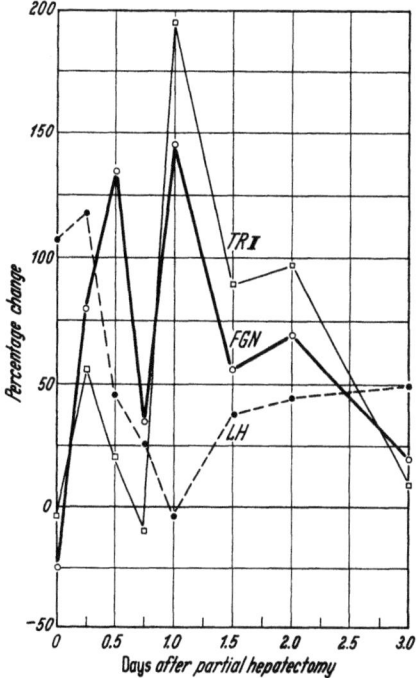

Fig. 1. Incorporation of $^{14}$C-leucine into Fibrinogen (FGN), Transferrin (TRI) and Liver Homogenate (LH) by livers at various times after partial hepatectomy. The values have been corrected for changes occurring after laparotomy only. Each liver was perfused for 6 hours. Data recalculated from MUTSCHLER and GORDON (1966)

should be revealed by an increased rate of synthesis of the plasma protein in question. Investigations of this kind in which measurements of $^{14}$C-leucine incorporation into the $\alpha'$-globulins of Darcy were made (GORDON and DARCY, 1967) suggested the presence of such a humoral factor. Since this result was based on incorporation of $^{14}$C-leucine into $\alpha'$ globulins isolated by means of an antiserum from the blood used for perfusion it seemed worthwhile to repeat the measurements

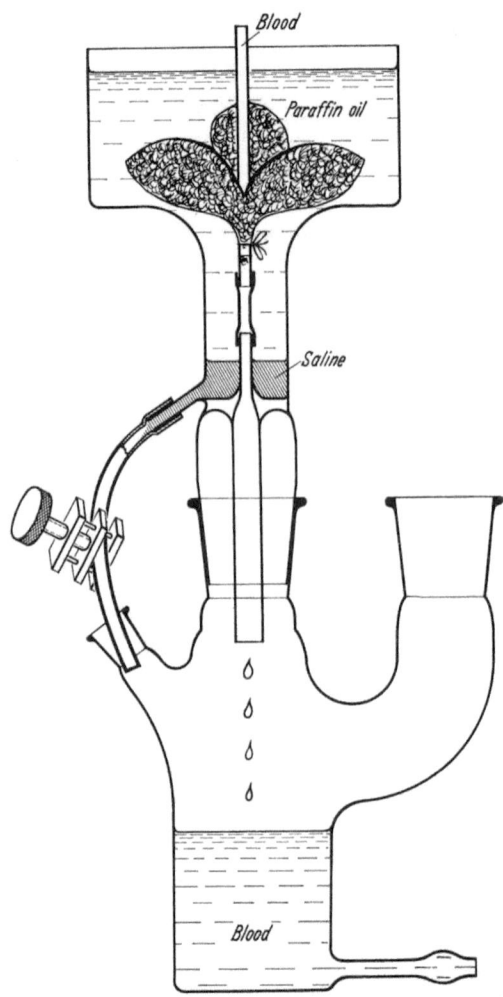

Fig. 2. Apparatus for perfusion of a rat liver under paraffin oil. The lower vessel is connected to a suitable pump and oxygenator to provide a continuous supply of blood. This part of the apparatus always remains inside a box equipped with a thermostat. To receive the liver the upper vessel, containing paraffin oil at 37° floating on a layer of saline, is held in a clamp outside the box. The tube leading to the portal vein cannula is held in position by a special toothed clamp which is attached to and moves with the oil bath. As soon as blood is seen to flow at a satisfactory rate the oil bath and liver are placed in the perfusion circuit inside the box. In the diagram the diameter of the tubes leading from the liver have been somewhat exaggerated for the sake of clarity

on the same proteins after isolation by other means. Unfortunately measurements of $^{14}$C-leucine incorporation into the purified proteins failed to confirm the results obtained by means of the antiserum. Thus it is concluded that although humoral factors may be presumed to be responsible for the increased rate of synthesis of a $\alpha'$ globulins such as those investigated by Darcy, conditions have not yet been found in which an effect on the isolated perfused rat liver can be demonstrated.

# Perfusion of the Rat Liver under Paraffin Oil

By means of the apparatus shown in Fig. 2 the rat liver may be perfused while floating in a bath of oil. Thus arranged the possibility of surface changes due to evaporation are avoided and the liver lobes are able to take up positions permitting maximum flow of blood. Oil cannot become mixed with the perfusing blood as might otherwise occur during transfer of the liver because the exit tube to which the cannula in the superior vena cava is attached is surrounded by saline rather than oil.

The liver donor is prepared and the portal vein cannulated as described by MILLER, BLY, WATSON and BALE (1951) and by COHEN and GORDON (1958). Next a polythene tube 0.3 cm O.D. and approximately 2 cm long attached to a length of silicone rubber tubing is inserted into the superior vena cava via the right auricle. By means of a tie the tip of this tube is held in a position 2 to 3 mms above the diaphragm. As soon as this cannula is in place blood from the perfusion apparatus may be allowed to flow through the liver. After completing the dissection the blood flow is discontinued long enough for the liver to be transferred to the oil bath. Connection to the short vertical tube in the oil bath is made by means of the minimum length of the silicone rubber tube. With this apparatus leakage of blood from the liver may easily be detected as it will accumulate under the layer of oil. Such blood may be returned to the main blood reservoir by opening the screw clip.

## References

COHEN, S., and A. H. GORDON: Biochem. J. **70**, 544 (1958).
DARCY, D. A.: Brit. J. exp. Path. **45**, 281 (1964).
— Brit. J. exp. Path. **46**, 155 (1965).
FISHER, M. M., and M. KERLY: J. Physiol. **174**, 273 (1964).
FREEMAN, T., and A. H. GORDON: Clin. Sci. **26**, 17 (1964).

FREEMAN, T., and J. H. HUMPHREY: Brit. J. exp. Path. **39**, 459 (1958).
GORDON, A. H.: Nature **189**, 727 (1961).
— Europ. J. Cancer **2**, 19 (1966).
—, and D. A. DARCY: Brit. exp. Path. **48**, 81 (1967).
—, and L. E. MUTSCHLER: Protides of the biological fluids. Proc. of the 12th Colloquium, p. 475 (1964).
HAMASHIMA, Y., J. G. HARTER, and A. H. COONS: J. cell. Biol. **20**, 271 (1964).
MCFARLANE, A. S.: Biochem. J. **89**, 277 (1963).
MARSH, J. B., and D. L. DRABKIN: J. biol. Chem. **230**, 1073 (1958).
MILLER, L. L., C. G. BLY, M. L. WATSON, and W. F. BALE: J. exp. Med. **94**, 431 (1951).
MUTSCHLER, L. E., and A. H. GORDON: Biochem. biophys. acta **130**, 486 (1966).

## Diskussion

KOBLET: Have you ever measured absolute rates of synthesis in the isolated perfused rat liver using arginine labeled in the guanidino-moiety assuming that the specific activities of this precursor are the same at the sites of synthesis of proteins and at the sites of urea formation?

GORDON: We have done a few such experiments (GORDON and MUTSCHLER, 1964) which seem to show a very low rate of albumin synthesis in the perfused liver. An alternative explanation may, however, be that in the perfused liver, because the intracellular arginine concentration is very low, the intracellular arginine, the arginine in the newly synthesized albumin, and the urea are not in true equilibrium.

Furthermore, if albumin synthesis occurs in only some of the parenchymal cells and the formation of urea in them all, the method will probably be invalid.

KATZ: You said, the catabolism of albumin is 20%. In properly perfused rat livers with J-labeled albumin we have observed the maximum value to be 10% of the rate of synthesis and it could be 5%.

GORDON: I too have sometimes had values as low as 5% of the rate observed *in vivo*.

KATZ: You distinguish 5% values from Zero?

GORDON: Yes, I can.

KATZ: From your Leucin-$^{14}$C-Incorporation-data you have assumed, that the specific activity of the plasmaaminoacid reflects that at the site of protein synthesis in the liver, that the specific activity is the same in the liver cells as is in the plasma.

GORDON: Your first statement is correct. I believe that with four assumptions which I have listed (GORDON 1966) the relative rates of synthesis of plasma proteins are proportional to the observed specific activities of the same proteins in the perfusing plasma.

From this it follows that the observed specific activities of the proteins in the perfusing plasma must differ considerably from the intracellular specific activities of the same proteins.

WIELAND, O.: How can you control and calculate a perfused partial hepatectomized rat liver?

GORDON: As controls we used livers subsequent to laparotomy. With the livers which had been subjected to partial hepatectomy we had in addition to take account of the much smaller size of the remainder of the organ. We anticipated that the reduced size of the intracellular free amino acid pool in these livers would lead to markedly increased rates of incorporation of $^{14}$C-leucine into the plasma proteins. However, when we reproduced, by means of an analogue computer, the system of pools and rates of transfer between pools believed to exist in the liver perfusion system, we found that changing the size of the free amino acid pool in the liver led to relatively little change in the rates of incorporation of $^{14}$C-leucine into the plasma proteins.

GERBER: How did you calculate your results? Was this related to g liver, mg of protein or to DNA content?

GORDON: The specific activity of the plasma proteins given by MUTSCHLER and GORDON (1966) were not corrected for liver weight or to protein or DNA content. (GORDON, A. H., and L. E. MUTSCHLER: Protides of the Biological Fluids 12th Colloquium, Bruges 1964, p. 475. — European J. Canc. **2**, 19 (1966).)

STAIB: How is the reproduction of the values of the experiments with partial hepatectomized rat livers?

GORDON: The reproducibility of the results was not so good as when normal livers are perfused. Therefore larger numbers of experiments of this kind were carried out.

MANDEL: Did you control, if there are free aminoacids in your perfusionsystem? We have observed in some experiments, that during the perfusion we got a liberation of aminoacids through protein degradation and this diluted the radioactivity of the applied labeled aminoacid. This could explain quite well many changes in ribosome attachements and experiments. I think this should be controlled.

GORDON: We did not add any free amino acid to the perfusions. I certainly agree with Professor MANDEL that in such experiments the dilution of the precursor amino acid is of extreme importance. For this reason in one series of experiments we isolated the free liver leucine and estimated its $^{14}$C specific activity. (MUTSCHLER, L. E., and A. H. GORDON: Biochim. Biophys. Acta **130**, 486 (1966).)

# Plasma Albumin Synthesis in Perfused Rat Liver*

By

Joseph Katz**, Alvin L. Sellers and George Bonorris

Institute for Medical Research, Cedars-Sinai Medical Center,
Los Angeles 29, California

With 2 figures

$^{14}$C labelled amino acids have been used extensively to study protein synthesis *in vivo* and in tissues. To evaluate the rate of synthesis from the $^{14}$C incorporation, it is necessary to know the specific activity of the amino acid at the site of synthesis. This is often difficult to establish. It has been frequently assumed that the specific activity of the amino acid in blood or tissue fluids equals that in the cell, but this may not be always true.

An alternate approach, first developed by Swick[1], avoids this difficulty for proteins synthesized in liver. Swick observed[1], that after administration of NaH$^{14}$CO$_3$, the specific activities of the urea carbon and of the guanido carbon of arginine of liver proteins become equal. This approach was extended by Reeves[2] and McFarlane and coworkers[3, 4] to the plasma proteins which are formed in liver.

The principle of the method is as follows: $^{14}$CO$_2$ is used to label the guanido carbon of arginine. It is assumed that the pool of arginine serves as precursor for urea and for the arginine incorporated into plasma proteins in liver. Thus estimation of the specific activity of *newly synthesized* urea provides the specific activity of guanido labelled arginine incorporated into *newly synthesized* protein.

The purpose of our studies was: 1) to establish the validity of the above method for plasma albumin, by comparing synthesis measured directly by chemical procedures to that calculated by using $^{14}$CO$_2$, 2)

---

* Supported by Grant A M — 07633 from the U. S. Public Health Service.
** Work performed during tenure as Established Investigator of the American Heart Association.

to determine the rate of synthesis of plasma albumin in perfused livers of normal rats, and rats made nephrotic with the aminonucleoside of puromycin.

## Methods

These have been described in detail[5] and will be briefly summarized.

*Animals.* Rats were fed ad libitum a commercial Purina Rat Chow (about 20%/o protein), and had access to food until used. Nephrosis was induced by injections of the aminonucleoside of puromycin. Rats were used 7—10 days after the onset of injections, and the animals exhibited hypoalbuminemia, severe proteinuria and frequently ascites.

*Perfusion.* The procedure and apparatus were essentially as described by MILLER et al.[6] The aerating gas was 95%/o $O_2$—5%/o $CO_2$. Perfusion media were a) whole heparinized rat blood, undiluted or diluted with up to one half volume of Krebs-Henseleit bicarbonate buffer[7], b) rat erythrocytes suspended in the above buffer and c) freshly drawn heparinized human blood, from which the buffy layer was removed. The Krebs-Henseleit buffer was supplemented with 1 mg/ml of glucose and an amino acid mixture simulating that in plasma.

*$NaH^{14}CO_3$ injection.* $^{14}CO_2$ was liberated from $Ba^{14}CO_3$, absorbed in 0.1 N NaOH and neutralized inside of a gas tight Hamilton 5 ml syringe to a pH of 9—10. The bicarbonate was added either a) by continuous infusion at a rate of about 1 ml/hr, injected just before the portal cannula, or b) added in a single dose into the main vessel.

*$^{14}C$ incorporation into urea and plasma proteins.* Plasma proteins were precipitated with trichloroacetic acid and albumin extracted with ethanol. The globulin residue was dissolved in 0.1 N NaOH. The albumin solution was evaporated to dryness, hydrolysed with 6 N HCl, the HCl evaporated and the residue taken up in phosphate buffer pH 7.5. The basic equipment for the conversion of labelled carbon to $^{14}CO_2$ consists of a 50 ml Erlenmeyer flask, provided with a center well containing a vial for $^{14}CO_2$ absorption. The flask is closed with a rubber cap which permits the injection of solutions and evacuation with hypodermic needles. Urea was converted to $^{14}CO_2$ with urease, the guanido carbon of arginine with a mixture of arginase

and urease, and the alpha carboxyl carbon of the amino acids with ninhydrin. The procedures are of great simplicity and speed.

The immunochemical and analytical methods, and the procedures for $^{14}C$ counting are standard and have been described in detail elsewhere[5].

# Results

**Kinetics of $^{14}C$ labelling.** In Fig. 1 the incorporation of $^{14}CO_2$ into urea, total albumin and globulins, the guanido carbon of arginine in the albumin hydrolysate and the $^{14}CO_2$ liberated by ninhydrin from the albumin hydrolysate are shown. The labelling in albumin and its subfractions is essentially linear after a lag period of 15—20 minutes. The $^{14}C$ yields from the guanido carbon of arginine and with ninhydrin account for up to 70% of the total activity in albumin. In Fig. 1 also synthesis of urea and of albumin, determined immunochemically, are shown. These rates are linear and remained so usually for up to 5 hours.

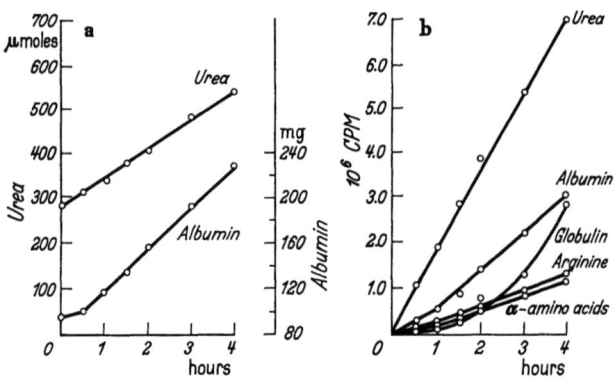

Fig. 1. Perfusion of liver of nephrotic rat with rat erythrocytes in bicarbonate buffer. Continuous infusion of $NaH^{14}CO_3$. *a:* synthesis of urea and albumin synthesis determined immunochemically. *b:* $^{14}C$ incorporation into urea and plasma albumin fractions

Labelling of globulins showed altogether different pattern. It was slow for about 2 hours but increased markedly thereafter. The globulin fraction is of course highly heterogenous (containing also fibrinogen). It is possible that the $^{14}C$ incorporation in the rapid phase is not due to $^{14}C$ amino acid fixation, but represents $^{14}C$ of a carbohydrate or lipid moety in a protein complex.

Similar labelling patterns were observed with all perfusion media, whether livers were from normal or nephrotic rats. In Fig. 2 a labelling pattern obtained after a single injection of $^{14}CO_2$ is shown. Under these conditions most of the $^{14}CO_2$ was swept out from the system by the 95% $O_2$—5% $CO_2$ gas stream, and after 1 hour about 10% of the added $^{14}C$ dose was still present in the perfusion medium.

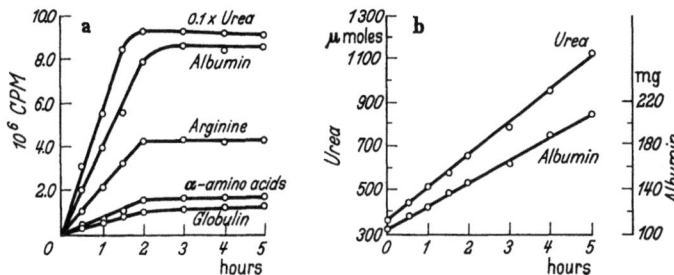

Fig. 2. Perfusion of rat liver with rat erythrocytes suspended in bicarbonate buffer. Single injection of $NaH^{14}CO_3$. *a:* $^{14}C$ incorporation into urea and plasma albumin fraction (note the scale for urea $^{14}C$ is reduced 10-fold).
*b:* urea synthesis and albumin synthesis determined immunochemically

However, the rate of $^{14}C$ incorporation into proteins was linear for at least 90 minutes. About 2—3% of the added $^{14}C$ was recovered in urea and labelled proteins.

With continuous infusion the incorporation of $^{14}C$ into the products was at least 10 times that with a single injection. This is so, since the specific activity of $^{14}CO_2$ in the liver is much higher when the $NaH^{14}CO_3$ is injected portally. Thus smaller doses of radioactivity can be used.

**Comparison of synthesis rate by isotopic and immunochemical procedures.** From the amount of urea formed during the experimental period and total $^{14}C$ incorporation into urea, the specific activity of newly formed urea was obtained. Total $^{14}C$ incorporated into the guanido carbon of albumin arginine was calculated from the $^{14}CO_2$ yield liberated by arginase and urease, and the plasma volume. Corrections were made in the calculation for blood removed in samp-

Table 1. Determination of Albumin Synthesis in Perfused Rat Liver by Immunochemical and Isotopic Method

| Liver donor | Perfusion medium | NaH¹⁴CO₃ addition | No of expts | Rat albumin concentration in perfusion fluid mg/ml* | | Albumin synthesized mg*/hr/100 g rat | |
|---|---|---|---|---|---|---|---|
| | | | | initial | final | immuno-chemical | isotopic method |
| Normal rat | Rat red cells in buffer | continuous infusion | 4 | 1.9 (1.4—2.6) | 3.6 (3.1—4.3) | 6.7 (6.5—7.0) | 6.6 (5.1—7.2) |
| Normal rat | Human blood | continuous infusion | 3 | .65 (.43—.85) | 1.7 (1.1—2.1) | 5.8 (5.5—6.0) | 5.6 (5.3—6.0) |
| Normal rat | Rat red cells in buffer | single injection | 3 | 1.2 (.7—1.7) | 2.9 (1.8—4.0) | 6.1 (6.0—6.3) | 5.9 (5.4—6.2) |
| Aminonucleoside nephrotic rat | Diluted rat blood | continuous infusion | 3 | 23 (22—25) | 27 (25—30) | 20 (15—26) | 22 (17—27) |
| Aminonucleoside nephrotic rat | Rat red cells in buffer | continuous infusion | 3 | 1.9 (1.5—2.6) | 3.9 (3.3—5.2) | 14.7 (13.7—15.8) | 14.8 (12—18.6) |

* average and range.

ling. The rate of albumin synthesis was calculated as follows:

$$\text{mg albumin synthesized} = \frac{\text{total }^{14}\text{C in guanido carbon of arginine}}{\text{specific activity of newly formed urea}}$$
$$\times 2.9 \text{ (Eq. 1)}$$

Specific activity of urea is expressed as counts per minute per micromole. The factor 2.9 is obtained from the molecular weight of arginine and the arginine content of albumin ($0.174/0.0595 = 2.9$). The rates are given as mg per hr per 100 g body wt.

In Table 1 the rates of albumin synthesis obtained by Eq. 1 and immunochemically are compared for livers of normal rats and those from aminonucleoside nephrotic rats. The agreement between the two procedures for all conditions is good. When rat erythrocytes suspended in buffer were the perfusion medium, the initial albumin concentration was below 2 mg/ml and increased two- to threefold during perfusion. With these concentrations the increase in protein can be determined simply by biuret analysis, rather than immunochemical methods. The agreement between the two chemical determinations was close. It was found that when albumin synthesis is appreciable, as with livers of nephrotic rats, synthetic rate can be determined reliably even when diluted rat blood is the perfusion fluid. It is apparent from Table 1, that the use of $^{14}CO_2$ whether applied by continuous infusion or single injection, provides a reliable procedure for the measurement of albumin synthesis in perfused liver.

## Albumin Synthesis by Perfused Livers of Normal and Aminonucleoside Nephrotic Rats

In Table 2 the rates of synthesis obtained under a variety of conditions are summarized. With whole rat blood the albumin synthesis is about 10 mg/hr/100 g body weight in livers of normal rats, and about 25 mg in livers from aminonucleoside nephrotic rats. Use of plasma free medium or a heterologous blood reduced synthesis with both types of livers.

**Factors affecting synthesis of plasma albumin.** Fasting of the rats overnight caused a slight reduction of albumin synthesis in the perfused liver of normal rats. The reduction was 15% or less. Adrenalectomy of the liver donor caused a reduction of up to 20%. The effect of several hormones on albumin synthesis in the perfused liver were explored. Injection with 5 mg hydrocortisone daily for a week reduced synthesis markedly, from about 10 mg to 4.5 mg. Similar results were obtained whether the liver donor was injected with hydrocortisone and blood of normal rats used as perfusion medium,

Table 2. *Synthesis of Urea and Albumin by Perfused Livers of Normal and Aminonucleoside Nephrotic Rats*

| Liver donor | Perfusion medium | No of expts | Urea synthesis $\mu$moles/hr/100 g | Albumin synthesis * mg/hr/100 g |
|---|---|---|---|---|
| Normal rat | Whole rat blood | 4 | $29 \pm 8.2$ | $10.6 \pm 0.6$ |
| Normal rat | Diluted ** rat blood | 5 | $39 \pm 12$ | $8.7 \pm 0.7$ |
| Normal rat | Red cells in buffer | 7 | $45 \pm 13$ | $6.4 \pm 1.0$ |
| Normal rat | Human blood | 3 | $50 \pm 8.3$ | $5.6 \pm 0.3$ |
| Aminonucleoside nephrotic rat | Diluted *** rat blood | 3 | $58 \pm 10$ | $22.0 \pm 3.5$ |
| Aminonucleoside nephrotic rat | Diluted ** rat blood | 4 | $41 \pm 14$ | $22.0 \pm 4.2$ |
| Aminonucleoside nephrotic rat | Red cells in buffer | 3 | $55 \pm 8.5$ | $15.0 \pm 2.5$ |

\* by isotopic method.
\*\* blood diluted with $1/2$ vol. of buffer.
\*\*\* blood diluted with $1/4$ vol. of buffer.

or blood of hydrocortisone treated rats and a liver of an untreated rat was used. It appears then that treatment with massive doses of hydrocortisone reduces synthetic rates in the perfused liver to nearly normal levels. Treatment with 0.5 mg hydrocortisone had little effect. Treatment with insulin or growth hormone had little or no effect on the rate of albumin synthesis.

## Discussion

**Validity of the $^{14}CO_2$ method.** Our results establish the validity of the method in perfused liver. *In vivo* the method has been applied by McFarlane[3, 4]. In vivo albumin is degraded and distributed in between vascular and extravascular space, making corrections necessary and introducing complications. In the perfused liver albumin degradation is very low as measured with $^{131}I$ labelled albumin, and is also apparent from Fig. 2. Moreover no corrections for the distributions of urea and albumin in the extravascular space are required.

Arginine, proposed by REEVES[2] as a precursor instead of $^{14}CO_2$ is not suitable, since it is rapidly broken down by arginase present in blood, arising presumably from erythrocyte breakdown. Since the amounts of circulating arginine is very low the contribution of this reaction to urea formation is negligible.

Our conclusions on the validity of the $^{14}CO_2$ method differ from those of GORDON and MUTSCHLER[8] (see also GORDON's paper in this volume). The reasons for the discrepancy are not clear.

**Rates of albumin synthesis in the rat.** We have previously evaluated the rates of albumin synthesis in vivo to be around 4 mg/hr/100 g in the normal rat and up to 15 mg/hr/100 g in the severely nephrotic animal. Values of about 4 mg for the normal rat have been estimated by other workers (see ref. 8). Our values for the perfused liver are not only much higher than those estimated *in vivo*, they also differ markedly from those obtained by other investigators. Recently JOHN and MILLER[9] calculated the rate of synthesis by immunochemical methods to be about 2 mg/hr/100 g and MARSH and DRABKIN (*10*) and GORDON (see this volume) report similar rates. With livers of nephrotic rats MARSH and DRABKIN (*10*) calculate synthesis to be about 4 mg/hr/100 g. Our values are about five times higher. The resolution of this discrepancy is of considerable interest.

Our findings suggest that the liver has a capacity to synthesize albumin at rates several times larger than observed *in vivo*. There is apparently a regulating factor, a repressor keeps down the normal rate in vivo. Somehow in the perfused liver this repressor does not operate. Massive treatment with hydrocortisone may somehow enhance the stability of the repressor. However, work reported on the effect of steroid hormones is of preliminary nature, and much further study is required.

# References

[1] SWICK, R. W.: Measurement of protein turnover in rat liver. J. biol. Chem. **231**, 751—764 (1958).

[2] REEVE, E. B., J. R. PEARSON, and D. C. MARTZ: Plasma protein synthesis in the liver: method for measurement of albumin formation in vivo. Science **139**, 914—916 (1963).

[3] McFarlane, A. S.: Measurements of synthesis rates of liver produced plasma proteins. Biochem. J. **89**, 277—290 (1963).
[4] —, L. Irons, A. Koj, and E. Regoeczi: The measurement of synthesis rates of albumin and fibrinogen in rabbits. Biochem. J. **95**, 536—540 (1965).
[5] Katz, J., G. Bonorris, and A. L. Sellers: Albumin metabolism in aminonucleoside nephrotic rats. J. Lab. Clin. Med. **62**, 910—934 (1963).
[6] Miller, L. L., C. G. Bly, M. L. Watson, and W. F. Bale: The dominant role of the liver in plasma protein synthesis. A direct study of the isolated perfused rat liver with the aid of lycine-E-$C^{14}$. J. exp. Med. **94**, 431—453 (1951).
[7] Manometric techniques (3rd ed.). Edited by W. W. Umbreit, R. H. Burris, and J. F. Stauffer. Minneapolis: Burgess 1957, p. 149.
[8] Gordon, A. H., and L. H. Mutschler: Synthesis rates of certain plasma proteins by the perfused rat liver. In: Protides of the biological fluids. Proc. 12th Colloq., Bruges, 1964. Edited by H. Peeters. Amsterdam: Elsevier 1965, p. 475.
[9] John, D. W., and L. L. Miller: Influence of actinomycin D and puromycin on net synthesis of plasma albumin and fibrinogen by the isolated perfused rat liver. J. biol. Chem. **241**, 4817—4824 (1966).
[10] Marsh, J. B., and D. L. Drabkin: Experimental reconstruction of metabolic pattern of lipid nephrosis: key role of hepatic protein synthesis in hyperlipemia. Metabolism **9**, 946—955 (1960).

## Diskussion

Bücher: Sie haben einen exponentiellen Anstieg der Radioaktivität in einer Globulinfraktion gezeigt. Sind das Bakterien gewesen?

Katz: Nein, wir haben genügend Penicillin dazugegeben, und wir haben keine Bakterien nachweisen können. Für das Zustandekommen dieser Kurve sprechen wahrscheinlich sekundäre Prozesse. Markiertes Kohlendioxyd z. B. wird zunächst etwas Glykogen markieren, dieses markiert nach einiger Zeit wieder andere Substanzen, z. B. Glykoproteine der Globulinfraktion. Könnten diese Vorgänge nicht diesen exponentiellen Anstieg der Radioaktivität in der Globulinfraktion erklären?

Bücher: Die Cholesterinsynthese ist in der isoliert perfundierten Rattenleber etwa 10mal größer als in vivo.

Katz: Das freut mich zu hören!

Wieland, O.: Sie haben einen Befund herausgestellt, wonach das $CO_2$ schneller verschwindet, als sie es vermutet haben. Kann das durch zwei verschiedene Carbamylphosphatpools erklärt werden?

Katz: Vielleicht ja, darüber habe ich aber noch nicht nachgedacht.

# Kohlenhydrat- und Fettstoffwechsel

## Wechselspiel zwischen Leberfunktion und Blutsubstraten

Von

HANS SCHIMASSEK

*Institut für Physiologische Chemie der Philipps-Universität, Marburg*

Hormone haben unter anderem die Aufgabe, den Stoffwechsel verschiedener Organe zu koordinieren. Dieser Prozeß ist mit dem Austausch von Substraten über den Blutweg verbunden. —
Hormonale Regulation bedeutet daher nicht nur Umschaltung des Stoffwechsels innerhalb der Zelle; sie schließt den Substrattausch zwischen intra- und extracellulärem Raum mit ein.

Jedes Studium der Regulation des Stoffwechsels muß daher die Phänomene der Tauschprozesse mit einbeziehen. Dieser Aspekt ist bisher weniger beachtet worden. — Die Methode der Durchströmung isolierter Organe bietet die Möglichkeit, auch Tauschprozesse zwischen dem intakten Organ und dem Blute näher zu studieren.

Wir haben in unseren Arbeiten mit der isoliert durchströmten Rattenleber gezeigt, daß sich während der Durchströmung des isolierten Organs konstante Spiegel an Lactat, Pyruvat und auch an freien Aminosäuren im Außenmedium einstellen. Obwohl die isolierte Leber von einem Volumen von 100 ml Blut durchströmt wird (anstelle von 10—15 ml in vivo), stellt sie für diese Substrate konstante Spiegel im Bereich physiologischer Werte ein. —

Versuche mit $^{14}C_2$-markiertem Lactat ergaben, daß der Einstellung konstanter Lactatspiegel ein kontinuierlicher Tauschprozeß zugrunde liegt, wobei die Abgabe von Lactat durch die Leber und die Lactataufnahme aus dem Außenmedium äquivalent sind.

Das Ausmaß des Lactattausches scheint nach bisherigen Versuchen und unter unseren Standardbedingungen eine konstante Größe zu sein. Der Lactattausch beträgt zusammen 1—1,5 mM pro g Leber pro min (für Hin- und Rücktausch). Diese Zahl erscheint niedrig; auf die Verhältnisse der Ratte übertragen, sind diese Tauschprozesse aber beträchtlich. Unsere „Standardratte" von 200 g hat in ca. 15 ml Blut insgesamt 22 µM Lactat. Im Mittel würden bei 8 g Leber 4—6 µM Lactat aufgenommen und getauscht werden, d. h., daß in ca. 4—6 min das im Blut vorhandene Lactat einmal komplett getauscht wäre. — Diese aufgrund der Daten in vitro erhobenen Berechnungen dürften in vivo eher höher als niedriger sein (hormonaler Einfluß!).

Die Einstellung konstanter Außenspiegel an Lactat (und Pyruvat) resultiert im isolierten System nur, wenn Lebern gefütterter, unbehandelter Ratten durchströmt werden. Praktisch jede Änderung des metabolischen Status des isolierten Organs — sei es durch Vorbehandlung in vivo oder durch z. B. Zugabe von Hormonen in vitro — führt zu einem Absinken bzw. einem Anstieg der Lactatspiegel im Außenmedium.

Parallel zu den Änderungen des Lactatspiegels im Außenmedium finden wir auch Änderungen des Lactatumsatzes des isolierten Organs: Absinken des Lactatspiegels im Außenmedium geht einher mit einer Erhöhung des Lactatumsatzes und ein Anstieg an Lactat außen mit einer Verminderung des Lactatumsatzes. Das bedeutet: Änderung des Lactatspiegels tritt dann ein, wenn die gerichteten Tauschprozesse einander nicht mehr äquivalent sind, wenn entweder die Lactataufnahme oder die Lactatabgabe überwiegt.

Die Quelle des für den Tauschprozeß zur Verfügung gestellten Lactats kennen wir noch nicht. Das zum Tausch angebotene Lactat muß das Produkt der cytoplasmatisch lokalisierten Lactat-dehydrogenase sein. Die Frage nach der Herkunft, d. h. nach der Quelle für dieses Produkt, ist damit aber nur mittelbar beantwortet; denn Pyruvat kann aus vielen Wegen im Stoffwechsel stammen.

Den Tauschprozeß selbst können wir einstweilen weder näher lokalisieren, noch beschreiben. Unter unseren Standardbedingungen finden wir jedoch einen Grenzwert für den Umsatz des von außen angebotenen Lactats. Im Bereich physiologisch möglicher Spiegel und unter Bedingungen kontinuierlicher Lactatinfusion beträgt dieser Lactatumsatz in einer Leber einer unbehandelten Ratte 20 µM Lactat pro g pro Std. Der Lactatumsatz kann durch Hormone maximal verdreifacht werden. Die Verdreifachung des Lactatumsatzes, unter z. B. Glucagon, ist nicht mit einer Erhöhung des Sauerstoffverbrauchs des isolierten Organs verbunden.

Unter Lactatinfusionen, die diese Umsatzgrößen überschreiten, steigen die Außenspiegel linear an. Wir erreichen damit einen „Sättigungswert", wie wir es bei enzymatischen Prozessen erwarten können.

Zu den noch offenen, aber wichtigen Fragen zählt, ob der Lactattausch selbst oder der Pyruvatstoffwechsel der entscheidende und gesteuerte Schritt ist. Wir können diese Frage noch nicht sicher beantworten. —

Die Analyse der Tauschprozesse ist nicht nur ein wichtiges Kapitel für das Studium der Regulation des Stoffwechsels, sondern zugleich ein wesentlicher Schlüssel zum Verständnis differenter Metabolitwege.

## Diskussion

KREBS: Haben Sie Beziehungen zwischen diesen Befunden an der perfundierten Leber und dem Verhalten des Gesamttieres gefunden? In Ihren früheren Versuchen, die Sie jetzt als Sonderfall beschreiben, stimmten die absoluten Konzentrationen von Lactat und Pyruvat und deren Verhältnis mit dem Gesamtblut der Ratte überein. Es sah also so aus, als ob die Leber die Konzentrationen im Blut reguliert.

Wir haben gefunden, wie Tabelle 1 zeigt, daß der Lactat/Pyruvat-Quotient im Perfusionsmedium konstant bleibt, wenn die Leber gut ernährt ist. Wie Sie schon früher berichtet haben, sind die Werte des Quotienten von derselben Größenordnung wie in der lebenden Ratte. Nach unseren Versuchen hängen sie jedoch von der Lactatkonzentration ab und sind je größer, je höher der Lactatspiegel. Bemerkenswert ist, daß sich in den Versuchen mit der normalen Leber der Lactatspiegel während der 90 min nicht erheblich änderte, selbst wenn der Anfangswert 11 mM war. Demnach nimmt die guternährte Leber unter den Versuchsbedingungen keine erheblichen Lactatmengen von der Perfusionsflüssigkeit auf. Leber von Hungerratten geben andere Resultate. Bei derselben Lactat-Konzentration war der Lactat/Pyruvat-Quotient viel größer. Dies ist nicht unerwartet, weil es wohl bekannt ist, daß der Lactat/Pyruvat-Quotient des Lebergewebes im Hunger ansteigt. Bei Anfangskonzentrationen von 1,7 mM und 11,4 mM wurde Lactat schnell von der Leber aufgenommen, und in dem Versuch mit der geringeren Anfangskonzentration fiel der Lactatspiegel auf 0,3 mM ab, d. h. erheblich unter den physiologischen Wert von ungefähr 1 mM. Die hohen Werte für den Lactat/Pyruvat-Quotienten waren, wie schon erwähnt, hauptsächlich durch die niedrige Pyruvat-Konzentration verursacht; sie war in manchen Fällen so gering, daß sie mit der spektrophotometrischen Methode nicht bestimmt werden konnte. Die Ergebnisse zeigen, daß die Leber innerhalb gewisser Grenzen den Lactat/Pyruvat-Quotienten der Perfusionsflüssigkeit reguliert, daß aber die perfundierte Leber scheinbar nicht die Lactat-Konzentration reguliert. Haben Sie entsprechende Erfahrungen an der lebenden Ratte?

SCHIMASSEK: Wir haben diese Frage nicht in vivo untersucht. Ich habe die Ergebnisse, die wir bei Perfusion der Lebern gefütterter Tiere fanden, etwas überspitzt als „Sonderfall" dargestellt; denn jede Änderung des metabolischen Status verändert auch die Gehalte von Lactat und Pyruvat im Außenmedium. Dennoch können wir bei unserer Aussage bleiben, daß die Leber

Table 1. *Effect of the Nutritional State on the*
L-Lactate was added 2 minutes before taking the 0 minute samples. The fact that
was due to the presence of small amounts of lactate

| State of inhibition: Lactate added: Time (min.) | 48 hr. Starved 10 mM | | | 48 hr. Starved 1 mM | | |
|---|---|---|---|---|---|---|
| | Lactate found $\mu$moles/ml. | Pyruvate found $\mu$M/ml. | $\dfrac{\text{Lactate}}{\text{Pyruvate}}$ | Lactate $\mu$M/ml. | Pyruvate $\mu$M/ml. | $\dfrac{\text{Lactate}}{\text{Pyruvate}}$ |
| 0 | 11.4 | <0.02 | >560 | 1.73 | 0.057 | 30.3 |
| 15 | 10.6 | <0.02 | >530 | 0.92 | 0.049 | 18.7 |
| 30 | 9.9 | <0.02 | >500 | 0.66 | <0.02 | >33 |
| 45 | 8.4 | 0.047 | 178 | 0.37 | <0.02 | >19 |
| 60 | 6.7 | 0.151 | 44 | 0.42 | 0.029 | 14.5 |
| 75 | 5.5 | 0.164 | 34 | 0.40 | 0.029 | 13.8 |
| 90 | 3.5 | 0.087 | 40 | 0.28 | <0.02 | >14 |

einen wesentlichen Einfluß auf die Einstellung der Blutspiegel von Lactat und Pyruvat hat. Im isolierten System fehlt die gesamte Peripherie, die z. B. unter der Wirkung von Adrenalin vermehrt Lactat liefern würde. Die Adaptation der Leber auf das erhöhte Lactatangebot der Peripherie geschieht darin, daß der eigene Lactatumsatz unter Adrenalin erhöht wird, um die Blutsubstrate konstant halten zu können. Im isolierten System, in dem der zusätzliche Lactatzufluß der Peripherie fehlt, müssen daher unter Adrenalin die Außenspiegel absinken (es sei denn, wir substituieren durch gleich hohe Infusion). Die Aufgabe der Leber, für eine Substratkonzentration zu sorgen, und die Tatsache der hormonalen Koordination wird dadurch nur noch deutlicher.

BÜCHER: Eine wichtige Frage ist die Wasserstoffionenkonzentration in diesem System. Es gibt bedeutende Argumente für die Tatsache, daß nur die undissoziierte Form der Anionen durch die Membranen geht. Im Gleichgewichtszustand muß also die undissoziierte Form des Pyruvats und Lactats auf beiden Seiten der Membranen gleiche Spiegel einstellen. Bei unterschiedlichen Wasserstoffionenkonzentrationen müssen sich aber die Konzentrationen der dissoziierten Anteile — d. i. ungefähr 99,9% — auf beiden Seiten so verhalten wie die Wasserstoffionenkonzentration. Es könnte also sein, daß ein Teil der Veränderungen in der Spiegeleinstellung, die Sie beobachten, auf Veränderungen der Wasserstoffionenkonzentration in dem cellulären Raum, der an die Membran angrenzt, zurückzuführen sind.

## Diskussion

SCHIMASSEK: Die Frage ist schwer zu beantworten, da wir die $H^+$-Konzentration in der Zelle nicht kennen und auch nicht wissen, ob wesentliche pH-Differenzen zwischen verschiedenen Kompartimenten bestehen.

*Lactate/Pyruvate Ratio in the Perfusion Medium*
the lactate concentration at 0 min. was somewhat higher than the added amount in the red cells used for the preparation of the medium

| Fed 10 mM | | | Fed 1 mM | | |
|---|---|---|---|---|---|
| Lactate found µM/ml. | Pyruvate found µM/ml. | Lactate/Pyruvate | Lactate found µM/ml. | Pyruvate found µM/ml. | Lactate/Pyruvate |
| 11.5 | 0.109 | 105 | 3.07 | 0.369 | 8.4 |
| 9.7 | 0.463 | 21 | 3.33 | 0.491 | 6.8 |
| 8.8 | 0.529 | 16.6 | 3.33 | 0.482 | 6.9 |
| 8.3 | 0.609 | 13.6 | 3.20 | 0.587 | 5.4 |
| 9.9 | 0.550 | 18.0 | 3.44 | 0.558 | 6.1 |
| 9.9 | 0.840 | 11.8 | 3.23 | 0.530 | 6.1 |
| 10.6 | 0.840 | 12.6 | 3.40 | 0.501 | 6.8 |

BÜCHER: Sie finden doch im Gewebe immer eine höhere Lactatkonzentration als im Perfusat.

SCHIMASSEK: Wenn sich die Spiegel äquilibrieren, dann ist die Konzentration innen und außen gleich. Sobald man aber mit relativ hoher Geschwindigkeit Lactat infundiert, so daß die Kapazität der Leber überschritten wird, dann steigt die Konzentration im Perfusat stärker an als der Gewebsgehalt. Das gilt vor allem für Pyruvat. Mit Sicherheit ist hierfür nicht die Diffusion verantwortlich zu machen.

BÜCHER: Aber bei einer Leber in situ sind doch die Plasmaspiegel höher als die Gewebsspiegel.

KREBS: Wenn wir die Gewebsspiegel auf das Gewebswasser beziehen. Der Unterschied ist jedenfalls sehr klein, nicht wahr?

SCHIMASSEK: In vivo ist durchaus ein meßbarer Unterschied vorhanden.

KREBS: In welcher Größenordnung? 20%?

BÜCHER: Wir haben aus dem Verhältnis Plasma/Gewebe mit Lactat ein Gewebs-pH von 7,0 und mit Pyruvat einen pH von 7,1 errechnet, ausgehend von einem Plasma-pH von 7,4 [HOHORST et al.: Biochem. Z. **332**, 18 (1959)].

KREBS: Wir haben versucht, experimentelle Grundlagen für solche Berechnungen zu bekommen, indem wir den Bicarbonatgehalt von Geweben bestimmt haben. Wenn man den Bicarbonatgehalt der Leber und anderer Gewebe nach Gefrierstop manometrisch bestimmt, findet man verhältnismäßig kleine Unterschiede zwischen Blutplasma und Gewebe. Wir finden in den Geweben ziemlich konstant 16 mM Bicarbonat und im Blut 25 mM. Vorausgesetzt, daß die $CO_2$-Konzentration im Blut und Gewebe dieselbe ist, würden die pH-Unterschiede zwischen Blut und Gewebe verhältnismäßig klein sein (ungefähr 0,2 Einheiten). In den Geweben muß allerdings die $CO_2$-Konzentration etwas höher sein, weil dort die Kohlensäure entsteht. Ich bin aber sehr skeptisch, wenn Sie sagen, daß das intracelluläre pH 7,0 sein könnte.

FORTH: Bei der Beurteilung des Einflusses der Wasserstoffionenkonzentration auf den Austausch von Ionen durch eine Membran darf nicht außeracht gelassen werden, daß der pH-Wert direkt an der Membran, d. h., im Diffusionsfilm, anders ist als der der umgebenden Flüssigkeit. Gewöhnlich tragen biologische Membranen eine elektronegative Ladung. Dieses sog. $\zeta$-Potential liegt in der Größenordnung von 0,1 mV [vgl. A. ALBERT: Pharmacol. Rev. 4, 164 (1952)], wodurch beispielsweise der pH-Wert im Diffusionsfilm gegenüber demjenigen der umgebenden Flüssigkeit um mehr als 1,6 pH-Einheiten verringert wird.

KREBS: Es ist sicher richtig, daß es lokale Unterschiede gibt. Aber Herrn BÜCHERs Lactat- und Pyruvatbestimmungen beziehen sich doch — wenn ich ihn richtig verstanden habe — auf das Gesamtgewebe und nicht auf bestimmte Räume in der Nähe der Membran.

BÜCHER: Für das Diffusionsgleichgewicht — vorausgesetzt, daß sich das System wirklich äquilibriert — wäre aber der pH-Wert unmittelbar an der Membran entscheidend.

HESS: Wenn man das Lactat/Pyruvat-Verhältnis im Harn mißt, also mit dem Katheter, so findet man ein Verhältnis von 2. Das weist doch auch daraufhin, daß der pH-Wert offensichtlich einen erheblichen Einfluß hat.

BÜCHER: Der Quotient wird nicht beeinflußt, solange man sich bei einer Wasserstoffionenkonzentration befindet, die weit vom pK-Wert entfernt ist. Das ist hier der Fall. Der pK von Brenztraubensäure liegt bei 2,5 und der pK von Milchsäure bei 3,9. Bei einem physiologischen pH — oder sagen wir: solange wir einen pH über 6 haben — dürfte sich nicht der Quotient Lactat/Pyruvat verändern, sondern nur die absoluten Spiegel würden in Abhängigkeit vom pH verschieden sein.

SCHMIDT: Bei allen Schädigungen der Leber beobachten wir im Perfusat einen Abfall des pH und einen Anstieg des Quotienten Lactat/Pyruvat, wobei diese Effekte meist über die einer reinen Hypoxie hinausgehen. Eine Ausnahme macht die Vergiftung mit Jodacetat, bei der wir umgekehrt einen Abfall des Quotienten Lactat/Pyruvat und einen Anstieg des pH bis auf 7,8 bekommen. Wie sind die Beziehungen zwischen diesen Veränderungen? Ist der Abfall des Quotienten nur eine Folge des pH-Anstieges?

SCHIMASSEK: Ich glaube, daß wir pH und Quotient L/P nicht isoliert betrachten können, sondern die absoluten Gehalte mit berücksichtigen müssen (vgl. Diskussion BÜCHER). Ich kann daher Ihre Frage nicht sicher und eindeutig beantworten.

## Diskussion

KREBS: Frau SCHMIDT, Sie sagten, daß bei der Jodacetatvergiftung das pH im Perfusat auf 7,8 ansteigt. Wenn man bedenkt, daß Sie von einem pH von 7,3 ausgehen, so müßte man eine sehr große Bicarbonat-Produktion erwarten. Das zu verfolgen, wäre sicherlich sehr interessant.

W. STAIB: Bei Standardperfusionen mit dem Medium von Herrn SCHIMASSEK haben wir regelmäßig ein Absinken der pH-Werte bis unterhalb pH 7 beobachtet (s. Abb. 1; S. 116). Bei Verwendung der bicarbonatreichen Krebs-Ringer-Bicarbonat-Salzlösung waren die pH-Werte wesentlich stabiler — wie aus Abb. 1 hervorgeht. Außerdem ergab sich ein deutlich stärkerer Gallefluß als bei dem bicarbontarmen Medium.

KREBS: Ich halte die Tyrode-Lösung von dieser Zusammensetzung für sehr gefährlich wegen ihres niedrigen Bicarbonatgehaltes. Das Bicarbonat ist für die Regulierung des pH sehr wichtig. Man muß überhaupt sehr auf das pH aufpassen. Verschiedene Zusätze, wie z. B. Albumin, können es stark verändern. OTTO WARBURG hat als erster die Wichtigkeit des Bicarbonats in einer physiologischen Salzlösung voll erkannt. Ich habe später noch zu der von ihm angegebenen Lösung Phosphat, Magnesium und Sulfat, die ebenfalls im Blut vorhanden sind, hinzugefügt. Es hat sich herausgestellt, daß diese Salzlösung als eine exakte Kopie der anorganischen Bestandteile im Blutplasma für viele Zwecke die geeignetste ist.

BAGGIOLINI: Wir verwenden ebenfalls Ihre Salzlösung und haben in Leerperfusionen, d. h. ohne Leber, einen pH von 7,8. Nach Einsetzen der Leber stellt sich nach kurzer Zeit ein pH von 7,4 ein, der ziemlich konstant bleibt. Bei Verwendung von Tyrodelösung haben wir dagegen ein Absinken des pH bis zu 6,8 innerhalb von 3 Std Perfusion beobachtet.

SCHOLZ: Wenn Sie bei 24 mM Bicarbonat einen pH von 7,8 erhalten, dann begasen Sie offensichtlich mit reinem Sauerstoff und nicht mit einem $CO_2$-Sauerstoff-Gemisch.

BAGGIOLINI: Wenn wir die Geschwindigkeit der $CO_2$-Ausscheidung messen, dann benützen wir natürlich reinen Sauerstoff.

KREBS: Das ist gefährlich. Bicarbonat und Kohlensäure müssen aufeinander abgestimmt sein. Beide zusammen bilden das wirksame Puffersystem (was schon seit HASSELBALCH und HENDERSON allgemein bekannt ist).

SCHOLZ: Zu den Zuständen, bei denen der Quotient Lactat/Pyruvat im Perfusat erniedrigt ist, zählt Herr SCHIMASSEK auch den durch Dinitrophenol entkoppelten Status. Wir haben in unseren Versuchen mit DNP das Gegenteil beobachtet. Bei einer Konzentration von 0,05 mM im Perfusat, mit der ungefähr 70% der maximalen Atmungssteigerung erreicht wird, steigt der Quotient L/P an. Dieser Anstieg entspricht einer Negativierung des extramitochondrialen Redoxpotentials um 10 mVolt. Eine Anoxie vergleichbarer Dauer bewirkt eine Negativierung um 25 mVolt. Es kommt also auch unter Einwirkung von DNP zu einem Anstau des extramitochondrialen Wasserstoffs, der wahrscheinlich in der Glykolyse vermehrt freigesetzt wird. Wir beobachten dementsprechend eine Stimulierung der aeroben Glykolyse auf das Zwanzigfache, wofür der Zusammenbruch des mitochondrialen Phosphatpotentials verantwortlich gemacht werden muß.

## Diskussion

SCHIMASSEK: Wir können unsere Versuche nicht direkt miteinander vergleichen. DNP wird u. a. von Albumin sehr stark gebunden, so daß wir auf Grund der Zugabe an DNP nichts über die freie (und dann noch in der Zelle

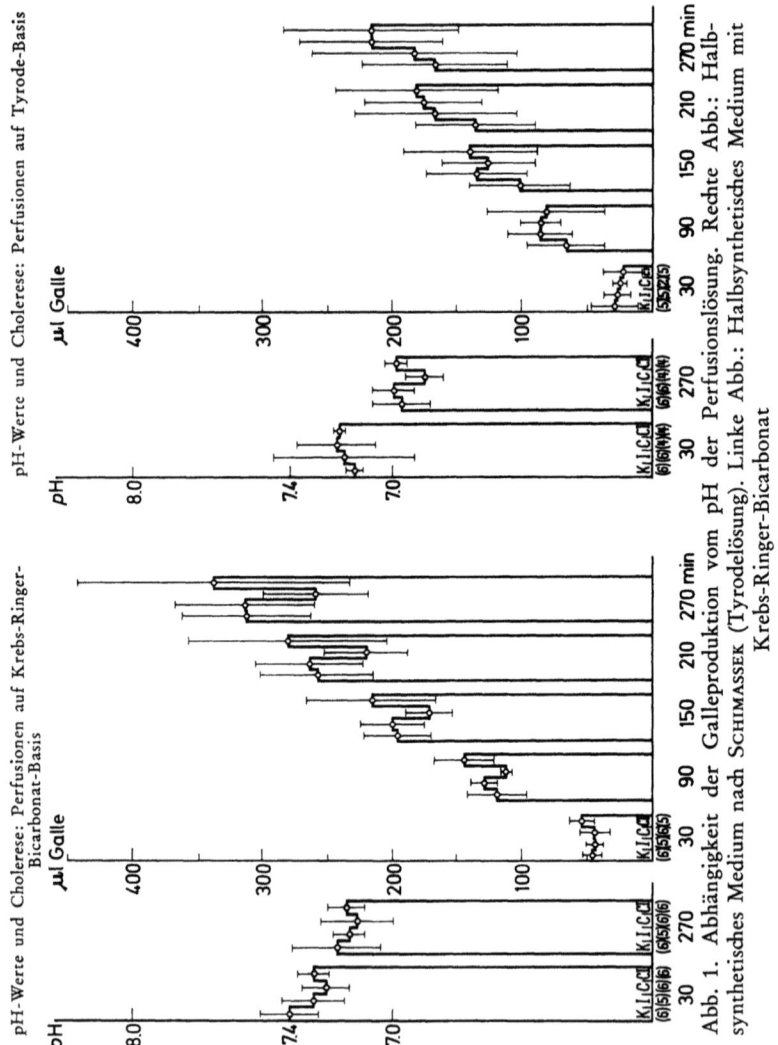

Abb. 1. Abhängigkeit der Galleproduktion vom pH der Perfusionslösung. Linke Abb.: Halbsynthetisches Medium nach SCHIMASSEK (Tyrodelösung). Rechte Abb.: Halbsynthetisches Medium mit Krebs-Ringer-Bicarbonat

wirksame!) Konzentration an DNP aussagen können. (Auf Grund der Zugabe betrug die Konz. 0,4 mM.) Die Effekte von DNP sind aber sehr dosisabhängig! Als Kriterium für die Wirkung des DNP in unseren Versuchen können wir hinzufügen, daß der $O_2$-Verbrauch erhöht (fast verdoppelt) und der Quotient ATP/ADP vermindert ist.

WIELAND: Sie haben unter den Bedingungen, bei denen es zum Absinken des Quotienten Lactat/Pyruvat kommt, auch den Hunger genannt. Beziehen Sie diese Angabe nur auf die isolierte Leber oder auch auf die Verhältnisse in vivo? Es liegen nämlich zahlreiche Ergebnisse vor, nach denen beim Hunger der Quotient ansteigt.

SCHIMASSEK: Einen Anstieg des Quotienten gibt es nur im isolierten System. Darin unterscheiden sich z. B. auch diabetische Mangelratten und Hungerratten. Beim Diabetes finden wir sowohl in vivo als auch in vitro einen reduzierten Status. Beim Hungertier dagegen sehen wir in vivo einen reduzierten und in vitro einen oxydierten Status.

# Regulation der Gluconeogenese durch Fettsäureoxydation in der isoliert perfundierten Rattenleber[*]

Von

BEREND WILLMS und HANS-DIETER SÖLING

*Biochemisches Laboratorium der Medizinischen Universitätsklinik Göttingen*

Mit 5 Abbildungen

In früheren Untersuchungen an isoliert perfundierten Rattenlebern beobachteten SÖLING u. Mitarb.[14, 15] eine verstärkte Lactat- und Pyruvataufnahme der Leber sofort nach Zugabe von Na-Capronat zum Perfusionsmedium. Dieser Effekt wurde als eine Stimulierung der Gluconeogenese gedeutet. Eine Steigerung der Gluconeogenese durch Fettsäuren bzw. Ketonkörper ist inzwischen von mehreren Autoren gefunden worden in Experimenten mit Nierenschnitten[10], Leberschnitten[7] und an der isoliert perfundierten Leber[17, 20].
In Fortführung dieser Untersuchungen fanden wir, daß schon sehr geringe Dosen Na-Capronat, die noch keine Verschiebung des Lactat/Pyruvat-Quotienten nach sich zogen, eine verstärkte Lactat-Pyruvataufnahme der Leber bewirkten. Wir nahmen daher an, daß die Steigerung der Gluconeogenese durch Fettsäuren primär nicht auf einer Erhöhung des cytoplasmatischen NADH/NAD-Verhältnisses[**] beruht, sondern eher auf eine Aktivierung der Pyruvat-Carboxylase-Reaktion durch erhöhte stationäre Acetyl-CoA-Konzentrationen[18] sowie auf eine Hemmung der Pyruvatoxydation durch eine Erniedrigung des Verhältnisses von Coenzym-A zu Acetyl-CoA[6] zurückzuführen sei. Die im folgenden vorgetragenen Ergebnisse erscheinen geeignet, diese Annahme zu unterstützen.

---

[*] Mit Unterstützung durch die Deutsche Forschungs-Gemeinschaft.
[**] Verwandte Abkürzungen: ATP = Adenosintriphosphat, ADP = Adenosindiphosphat, CoA-SH = Coenzym A, NAD = Nicotinadenindinucleotid, NADH = Nicotinadenindinucleotid, reduzierte Form.

## Methodik

Die Perfusionen wurden mit geringen Modifikationen nach den früher angegebenen Methoden[3, 16] durchgeführt, die auf den von MILLER[11] und SCHIMASSEK[12] angegebenen Verfahren beruhen. Die Apparatur befindet sich in einem Gehäuse aus Plexiglas, das durch einen Kontaktthermometer-gesteuerten Braun-Thermolüfter auf 37 °C beheizt wird *. Der Kreislaufantrieb erfolgt durch eine Rollenpumpe, die unterhalb des Kastens angebracht ist. Das Perfusat wird mit Carbogen (95% $O_2$, 5% $CO_2$) begast, der Begasungsdruck wird durch ein im Nebenschluß angebrachtes Wassermanometer konstant gehalten. Das überschüssige $O_2$ und $CO_2$ strömt aus dem gasdicht abgeschlossenen Kreislaufsystem in eine seitlich angebrachte $CO_2$-Falle ab, wo $CO_2$ nach Trocknung über $CaCl_2$ quantitativ in 12 ml Äthanolamin-Äthylenglykolmonomethyläther (1 : 2 v/v) absorbiert wird. Durch eine nachgeschaltete Flasche mit Barytwasser wird die Vollständigkeit der Absorption kontrolliert. Die Leber liegt in einer durchsichtigen, feuchten Kammer, die Perfusion erfolgt mit einem hydrostatischen Druck von etwa 20 cm, der Durchfluß wird durch eine Schlauchklemme oberhalb der Leber auf ca. 2 ml/g Leber/min einreguliert und durch ein nachgeschaltetes Flow-Meter, das aus einem graduierten Glaszylinder mit einem Dreiwegehahn besteht, kontrolliert. Zwei Dreiwegehähne vor und hinter der Leber gestatten die Bestimmung porto-cavaler Konzentrationsdifferenzen. Im allgemeinen wird das aus der Leber abfließende Blut für die Analysen benutzt. Der Kasten ist groß genug, um eine Infusionspumpe (Unita I, Braun-Melsungen) aufnehmen zu können, mit der Na-Capronat intra-portal in einem Volumen von 0,9 ml/h, in physiologischer Kochsalzlösung gelöst, infundiert werden kann.

Das Perfusionsmedium umfaßt 150 ml. Es besteht aus frischen, dreimal gewaschenen Rindererythrocyten in Tyrode-Lösung mit Zusatz von 2 g-% Rinderserumalbumin reinst der Behringwerke **, 0,5 mg-% alpha-aminobenzylpenicillin (Ampicillin) als Antibioticum, Glucose in einer Konzentration von 5,55 mMol/l sowie L-Lactat und Pyruvat im Verhältnis 8 : 1 in einer Konzentration von 1,5 mMol/l. Das Rinderalbumin enthält geringe Mengen an freien Fettsäuren, so

---

\* Hergestellt von Fa. Krannich, Göttingen, Elliehäuserweg 17.
\*\* Wir danken den Farbwerken Hoechst für die großzügige Unterstützung!

daß zu Beginn der Perfusion eine Konzentration von 0,3—0,5 mVal/l Perfusionsplasma vorliegt.

Die Lebern wurden von männlichen Wistar-Ratten des „Zentralinstituts für Versuchstierzucht der DFG Hannover-Linden" im Gewicht von 210—240 g entnommen. Die Tiere wurden bis zum Versuchsbeginn ad libitum gefüttert (Altromin-R, Altrogge, Lage/Lippe). Wir haben mit Absicht gefütterte Tiere benützt, da bei gehungerten Tieren schon von vornherein eine gesteigerte Gluconeogenese zu erwarten ist.

Die fettgefütterten Tiere wurden nach 24-stündigem Hungern drei Tage lang 3mal täglich mit je 2 ml Olivenöl per Schlundsonde gefüttert.

Die Operation wurde in Nembutal-Anaesthesie (50 mg/kg i.p.) durchgeführt.

Die anoxische Phase der Operation wurde durch eine Präperfusion auf wenige Sekunden verkürzt. Der Portakatheter ist über einen Schlauch mit einer Infusionspumpe (Unita, Braun-Melsungen) verbunden, die oxygeniertes Perfusat enthält. Sobald der Teflon-Katheter in die Porta eingeführt ist, wird die Präperfusion begonnen, die nach Durchtrennung der Vena cava inferior auf 5 ml/min gestellt werden kann. Auf das Einlegen eines Vena cava-Katheters wurde verzichtet, da dieser sich als unnötig erwiesen hatte.

Nach Heraustrennen der Leber wird diese auf den Plexiglasteller gelegt, auf diesem mit laufender Präperfusion in die Apparatur eingebracht und dann an den Kreislauf angeschlossen. Nach einer Vorperiode von 15 min beginnt der eigentliche Versuch.

In Versuchen mit markiertem Pyruvat wurden 5 $\mu$C 2-$^{14}$C-Pyruvat (New England Nuclear Inc, Boston/Mass) 5 min vor Versuchsbeginn dem Perfusionsmedium zugegeben.

Zur Messung der spezifischen Aktivität der Glucose wurden 3 ml Perfusat mit 2 ml 3 N $HClO_4$ enteiweißt. Aus diesem neutralisierten Überstand wurde Glucose mit geringen Modifikationen nach Simon und Steffens[13] als Glucosotriazol isoliert. 10 mg des reinen Glucosotriazols wurden in 15 ml Szintillator (Toluol/Äthylenglykolmonomethyläther 2/1 v/v, 4 g/l PPO und 0,1 g/l POPOP) gelöst, die Radioaktivität im Flüssigkeitsszintillationszähler (Packard Tricarb) gemessen.

Aus der spezifischen Aktivität wurde die Gesamtaktivität der Glucose im Perfusionsmedium errechnet. Unter der Annahme, daß sich das markierte Pyruvat schnell mit dem Pyruvat-Lactat-Pool äquilibriert, wurde die gesamte in Glucose eingebaute Radioaktivität in μg Atom Kohlenstoff aus $C_2$ des Lactat-Pyruvat-Pools zu Beginn des Versuches berechnet. Die Angaben erfolgen pro 8 g Leber.

Die Messung der Radioaktivität in Glykogen und $CO_2$ erfolgte wie früher beschrieben[3], die Berechnung erfolgte ebenfalls in μg Atom $C_2$ des Lactat-Pyruvat-Pools.

Zur Bestimmung von Metaboliten im Lebergewebe wurde Gewebe mit der Frierstoptechnik[9] gewonnen.

Bestimmungsmethoden: ATP und ADP nach ADAM[1], Lactat nach HOHORST[8], Pyruvat nach BÜCHER und HOHORST[4], β-Hydroxybutyrat und Acetoacetat mit β-Hydroxybuttersäuredehydrogenase nach WILLIAMSON, MELLANBY und KREBS[19], Acetyl-CoA mit Citratsynthase und Malatdehydrogenase nach WIELAND und WEISS[18a, 5], CoA-SH mit Diketen und β-Hydroxy-acyl-CoA-dehydrogenase mit geringen Modifikationen nach BERGMEYER und MICHAL[2].

Reagenzien: Enzyme und Coenzyme waren von C. F. Boehringer & Soehne, Mannheim-Waldhof; Natriumcapronat war von Fa. C. Roth, Karlsruhe. Alle anderen p.a. Chemikalien waren von Fa. E. Merck, Darmstadt.

## Ergebnisse

Auf Abb. 1 sind die Veränderungen der Glucosekonzentration und der Gesamtketonkörper, als β-Hydroxybutyrat und Acetoacetat enzymatisch bestimmt, im Perfusionsmedium dargestellt. In Kontrollperfusionen findet sich ein geringer Ketonkörperanstieg, während die Glucosekonzentration praktisch konstant bleibt. Bei intraportaler Infusion von 0,72 bzw. 0,18 mMol/h Na-Capronat findet man eine Zunahme der Nettoglucoseproduktion zusammen mit einem von der Capronatdosis abhängigen Anstieg der Gesamtketonkörper.

In Experimenten mit Infusion verschiedener Capronat-Mengen beobachteten wir eine lineare Korrelation des Anstieges der Gesamtketonkörper im Perfusionsmedium zum Logarithmus der intraportal infundierten Capronat-Menge (Abb. 2).

Der β-Hydroxybutyrat/Acetoacetat-Quotient liegt zu Beginn des Versuches zwischen 1,2 und 1,7. Er wird durch 0,18 mMol/h Na-Capronat ebensowenig verändert wie in den Kontrollexperimenten. Mit 0,72 mMol/h Na-Capronat steigt der Quotient von 1,2 auf 1,9 nach 30 min nur gering an.

Die Lactat- sowie Pyruvatkonzentrationen steigen in den Kontrollversuchen innerhalb von 30 min leicht an, der Lactat/Pyruvat-Quotient bleibt dabei konstant (Abb. 3). Unter Capronatinfusion bleibt dieser Anstieg aus, Lactat und Pyruvat fallen gegenüber der Ausgangskonzentration ab. Eine leichte Erhöhung des Lactat/Pyruvat-

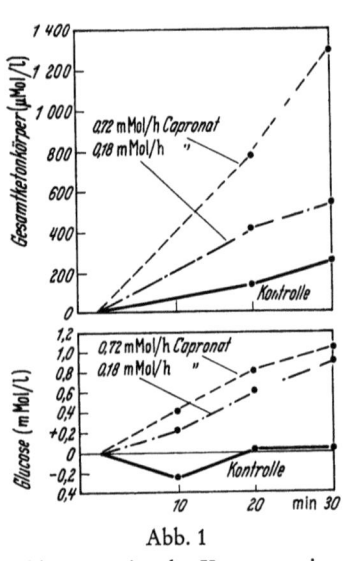
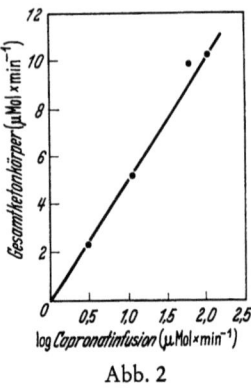

Abb. 1       Abb. 2

Abb. 1. Anstieg der Konzentrationen der Gesamtketonkörper und der Glucose im Perfusionsmedium, aufgetragen in Differenzen zum Ausgangswert. Perfusionsdauer 30 min. Mittelwerte aus je 10 Versuchen

Abb. 2. Korrelation zwischen intra-portal infundierter Capronatmenge und Gesamt-Ketonkörperanstieg im Perfusionsmedium

Quotienten im Medium und im Lebergewebe sehen wir bei einer Dosis von 0,72 mMol/h Na-Capronat.

Bei höheren Capronatdosen wird diese Verschiebung des Lactat/Pyruvatquotienten deutlicher. Wenn 3,65 mMol/h Capronat infundiert werden, so findet sich schon 2 min nach Beginn der intraportalen Infusion im aus der Leber ausfließenden Blut ein Anstieg des Lactat/Pyruvat-Quotienten, der im wesentlichen dadurch zustande kommt, daß das Pyruvat schneller abfällt als das Lactat.

Bei der niedrigen Capronatdosis von 0,18 mMol/h wird der Lactat/Pyruvat-Quotient weder im Medium noch im Lebergewebe signifikant verändert, obwohl diese Dosierung ausreicht, um die Nettoproduktion von Lactat und Pyruvat zu hemmen und eine Nettoglucoseproduktion hervorzurufen.

In Versuchen mit 2-¹⁴C-Pyruvat konnten wir zeigen, daß dieser Nettoglucoseproduktion eine Glucoseneubildung aus Pyruvat entspricht (Abb. 4). Aus dieser Abbildung ist zu ersehen, daß sowohl mit

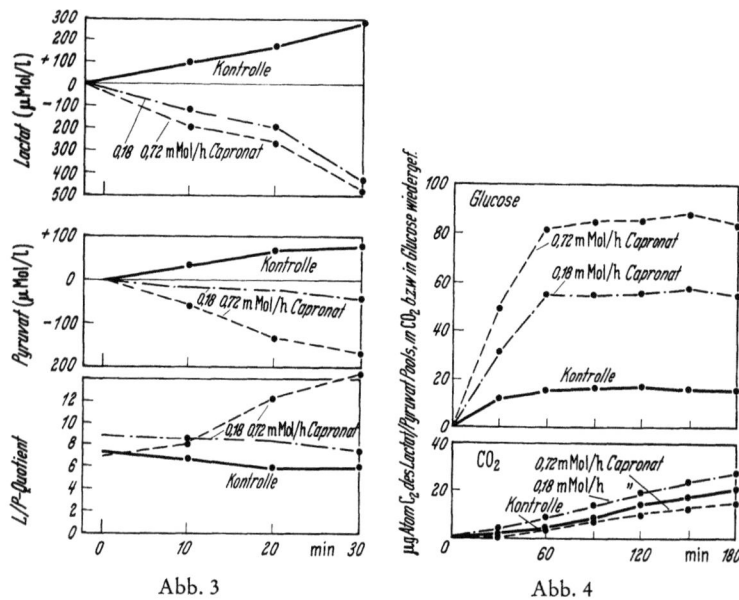

Abb. 3   Abb. 4

Abb. 3. Veränderungen der Konzentrationen von Lactat und Pyruvat, aufgetragen in Differenzen zum Ausgangswert, sowie des Lactat/Pyruvat-Quotienten im Perfusionsmedium. Mittelwerte aus je 10 Versuchen. Perfusionsdauer 30 min

Abb. 4. Einbau von 2-¹⁴C-Pyruvat in Glucose und $CO_2$ durch die isoliert perfundierte Rattenleber bei Kontrollen (n = 5), bei Infusion mit 0,18 (n = 2) bzw. 0,72 (n = 4) mMol/h Na-Capronat. Methodik s. Text. Perfusionsdauer 3 Std

0,72 als auch mit 0,18 mMol/h Na-Capronat eine Stimulierung des Einbaus von Aktivität aus 2-¹⁴C-Pyruvat in Glucose erzielt wird. Mit 0,72 mMol/h Capronat werden etwa 30% der Pyruvat-Markierung in Glucose eingebaut. Der Einbau der Radioaktivität in Glycogen wird in gleichem Verhältnis stimuliert, ist jedoch quantitativ viel geringer. Die Einbaurate ist besonders hoch in den ersten 30—60 min, dann stellt sich ein Gleichgewicht ein. Für die Abflachung der Einbaukurve nach der 60. Minute ist vor allem das starke Absinken der Pyruvatkonzentration im Perfusionsmedium und damit der Rückgang der Pyruvat-Carboxylase-Aktivität verantwortlich.

Der Einbau in $CO_2$ aus 2-$^{14}$C-Pyruvat wird durch hohe Capronatdosen gehemmt, durch niedrige Capronatdosen jedoch leicht stimuliert.

Da sich die entscheidenden Regulationsvorgänge innerhalb der ersten Stunde abspielen, haben wir noch einmal über den Zeitraum von 30 min in kürzeren Abständen den Effekt von 0,18 mMol/h Capronat untersucht. Schon 10 min nach Beginn der Capronatinfusion findet sich eine deutliche Steigerung des Einbaus von Aktivität aus 2-$^{14}$C-Pyruvat in Glucose (Abb. 5). Wie im Versuch über 3 Std wird die $^{14}CO_2$-Bildung bei dieser Capronatdosierung leicht gesteigert. Auch der Einbau in Leberglykogen ist erhöht.

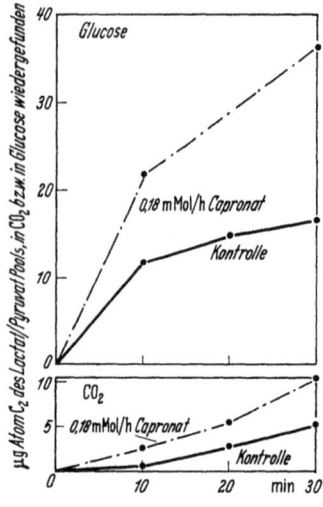

Abb. 5. Einbau von 2-$^{14}$C-Pyruvat in Glucose und $CO_2$ durch die isoliert perfundierte Rattenleber. Mittelwerte aus je 3 Versuchen. Methodik s. Text. Perfusionsdauer 30 min

Die Absolutwerte des Einbaus in Glucose liegen in diesen Versuchen, verglichen mit den Langzeitversuchen, sowohl in den Kontrollen als auch in den Capronatlebern etwas höher. Dies korreliert gut mit einer höheren Gesamtketonkörperkonzentration in dieser Gruppe, die wohl infolge höherer Fettsäurekonzentration einer anderen Albumincharge zu Versuchsbeginn vorlag.

Am Ende der 30-minütigen Perfusionsdauer wurde Lebergewebe durch Frierstop zur Metabolitbestimmung gewonnen. Die stationären Konzentrationen von Acetyl-CoA und CoA-SH in der perfundierten Leber liegen im Bereich der in vivo gefundenen Werte (s. Tab. 1). Wenn 0,72 mMol/h Capronat infundiert werden, so findet sich ein signifikanter Anstieg der stationären Konzentration von Acetyl-CoA und ein Abfall von CoA-SH. Der CoA-SH/Acetyl-CoA-Quotient fällt dadurch von 2,00 in den Kontrollperfusionen auf 0,63 in den Capronat-infundierten Lebern. Diese Befunde wurden mit in vivo Frierstopmessungen bei Ratten, die nach 24-stündigem Fasten

3 Tage lang fettgefüttert wurden, verglichen. Im Gegensatz zu den Perfusionsexperimenten findet sich bei den fettgefütterten Tieren ein Anstieg der Konzentration von CoA-SH in der Leber. Da jedoch die

Tabelle 1. *Stationäre Metabolitkonzentrationen der Rattenleber in vivo und in der isoliert perfundierten Leber. Die Perfusionsdauer betrug 30 min. Lebergewebe wurde mit Frierstoptechnik gewonnen*

| Parameter | in vivo | | isoliert perfundierte Leber | | |
|---|---|---|---|---|---|
| | Kontrollen | Fettfütterung | Kontrollen | 0,18 mMol/h Na-Capronat | 0,72 mMol/h Na-Capronat |
| | n=10 | n=13 | n=13 | n=8 | n=8 |
| Lactat (nMol/g) | 2084 | 460 | 1655 | 870 | 501 |
| Pyruvat (nMol/g) | 195 | 33,3 | 245 | 100 | 36 |
| Lactat/Pyruvat-Quotient | 10,7 | 14,8 | 7,2 | 8,8 | 13,6 |
| ATP (nMol/g) | 3337 | 2892 | 1961 | — | 1740 |
| ADP (nMol/g) | 1195 | 1231 | 679 | — | 575 |
| ATP/ADP-Quotient | 2,83 | 2,34 | 2,91 | — | 3,06 |
| CoA-SH (nMol/g) | 40,7 | 73,9 | 49,4 | 42,6 | 30,2 |
| Acetyl-CoA (nMol/g) | 19,1 | 98,4 | 24,7 | 41,6 | 48,3 |
| CoA-SH/Acetyl-CoA-Quotient | 2,13 | 0,76 | 2,00 | 0,98 | 0,63 |

stationäre Konzentration von Acetyl-CoA noch stärker ansteigt, fällt der CoA-SH/Acetyl-CoA-Quotient von 2,13 in den Lebern von Kontrolltieren auf 0,76 in den Lebern der fettgefütterten Tiere. Dieser Quotient liegt im gleichen Bereich wie der in den Capronat-Lebern.

Dieser Abfall des CoA-SH/Acetyl-CoA-Quotienten in den Lebern fettgefütterter Ratten sowie in den Capronat-infundierten Lebern ist nicht von einem Abfall des ATP/ADP-Quotienten begleitet. Wohl liegen in den perfundierten Lebern die stationären Konzentrationen von ATP und ADP gegenüber in vivo Verhältnissen deutlich niedriger, der ATP/ADP-Quotient liegt jedoch in den mit 0,72 mMol/h Capronat infundierten Lebern im Bereich sowohl der in vivo als auch der in vitro Kontrollen. Der Abfall in der fettgefütterten Gruppe ist nicht signifikant.

Bei Infusion von 0,72 mMol/h Na-Capronat finden wir einen Abfall von Lactat und Pyruvat im Lebergewebe und einen Anstieg des Lactat/Pyruvat-Quotienten auf Werte um 14. Werden nur 0,18 mMol/h Na-Capronat infundiert, — bei dieser Konzentration sahen wir schon eine deutliche Stimulierung der Gluconeogenese, — so sinken die Konzentrationen von Lactat und Pyruvat im Lebergewebe zwar ab, der Lactat/Pyruvat-Quotient ist jedoch nur unwesentlich von 7 auf 8,8 verschoben. Nach 0,18 mMol/h Na-Capronat steigt die stationäre Konzentration von Acetyl-CoA nur etwas geringer als nach 0,72 mMol/h an, der Abfall von CoA-SH ist schwächer ausgeprägt, der CoA-SH/Acetyl-CoA-Quotient sinkt wiederum von 2,00 in den Kontrollebern auf 0,98.

## Diskussion

Zum Mechanismus der durch Fettsäureoxydation stimulierten Gluconeogenese wurden mehrere Hypothesen aufgestellt. STRUCK, ASHMORE und WIELAND[17], sowie WILLIAMSON u. Mitarb.[20] schlossen aus ihren Ergebnissen, daß eine verstärkte Reduktion des cytoplasmatischen NAD/NADH-Systems verantwortlich für die Stimulierung der Gluconeogenese sei. WILLIAMSON u. Mitarb.[20] sahen auf Grund eines „Cross-over" der stationären Konzentrationen verschiedener Metaboliten zwischen Lactat und Glucose die Triosephosphatdehydrogenasereaktion als geschwindigkeitsbestimmenden Schritt an, wobei der Reduktionsgrad des mit der Reaktion im Gleichgewicht stehenden NAD/NADH-Systems die limitierende Größe sein soll.

Da wir eine verstärkte Gluconeogenese schon vor einer Verschiebung im Lactat/Pyruvat-Quotienten sahen, ist es nach unseren Untersuchungen unwahrscheinlich, daß ein Abfall im cytoplasmatischen NAD/NADH-Verhältnis primär für die Stimulierung der Gluconeogenese entscheidend ist.

Nach UTTER et al.[18] wird die Gluconeogenese durch die Konzentration an Acetyl-CoA im Gewebe gesteuert, da die Aktivität der Pyruvat-Carboxylase von Acetyl-CoA als Cofaktor abhängig ist.

Die von uns in der Rattenleber gefundenen stationären Konzentrationen von Acetyl-CoA waren sowohl in vivo, als auch in der perfundierten Leber im Bereich des $k_M$ für die Pyruvat-Carboxylase-Stimulierung durch Acetyl-CoA[18]. Somit könnte ein Anstieg in der Acetyl-CoA-Konzentration durch eine verstärkte Zufuhr von Fettsäuren, wie er schon von KREBS et al. in Nierenschnitten[10] und in unseren Experimenten mit isoliert perfundierten Rattenlebern gefunden wurde, durch Aktivierung der Pyruvat-Carboxylase einen Gluconeogenese-stimulierenden Effekt ausüben. Natürlich können diese

Schlüsse nur indirekt gezogen werden, da wir die echten intramitochondrialen Konzentrationen von Acetyl-CoA bzw. CoA-SH nicht bestimmen können.

Die von GARLAND und RANDLE beschriebene Hemmung der Pyruvatoxydation zu Acetyl-CoA durch Erniedrigung des CoA-SH/Acetyl-CoA-Quotienten könnte als zusätzlicher Faktor zu einem „Ablenken des Pyruvats in Richtung Oxalacetat" führen. Die von uns gemessenen Quotienten waren sowohl in den fettgefütterten als auch in den Capronat-infundierten Lebern gegenüber den in vivo und in vitro-Kontrollen deutlich erniedrigt.

Es erscheint demnach nach den vorliegenden Ergebnissen wahrscheinlich, daß primär die Fettsäure-induzierte Erhöhung der Acetyl-CoA-Konzentration oder der Abfall des CoA-SH/Acetyl-CoA-Quotienten die Carboxylierung von Pyruvat zu Oxalacetat stimuliert und die Pyruvat-Oxydation zu Acetyl-CoA hemmt, und daß auf diesem Wege die Gluconeogenese aus Pyruvat stimuliert werden kann.

Bei genügend hohem Angebot an Fettsäuren kann die stationäre Acetyl-CoA-Konzentration Sättigungskonzentrationen in bezug auf die Stimulierung der Pyruvat-Carboxylasereaktion erreichen. Unter diesen Bedingungen könnte eine weitere Stimulierung der Gluconeogenese aus Pyruvat durch eine Aktivierung der Triosephosphatdehydrogenasereaktion erfolgen.

## Literatur

[1] ADAM, H.: In: H. U. BERGMEYER, Methoden der enzymatischen Analyse, p. 539 und 573. Weinheim: Verlag Chemie 1962.
[2] MICHAL, G., u. H. U. BERGMEYER: In: Methoden der enzymatischen Analyse, p. 512. Weinheim: Verlag Chemie 1962.
[3] BODEN, G., u. B. Willms: Klin. Wschr. 44, 579 (1966).
[4] BÜCHER, TH., u. H. J. HOHORST: In: H. U. BERGMEYER: Methoden der enzymatischen Analyse, p. 246. Weinheim: Verlag Chemie 1962.
[5] BUCKEL, W., u. H. EGGERER: Biochem. Z. 343, 29 (1963).
[6] GARLAND, P. B., and P. J. RANDLE: Biochem. J. 91, 6C (1964).
[7] HAYNES, R. C.: In: Advances in enzyme regulation (ed. GEORGE WEBER), vol. 3,111. New York: Pergamon Press 1965.
[8] HOHORST, H. J.: Biochem. Z. 328, 509 (1957).
[9] WOLLENBERGER, A., E. G. KRAUSE, u. B. E. WAHLER: Naturwissenschaften 45, 294 (1958).
[10] KREBS, H. A., E. A. NEWSHOLME, R. SPEAKE, T. GASCOYNE, and P. LUND: In: Advances in enzyme regulation (ed. G. WEBER), vol. 2, 71. New York: Pergamon Press 1964.

[11] MILLER, L. L., C. G. BLY, M. L. WATSON, and F. W. BALE: J. exp. Med. **94**, 431 (1951).
[12] SCHIMASSEK, H.: Biochem. Z. **336**, 460 (1963).
[13] SIMON, H., u. J. STEFFENS: Chem. Ber. **95**, 358 (1962).
[14] SÖLING, H. D.: Abstract of the 5th Congr. Int. Diab. Fed. 1964.
[15] —, R. KATTERMANN, H. SCHMIDT, and P. KNEER: Biochim. Biophys. Acta **115**, 1 (1966).
[16] —, R. KOSCHEL, W. DRÄGERT, P. KNEER u. W. CREUTZFELDT: Diabetologia **2**, 20 (1966).
[17] STRUCK, E., J. ASHMORE u. O. WIELAND: Biochem. Z. **343**, 107 (1965).
[18] UTTER, M. F., D. B. KEECH, and M. C. SCRUTTON: In: Advances in enzyme regulation (ed. G. WEBER), vol. 2,49. New York: Pergamon Press 1964.
[18a] WIELAND, O., u. L. WEISS: Biochem. Biophys. Res. Commun. **10**, 1333 (1963).
[19] WILLIAMSON, D. H., J. MELLANBY, and H. A. KREBS: Biochem. J. **82**, 90 (1962).
[20] WILLIAMSON, J. R., R. A. KREISBERG, and P. W. FELTS: Proc. N. Y. Acad. Sci. **56**, 247 (1966).

# Formation of Ketone Bodies in the Perfused Rat Liver

By

Hans A. Krebs *

*Department of Biochemistry, University of Oxford*

I would like to begin by explaining why I turned to the perfused whole organ after having used tissue slices, tissue homogenates, mitochondria and isolated enzyme systems for over 30 years. These various tissue preparations have proved satisfactory for the study of many aspects of metabolism, but they are of limited use in the study of the *regulation* of metabolic processes, especially the integrated control mechanisms of the functionally active organ. As is now known, key factors in these control mechanisms are the concentrations of intermediary metabolites and these depend on the intactness of the tissue structure. Metabolites are diluted on homogenisation, and are washed out of slices and isolated mitochondria. This can cause major losses of metabolic activities and what remains may represent only a small fraction of the original capacity.

This applies, for example, to gluconeogenesis and ketogenesis in liver slices (as illustrated by Tables 1 and 2) and when I became interested in studying factors which regulate these processes in the intact liver I found it necessary to look for an isolated tissue preparation in which the regulatory mechanisms are adequately preserved. This led me to the perfused organ.

Table 1 shows that the rates of gluconeogenesis from all precursors tested with the exception of glycerol were 2 to 4 times lower in liver slices than in the perfused organ. In the case of ketogenesis (Table 2) there were similar differences with butyrate and octanoate. Long chain fatty acids—oleate and linoleate—showed even greater differences as the addition of these substrates hardly raised the en-

---

* The work reported in this contribution was carried out in collaboration with Dr. Patricia C. Wallace, Mr. R. Hems, Dr. W. Feldheim, Dr. R. A. Freedland, Dr. Lillian A. Jedeikin and Miss Deidre M. Keane.

dogenous ketogenesis. The latter, on the other hand, was about the same in slices and the perfused organ.

Table 1. *Comparison of Rates of Gluconeogenesis in the Perfused and Sliced Rat Liver*

For full details of procedure and statistical information see ROSS, HEMS and KREBS (1967). The rats were starved for 48 hr.

| Substrate added | Rate of gluconeogenesis ($\mu$mole/min./g. wet wt.) | |
|---|---|---|
| | Perfused organ | Slices |
| None | 0.14 | |
| L-Lactate | 1.06 | 0.55 |
| Pyruvate | 1.02 | 0.40 |
| Glycerol | 0.48 | 0.62 |
| L-Alanine | 0.66 | 0.23 |
| L-Serine | 0.98 | 0.20 |
| L-Proline | 0.55 | 0.17 |
| Dihydroxyacetone | 2.07 | 0.38 |
| Fructose | 2.68 | 0.81 |

Table 2. *Comparison of Rates of Ketone Body Formation in the Perfused and Sliced Rat Liver*

Unpublished results of HEMS, WALLACE and KREBS. The rats were starved for 48 hr. The initial substrate concentration was 2 mM. The medium contained 2 mM D,L-carnitine and 2.3% serum albumin.

| Substrate added | Ketone bodies found ($\mu$mole/hr./g. wet wt.) | | | |
|---|---|---|---|---|
| | Perfused organ | | Slices | |
| | Total | Increment due to substrate | Total | Increment due to substrate |
| None | 30 | | 25 | |
| Butyrate | 94 | 64 | 41 | 16 |
| Octanoate | 128 | 98 | 48 | 23 |
| Oleate | 98 | 68 | 30 | 5 |
| Linoleate | 117 | 87 | 29 | 4 |

I would like to refer briefly to experiments on liver homogenates which throw light on the reason for the loss of activity in the slices. It is already known (see ONTKO, 1967) that the ketogenic activity of liver homogenates can be increased by the addition of certain cofactors, such as carnitine, ATP, and cytochrome C but even in the presence of these cofactors the rates of ketogenesis in liver homogenates are still much lower than in the perfused organ. We have recently found that addition of $\alpha$-oxoglutarate raises the ketogenic capacity of rat liver homogenate to the level of the perfused organ (Table 3). The concentration of $\alpha$-oxoglutarate has to be relatively high for maximal effects. While 2 mM has a measurable effect, 10 mM is required for optimal action. The acceleration of ketogenesis by $\alpha$-oxoglutarate occurs with both short chain and long chain fatty acids. $\alpha$-Oxoglutarate cannot be replaced by GTP, or by any intermediate of the tricarboxylic acid cycle. Several authors (e.g. LEHNINGER, 1945) have already noted stimulating effects of $\alpha$-oxoglutarate on the oxidation of fatty acids but when ROSSI and GIBSON (1964) discovered a GTP requiring fatty acid activating enzyme it was thought that the $\alpha$-oxoglutarate effect was due to the formation of GTP which arises when $\alpha$-oxoglutarate is converted to succinate. Our experiments are difficult to reconcile with this interpretation unless one makes the assumption that added GTP fails to enter the mitochondria and for this reason cannot replace $\alpha$-oxoglutarate. This assumption is not attractive because there is no doubt that ATP enters mitochondria under our experimental conditions as shown by its stimulating effects (see Table 4). The results rather suggest that there may be an as yet unknown mechanism of fatty acid activation involving $\alpha$-oxoglutarate. Perhaps there is a reaction analogous to the transfer of coenzyme A from succinyl CoA to acetoacetate by succinyl-CoA-transferase.

The fact that suitable supplementation raises the rate of ketogenesis in the homogenates to the level of the perfused organ indicates that cofactors are lost from homogenates and slices but retained by the liver cells in the perfused organ. It would be helpful, if one could study the effect of $\alpha$-oxoglutarate and related substances in the perfused organ but this is not practicable because there are permeability barriers to $\alpha$-oxoglutarate and many other dicarboxylic acids between the blood capillaries and the intact liver cell (ROSS et al., 1967).

To return to experiments on the perfused liver, the time course of ketone body formation in the perfused organ was approximately constant over a period of 90 minutes after the addition of fatty acids. The substrates were added 40 minutes after the start of the perfusion. The lower rate observed in slices was also approximately constant over 90 minutes. However, apart from the rate of ketogenesis there was another major difference between the perfused organ and slices: the $\beta$-hydroxybutyrate/acetoacetate ratio was much lower in slice

Table 3. *Effect of α-Oxoglutarate on Ketone Body Formation in Rat Liver Homogenates*

The rats were starved for 48 hr. The final concentration of the homogenate was 6.66%. The dilution medium consisted of 100 ml. 0.154 M KCl, 1 ml. 0.1 M $MgCl_2$ and 10 ml. of 0.1 M K-phosphate buffer pH 7.4. Further additions were 1.5 mM D,L-carnitine; 1 mM ATP; 0.5 mM EDTA; 2.25% serum albumine, 15 µM cytochrome C (all final concentrations). 40°.

| Substrate added | No α-Oxoglutarate | | 10 mM α-Oxoglutarate | |
|---|---|---|---|---|
| | Total ketone bodies formed (µmole/hr./g.) | Ratio $\beta$-hydroxy-butyrate/ acetoacetate | Total ketone bodies formed (µmole/hr./g.) | Ratio $\beta$-hydroxy-butyrate/ acetoacetate |
| None | 23 | 0.34 | 54 | 0.5 |
| Butyrate | 39 | 0.25 | 85 | 0.2 |
| Hexanoate | 49 | 0.42 | 114 | 0.6 |
| Octanoate | 54 | 0.57 | 111 | 0.7 |
| Oleate | 45 | 0.78 | 97 | 1.1 |

Table 4. *Effect of Various Cofactors on the Ketone Body Formation in Rat Liver Homogenates*

The conditions were as described in Table 3. The complete system contained 2 mM oleate, 10 mM α-oxoglutarate and the cofactors stated in Table 3. Starved rat.

| | $O_2$ uptake µmole/hr./g. | Total ketone bodies µmole/hr./g. |
|---|---|---|
| Complete system | 378 | 108 |
| ATP omitted | 265 | 92 |
| Cytochrome c omitted | 331 | 95 |
| Carnitine omitted | 353 | 47 |

experiments. This ratio is a characteristic feature of ketone body metabolism in rat liver. In the normal well fed rat liver its mean value is 2.6 and it rises to 3.6 on starvation (WILLIAMSON, LUND and KREBS, 1967). In the perfused organ the ratio, as determined in the medium, varied with the nature of the substrate added. It was near 3 when oleate or linoleate were added but lower with other substrates (Table 5) while in slices it was between 0.4 and 0.7. The ratio may

Table 5. *The Ratio* $\dfrac{\beta\text{-Hydroxybutyrate}}{\text{Acetoacetate}}$ *in Perfusion Medium and in Suspension Medium of Slices*

The values refer to the same experiments as those recorded in Table 2. The substrates were added after a preliminary perfusion of 40 min.

| Substrate added | Ratio β-Hydroxybutyrate/acetoacetate | | | | Slices after 60 min. |
|---|---|---|---|---|---|
| | Perfused liver | | | | |
| | Before addition of substrate | After addition of substrate | | | |
| | | 30 min. | 60 min. | 90 min. | |
| None | 1.2 | 1.4 | 1.1 | 1.0 | 0.35 |
| Butyrate | 1.4 | 1.3 | 0.9 | 0.7 | 0.41 |
| Octanoate | 1.1 | 2.8 | 2.1 | 1.2 | 0.70 |
| Oleate | 1.3 | 3.4 | 2.9 | 2.7 | 0.59 |
| Linoleate | 1.3 | 2.9 | 3.5 | 3.0 | 0.54 |

be taken as an indicator of the redox state of the mitochondrial NAD system (WILLIAMSON et al., 1967), and it thus follows that in slices the mitochondrial redox state rapidly becomes much more oxidized than it is *in vivo*.

The perfused liver has a remarkable capacity for readjusting the $\beta$-hydroxybutyrate/acetoacetate ratio, i.e. the redox state of the mitochondrial NAD couple when it is upset by addition of either $\beta$-hydroxybutyrate or acetoacetate to the perfusion medium. As shown in Table 6 the additions caused the ratio to be $\dfrac{3.88}{0.56} = 6.9$ times higher with $\beta$-hydroxybutyrate than with acetoacetate but within 30 minutes the liver established approximately the same values for the ratio. Considering the large volume of the perfusion medium (150 ml.) this is a noteworthy achievement. The data support the view (see WILLIAMSON et al., 1967) that the reactants of the mitochondrial $\beta$-hydroxybutyrate dehydrogenase system are in a near-equilibrium.

The rate of ketone body formation from oleate increased when the substrate concentration rose from 0.5 mM to 2.0 mM (Table 7). Higher concentrations of oleate are not practicable because they tend

Table 6. *The β-Hydroxybutyrate/Acetoacetate Ratio in the Perfusion Medium after Addition of either Acetoacetate or β-Hydroxybutyrate*

At zero time 1 mM acetoacetate or 2 mM DL-β-hydroxybutyrate was added to the perfusion medium. Starved rats.

| Time | Acetoacetate added | | β-Hydroxybutyrate added | |
|---|---|---|---|---|
| | Total ketone bodies found (μmole/ml.) | Ratio L-β-hydroxy-butyrate/ acetoacetate | Total ketone bodies found (μmole/ml.) | Ratio L-β-hydroxy-butyrate/ acetoacetate |
| 0 | 1.96 | 0.56 | 2.32 | 3.88 |
| 15 | 2.37 | 0.93 | 2.78 | 2.19 |
| 30 | 2.76 | 1.01 | 3.14 | 1.76 |
| 45 | 2.82 | 1.10 | 3.29 | 1.84 |
| 60 | 3.23 | 1.01 | 3.60 | 1.42 |
| 75 | 3.26 | 0.88 | 3.85 | 1.31 |
| 100 | 3.65 | 0.79 | 4.35 | 0.99 |

Table 7. *Effect of Oleate Concentration on the Rate of Ketone Body Formation in the Perfused Rat Liver*

| Concentration of oleate (mM) | Rate of total ketone body formation (μmole/hr./g.) |
|---|---|
| 0 | 42 |
| 0.5 | 67 |
| 1.0 | 83 |
| 2.0 | 98 |

to cause a blockage of the blood vessels. The addition of carnitine did not make a significant difference to the rate. When low concentrations (e.g. 0.6 mM) of oleate were used the rate of ketone body formation increased over a limited period and then returned to the rate before the addition of the substrate. The extra ketone body formation over a 90 minute period for a series of experiments in which 75 μmole oleate had been added was 275 ± 21 μmoles total ketone bodies. This figure is about 75% that expected for the quantitative conversion of added oleate into ketone bodies.

The view has been expressed that the physiological significance of the formation of ketone bodies may lie in the supply to various tissues of a readily utilizable fuel of respiration (see KREBS, 1961). For reasons not fully understood fatty acids are offered to tissues in two forms, as free fatty acids and in the partially oxidized form as ketone bodies, whenever glucose is short in supply or when glucose is not readily utilizable as in diabetes. Since tissues which readily oxidize ketone bodies—e.g. heart muscle and kidney cortex— also readily oxidize acetate we tested whether a release of acetate accompanies the formation of ketone bodies by the perfused liver. As shown in Table 8 the perfused liver produces acetate in quantities

Table 8. *Formation of Acetate in the Perfused Rat Liver*

Unpublished data of D. M. KEANE and L. A. JEDEIKIN. Acetate was determined by gas chromatography method of E. F. ANNISON (personal communication) and by microdiffusion according to SERLIN and COTZIAS (1955).

| Experimental condition | Rate of acetate formation µmole/hr./g. | Rate of total ketone body formation µmole/hr./g. |
|---|---|---|
| Well-fed | 30 | 14 |
| Starved 48 hr. | 42 | 39 |
| Starved, 48 hr.; 2 mM oleate | 78 | 96 |
| Acute alloxan diabetes | 102 | 102 |

comparable to those of ketone bodies but there is no general parallelism between acetate production and ketone body formation. Thus starvation had only a slight effect on acetate production but, of course, a very major one on the formation of ketone bodies. There was a striking increase in the rate of acetate production in the alloxan diabetic liver, a phenomenon no doubt related to the observation by HOCHHEUSER, WEISS and WIELAND (1964) of an increased acetate concentration in the blood of chronically diabetic rats. Addition of oleate did not increase the rate of acetate formation in the normal or alloxan diabetic liver; nor did oleate increase the ketone body production by the alloxan diabetic liver during the acutely ketotic stage 48 hours after treatment with alloxan. It appears that under these conditions the very rapid ketone body production from endogenous precursors already represents the maximal rate.

Table 9. *Rates of Ketogenesis and Gluconeogenesis in the Perfused Rat Liver on Addition of Various Substances*

The rats were all starved for 48 hr. The rates as expressed as µmole ketone bodies or glucose formed per min. per g. fresh wt. The concentrations of the fatty acids were 2 mM, of glucagon 1 µg/ml and of other substrates 10 mM unless stated otherwise.

| Additions | Rate of ketone body formation | Rate of glucose formation |
|---|---|---|
| Lactate; oleate | 1.67 | 1.72 |
| Lactate; oleate; glucagon | 2.11 | 2.37 |
| Oleate | 1.62 | |
| Oleate; glucagon | 2.02 | |
| Lactate | 0.20 | 1.06 |
| Pyruvate; oleate | 2.30 | 1.45 |
| Pyruvate | 0.17 | 1.02 |
| Pyruvate (5 mM); oleate | 1.88 | 1.61 |
| Pyruvate (5 mM) | | 1.58 |
| Lactate; glucagon | | 1.86 |
| Lactate; butyrate | | 1.41 |
| Lactate; butyrate; glucagon | | 2.20 |
| Glycerol | 0.13 | 0.48 |
| None | 0.30 | 0.14 |

Lastly I wish to report experiments in which the effects of various factors on the rates of gluconeogenesis and of ketogenesis and the interrelations between gluconeogenesis and ketogenesis were studied. They bear in particular on the concept that increased rates of gluconeogenesis can cause increased rates of ketogenesis because in gluconeogenesis oxaloacetate is diverted to form phosphopyruvate and is therefore not available for the tricarboxylic acid cycle. In consequence acetyl coenzyme A forms ketone bodies instead of undergoing oxidation (KREBS, 1966). The measurements are summarized in Table 9. They show the following:

1. Oleate or butyrate increased the rate of gluconeogenesis from lactate, a kind of effect which has been observed before. Fatty acids generally can increase gluconeogenesis, partly by supplying acetyl coenzyme A which activates pyruvate carboxylase and partly by a sparing action which saves potential glucogenic precursors from serving as a fuel for respiration (see KREBS, SPEAKE and HEMS, 1965).

2. Pyruvate at 10 mM increases the rate of ketogenesis from oleate whereas lactate does not.

3. Glucagon when added in the presence of lactate and oleate increases both ketone body and glucose formation. Glucagon alone also increases the ketone body formation from oleate.

4. Oleate increases gluconeogenesis from pyruvate when the concentration of the latter is 10 mM which gives a lower rate than 5 mM. Oleate has no effect on the rate of gluconeogenesis from 5 mM pyruvate.

5. Pyruvate alone is not ketogenic but suppresses the endogenous ketone body formation. Glycerol and lactate also inhibit endogenous ketogenesis. These observations are in contrast to those on slices where only glycerol is antiketogenic and lactate and pyruvate are not.

It is noteworthy that glucagon acts as an accelerator of gluconeogenesis when the tissue is saturated with fatty acids. The primary action of glucagon can thus not be ascribed to a release of free fatty acids (STRUCK, ASHMORE and WIELAND, 1965). Some of the findings support the concept that under certain conditions increased rates of gluconeogenesis are necessarily accompanied by increased rates of ketogenesis.

As the rate of oxaloacetate formation varies with the availability of gluconeogenic precursor any parallelism between the rates of ketone body production and gluconeogenesis cannot be strict. Thus when only endogenous glucogenic precursors are available the steady state concentration of oxaloacetate may be lowered by a relatively small increase in the rate of gluconeogenesis. When, on the other hand, much lactate is provided the rate of gluconeogenesis is high and the critical rate of gluconeogenesis which causes a drop in the steady state concentration of oxaloacetate may lie at a very much higher level. Hence addition of lactate, although it increases the rate of gluconeogenesis, does not necessarily increase the rate of ketogenesis because it also increases the rate of oxaloacetate synthesis. Addition of the lactate does however increase ketogenesis when the rate of gluconeogenesis exceeds the critical level. This critical level is reached by the addition of glucagon and this may account for the ketogenic effect of glucagon in the presence of lactate and oleate.

In conclusion I would say that the performance of the perfused liver in respect to ketogenesis is vastly superior to that of other tissue preparations. For studying many aspects of the regulation of ketone body metabolism the perfused organ must therefore be regarded as the method of choice. Other preparations of course have their uses. The essential thing is to realize the limitation of each method. It is also of greatest importance to pay attention to the minutiae of the perfusion technique and to use rigid criteria for the adequacy of the procedure.

For the type of work reported in this paper, a liver preparation is needed which is as near normal as possible and at the same time permits accurate measurements of its metabolic activities. To achieve the latter we use a synthetic perfusion medium of known composition, with washed aged red cells as the only component of uncertain composition. Aged cells are still effective oxygen carriers but have virtually lost their metabolic activities, especially glycolysis. Hence the metabolism of the medium is no longer superimposed on that of the liver, as is the case when fresh blood is used. This is of decisive importance in the study of gluconeogenesis because the carbohydrate metabolism of the relatively large amount of blood can be very substantial in relation to the metabolism of the liver.

The functional normality of the liver during perfusion requires checking by exacting tests. One of these is the linearity with time of the process under investigation. Others are measurements of the maximal rates of biosynthetic processes such as urea synthesis and gluconeogenesis. Maximal rates occur after loading the liver with precursors (see HEMS et al., 1966). These biosyntheses are much more demanding than, say, the shedding of glucose from glycogen or the endogenous urea formation because they involve high rates of both energy supply and energy utilization. In the study of ketogenesis the most delicate indicator of the functional integrity of the liver appears to be the $\beta$-hydroxybutyrate/acetoacetate ratio. This in turn is an indicator of the mitochondrial $NAD/NADH_2$ ratio (see WILLIAMSON et al., 1967). One of the earliest signs of deterioration of the tissue appears to be the fall of this ratio i.e. a shift of the redox state of the mitochondria in the direction of oxidation. This test may be of value not only in the study of ketone body metabolism but also for general purposes. The liver, even in the well fed state, always discharges ketone bodies in quantities which can be measured with the modern enzymic methods.

To obtain optimal conditions it is essential to use a basic medium which closely approximates blood plasma in respect to the inorganic constituents. This applies in particular to the concentration of bicarbonate (25 mM) and of $CO_2$ (0.05 atm). Addition of albumin and other substances can change the bicarbonate concentration of the original saline medium in a major way and a direct manometric or gasometric check of the bicarbonate concentration, rather than electrometric measurements, are among the best safeguards for the optimal composition of the medium.

It is of special importance to reduce to a minimum the trauma of operation and the interruption of the liver circulation when switching from the natural to the artificial system. For this reason the liver is left in situ during the perfusion. The reader is referred to the paper by HEMS et al. (1966) for a fuller discussion of the technique.

## Summary

Data on the rates of formation of $\beta$-hydroxybutyrate and acetoacetate by the isolated perfused rat liver are reported. The rates found on addition of fatty acids are much higher than those found in slices. In homogenates rates comparable to those obtained with the perfused organ are found when the homogenates are reinforced with cofactors, especially $\alpha$-oxoglutarate and carnitine. The ratio $\beta$-hydroxybutyrate/acetoacetate is near the physiological values in the perfusion system but rapidly falls in slices. The perfused liver can form acetate in quantities comparable to those of ketone bodies but there is no strict parallel between the formation of ketone bodies and acetate. Especially large quantities of acetate are formed by the alloxan diabetic liver. Some aspects of the perfusion technique are discussed.

## References

HEMS, R., B. D. ROSS, M. N. BERRY, and H. A. KREBS: Biochem. J. **101**, 284 (1966).
HOCHHEUSER, W., H. WEISS, and O. WIELAND: Z. klin. Chem. **2**, 175 (1964).
KREBS, H. A.: Biochem. J. **80**, 221 (1961).
— Adv. Enz. Regulation **4**, 339 (1966); Vet. Record **78**, 187 (1966).
—, R. N. SPEAKE, and R. HEMS: Biochem. J. **94**, 712 (1965).
LEHNINGER, A. L.: J. biol. Chem. **161**, 437 (1945).
ONTKO, J. O.: Biochim. Biophys. Acta **137**, 1 and 13 (1967).
ROSS, B. D., R. HEMS, and H. A. KREBS: Biochem. J. **102**, 942 (1967).
ROSSI, C. R., and D. M. GIBSON: J. biol. Chem. **239**, 1694 (1964).
STRUCK, E., J. ASHMORE, and O. WIELAND: Biochem. Z. **343**, 107 (1965).
WILLIAMSON, D. H., P. LUND, and H. A. KREBS: Biochem. J. **103**, 514 (1967).

## Diskussion

WILLMS: Sie haben in Ihren Experimenten $\beta$-Hydroxybutyrat und Acetoacetat in die Perfusionslösung gegeben. Ich möchte Sie fragen, wo Sie den Quotienten $\beta$-Hydroxybutyrat/Acetoacetat gemessen haben?

KREBS: Im Medium.

WILLMS: Wenn ich Sie richtig verstehe, so haben Sie im Sammeltopf und nicht direkt in dem aus der Leber ausfließendem Blut gemessen. Man könnte sich ja vorstellen, daß im cavalen Blut der Quotient sich viel schneller einreguliert. Wir haben bei portaler Infusion von großen Fettsäuremengen gesehen, daß sich im cavalen Blut ein Lactat/Pyruvat-Quotient von z. B. 20 1—2 min nach Beginn der Infusion einstellt, während wir in der Porta einen Quotienten von etwa 12 finden. Im Gesamtmedium stellt sich der erhöhte Quotient erst nach etwa 10—20 min ein.

KREBS: Wir haben den Quotienten im Gesamtmedium bestimmt. Nach der Verdünnung also. Aber im Blut selbst ändert sich natürlich nichts.

WIELAND, O.: Kann im Homogenat aus $\alpha$-Ketoglutarat Acetoacetat entstehen?

KREBS: Nein, $\alpha$-Ketoglutarat wird beinahe quantitativ zu Malat oxydiert. Aus den Zwischenstufen des Tricarbonsäurecyclus entstehen keine meßbaren Mengen von Acetoacetat. Im Gegensatz hierzu können aus Pyruvat, wenn dies im Überschuß vorhanden ist, erhebliche Mengen $\beta$-Hydroxybutyrat (via Acetoacetat) entstehen, vermutlich weil bei hohen Pyruvatkonzentrationen die Geschwindigkeit der Bildung von Acetyl-CoA aus Pyruvat viel größer ist als die Verwertung von Acetyl-CoA.

WIELAND, O.: Meine Frage ging aber darauf hinaus, ob aus $\alpha$-Ketoglutarat Pyruvat entstehen kann.

KREBS: Aus Ketoglutarat entstehen nur Spuren von Pyruvat, weil die Oxydation des Malats durch kleine Mengen Oxaloacetat gehemmt wird. Aus diesem Grunde häuft sich Malat an, wenn ein Überschuß von $\alpha$-Ketoglutarat vorhanden ist.

HILZ: Ich möchte doch noch einen Schuß gegen das Dogma versuchen. Es geht um die Frage der Reversibilität der Triosephosphatdehydrogenierung in Kombination mit der Phosphoglyceratkinase-Reaktion. Ist es absolut ausgeschlossen, daß auf irgend einem noch unbekannten Umweg ein energiereiches Phosphat in die Umkehr der so außerordentlich begünstigten Bildung von Phosphoglycerat und ATP aus Diphosphoglycerat eingeht? Ich meine, Sie haben ja Berechnungen gemacht, daß die Reaktion umkehrbar ist. Berechnungen sind jedoch nicht unbedingt alles.

KREBS: In höheren Tieren, glaube ich, gibt es keinen Beweis dafür, daß es einen „Umweg" gibt. Die Umkehrung der Triosephosphatdehydrogenase-Reaktion ist durchaus möglich.

BÜCHER: Herr HILZ, ich sehe nicht ein, warum die Umkehrung dieser Reaktion ungünstig sein soll. Ist das nur eine Annahme? Ich muß Sie darauf hinweisen, daß wir die Triosephosphat-Dehydrogenase immer in der Rückreaktion testen.

HILZ: Ein Acylphosphat ist ja meistens energiereicher als ATP.

BÜCHER: ATP ist doch vorhanden!

HILZ: Ja, aber die Hydrolyseenergie (des ATP-phosphates) ist ja geringer!

BÜCHER: Die Redoxverschiebungen in der Leber lassen sich dadurch verstehen, daß das System Phosphoglyceratkinase-Triosephosphatdehydrogenase fast immer ein im Gleichgewicht reversibel reagierendes System ist. Ein Teil der Befunde über Lactat-Pyruvat-Spiegel und Quotienten, die uns Herr SCHIMASSEK heute demonstriert hat, können auf eine Kopplung zwischen dem Phosphatpotential und dem Redoxpotential des extramitochondrialen Diphosphopyridinnucleotid-Systems in dieser Reaktion zurückgeführt werden.

HILZ: Mit anderen Worten, unter anaeroben Bedingungen ist die Reaktion oder das Gleichgewicht eindeutig in Richtung ATP-Produktion.

KREBS: Unter anaeroben Bedingungen findet aber auch keine Gluconeogenese statt.

# Studies on the Mechanism of Fatty Acid and Glucagon Stimulated Gluconeogenesis in the Perfused Rat Liver[*]

By

Lawrence A. Menahan[**], Brian D. Ross, and Otto Wieland

*Klinisch-Chemisches Institut, Städt. Krankenhaus München-Schwabing*

## Summary

Acetate, at a concentration of 5 or 10 mM, stimulated gluconeogenesis from lactate (10 mM) to the extent of 40% in the perfused, 24-hr. fasted rat liver. The rate of acetoacetate production was increased three-fold when acetate was present alone at a concentration of 5 or 10 mM. This increased ketogenesis was completely suppressed by lactate.

No increase in liver acetyl-CoA was observed during acetate-, oleate- or glucagon-stimulated gluconeogenesis. These data indicate that acetyl-CoA activation of pyruvic carboxylase can play no major role in the increased gluconeogenesis or ketogenesis under fasting conditions. By using lactate as substrate, one can exclude a „sparing effect" as a possible reason for the observed effects. Since an increase in medium $\beta$-hydroxybutyrate/acetoacetate ratio occurs during oleate- and glucagon-stimulated gluconeogenesis, an increase in NADH provision for the triose phosphate dehydrogenase reaction can be a possible explanation for the observed stimulation.

## Introduction

Tremendous interest in the factors controlling the rate of gluconeogenesis has been shown in recent years. Long-chain fatty acids have been found to stimulate glucose synthesis in the perfused rat liver using lactate[1], alanine[2], or pyruvate[3] as substrate; and

---

[*] Supported by the Deutsche Forschungsgemeinschaft, Bad Godesberg, Germany.
[**] NATO Postdoctoral Fellow 1966—1967.

caprylate and capronate respectively stimulate glucose formation in liver slices[4] and in the perfused rat liver[5]. Increased fatty acid oxidation and ketogenesis have also been observed during *in vivo* and *in vitro*[1, 6-8] stimulation of gluconeogenesis by glucagon. The interrelationship between increased fatty acid oxidation and gluconeogenesis has pointed to an acetyl-CoA activation of pyruvic carboxylase as one of the possible control points in glucose synthesis[9]. A decrease in redox potential or an increase in NADH/NAD ratio during long-chain fatty acid stimulated gluconeogenesis could also explain the increased conversion of $C_3$ units to glucose if the triose phosphate dehydrogenase reaction, which requires NADH, was a significant control step.

The present work is an extension of the studies on control of gluconeogenesis initiated by STRUCK[1], TEUFEL and coworkers[3] in our laboratory. This report concerns the metabolism of acetate in the perfused liver and the investigation of the possible role of acetyl-CoA concentration as a regulator of gluconeogenesis stimulated by acetate, oleate or glucagon. Special use is made of the perfusion technique to take serial samples from a single liver under different metabolic conditions. Thus, experimental and control conditions can be established in the same liver. The choice of lactate as a substrate minimizes, or excludes the so-called "sparing effect"[28] since the expected figure of 2 for the ratio of lactate used to glucose formed is approached[10]. The use of acetate as a stimulator of gluconeogenesis reduces the likelihood of a change in redox potential being responsible for the changes observed.

## Materials and Methods

Male albino rats (Sprague-Dawlex, Gassner, München), 120—200 g., previously fed Lab. chow (Altromin), were fasted for 24 hrs. before use.

Glucagon was a preparation and gift of Eli Lilly, Indianapolis, U.S.A. (Lot No. 258-234, B-167-1) or from Hoechst, Frankfurt. It was suspended in 1.3% $NaHCO_3$. Substrates were prepared in neutral solution. The apparatus and technique of perfusion were similar to that previously described [1, 3]. The perfusion medium consisted of a 40 ml. suspension of washed human erythrocytes diluted to a final volume of 100 ml. with KREBS-HENSELEIT saline. The final mixture contained 2 g. bovine serum albumin (BEHRING) and 2.5 mM glucose. The pH was adjusted with NaOH and NaHCO$_3$ to pH 7.4, and a final HCO$_3^-$ concentration of approximately 25 mM.

Rats were anesthetized with Nembutal (10 mg. subcutaneously) and ether. Heparin (10 mg.) was injected into the femoral vein, following which the bile duct and portal vein were cannulated. Within less than 1 min. of portal vein cannulation, the liver was perfused at a pressure of 30 cm H$_2$O, with medium equilibrated with carbogen (95% O$_2$, 5% CO$_2$). The liver was transferred to a perfusion cabinet at 38°. The circulating medium of 100 mls. was also gassed with carbogen.

With a hydrostatic pressure of 8—12 cm. of water, the flow of perfusate was approximately 9.5 ml/min and the bile flow 0.5 ml/hr. for a liver of 6 g. Glucagon and substrates, with the exception of oleate, were given in a single dose at 40 min. In experiments with oleate, a dose of 110 $\mu$moles oleic acid emulsion and 20 mg. DL-carnitine was given at 40 min and an infusion of 100 $\mu$moles oleate per hr. was continued throughout the perfusion. The oleic acid was prepared in a solution of 12% albumin in KREBS-HENSELEIT buffer using a high-speed homogenizer.

Samples of perfusion medium were taken at 43 min. for the initial concentration and at 10 min intervals thereafter. Liver samples were taken by the rapid freezing technique of WOLLENBERGER, RISTAU and SHOFFA[11] and then extracted with frozen 6% HClO$_4$ as described by LOWRY[12]. Changes were recorded in the same liver by taking samples at 40 min before substrate and then at 60 and 80 min after the addition of substrate. Acetyl-CoA was determined fluorometrically, using citrate synthase and malic dehydrogenase. The results have been corrected for the altered MDH equilibrium as described by BÜCHER[13] and by BUCKEL and EGGERER[14]. Checks, using the $\alpha$-ketoglutaric dehydrogenase assay of GARLAND[15] gave comparable results for the two methods.

Glucose, lactate, pyruvate, acetoacetate, and $\beta$-OH butyrate in the medium were determined enzymatically[3]. Acetate in the medium was analyzed enzymatically[16] after microdistillation of the acidified protein-free filtrate. Glucose production and lactate utilization were linear during the interval 43—80 min and the rates are expressed as $\mu$moles/min/g. wet weight of liver for this time period. Results are given as mean ± S.E.M. The method of paired "t" comparison was applied to the acetyl-CoA results for testing statistical significance[17].

## Results and Discussion

The effects of acetate on glucose formation in the perfused liver are summarized in Table 1. Neither 5 or 10 mM acetate had a sig-

Table 1. *Effect of Acetate on Glucose Synthesis from Lactate*

Livers from rats starved for 24 hrs. perfused for 120 min.; substrates were added after 40 min perfusion. Figures are µmoles/min/g. fresh wt.

| L-Lactate added (mM) | Acetate added (mM) | No. of experiments | Glucose formed | Lactate used | Ratio Lactate used Glucose formed |
|---|---|---|---|---|---|
| NIL | NIL | 5 | 0.25 ± 0.08 | 0.16 ± 0.07 | |
| NIL | 5 | 3 | 0.28 ± 0.03 | 0.06 ± 0.01 | |
| NIL | 10 | 3 | 0.20 ± 0.02 | 0.08 ± 0.01 | |
| 10 | NIL | 10 | 1.06 ± 0.09 | 2.26 ± 0.15 | 2.17 ± 0.10 |
| 10 | 5 | 10 | 1.45 ± 0.08 | 2.94 ± 0.18 | 2.03 ± 0.06 |
| 10 | 10 | 4 | 1.34 ± 0.06 | 2.65 ± 0.06 | 1.98 ± 0.09 |

nificant effect on endogenous gluconeogenesis, which is largely provided from sources other than lactate. The rate of gluconeogenesis from lactate (1.06 µmoles/min/g.) and the observation that practically all of the removed lactate is found as glucose, is in agreement with the data of HEMS et al.[10]. Five or 10 mM acetate stimulated the glucose formation from lactate by at least 40%. The rate of lactate uptake increased in parallel so that the ratio of lactate used/glucose formed remained close to 2. This excludes the so-called "sparing effect" as an explanation for the increased glucose synthesis.

Ketone body formation was increased to a similar extent by the addition of both 5 and 10 mM acetate (Table 2), confirming the ketogenic effect of acetate observed in liver slices of the rat[18, 19] and the guinea pig[20] and in the perfused dog liver[21—23]. Preliminary observations indicate that most, if not all, the removed acetate is accounted for in acetoacetate formation under these conditions. The addition of lactate and acetate together resulted in almost complete suppression of acetoacetate formation, although acetate utilization was not reduced. This antiketogenic effect of lactate has several possible explanations of which the most obvious is the provision of oxaloacetate as primer for the TCA cycle, derived from the added lactate[24, 25]. Alternatively, fatty acid synthesis, normally limited in the fasted liver[26], may be directly or indirectly stimulated by lactate.

The ratio of β-OH butyrate/acetoacetate in the medium showed no change on the addition of lactate plus acetate, a finding which distinguishes acetate from oleate and excludes the provision of re-

Table 2. *Effect of Lactate on Acetate Induced Ketogenesis*

Results are given as μmoles acetoacetate formed/min/g fresh wt. since acetoacetate represents more than 90% of total ketone formation in these experiments.

| Lactate added (mM) | Acetate added (mM) | No. of experiments | Acetoacetate formed μmoles/min/g | Acetate used μmoles/min/g |
|---|---|---|---|---|
| Nil | Nil | 5 | 0.29 ± 0.04 | |
| Nil | 5 | 3 | 0.77 ± 0.16 | |
| Nil | 10 | 3 | 0.89 ± 0.16 | |
| 10 | Nil | 10 | 0.21 ± 0.04 | |
| 10 | 5 | 10 | 0.22 ± 0.02 | 1.00 ± 0.17 |
| 10 | 10 | 4 | 0.24 ± 0.03 | 1.16 ± 0.29 |

ducing equivalents (for triosephosphate reduction) as a stimulating mechanism of gluconeogenesis. Of further interest in these experiments is the apparent dissociation of the intramitochondrial reduction state, as indicated by the β-OH butyrate/acetoacetate ratio, and that of the cytoplasm, as reflected by the lactate/pyruvate ratio. Such a dissociation is also indicated by the results obtained *in vivo*[25] and in the perfused liver[27].

The isolated perfused liver provides an excellent opportunity to take serial tissue samples in which control conditions and experimental conditions are established in the same liver. This made it possible to study the effect of gluconeogenic stimulants on the liver acetyl-CoA concentration, a regulator considered to be of prime importance (Table 3). The first liver sample was taken before substrate addition at 40 min. No significant change in acetyl-CoA was found after acetate and/or lactate addition; although, as described, the rate of gluconeogenesis was considerably increased by acetate (5 or 10 mM). In experiments with kidney cortex slices, KREBS et al.[28] showed a twofold increase in acetyl-CoA on the addition of acetate from an initial value of 24—57 μmoles/g. This figure is exceeded in starved, perfused and non-perfused livers even without treatment (Table 6). This makes it a little less likely, even on theoretical grounds, that the acetyl-CoA concentration regulates pyruvate carboxylase activity in the starved liver. The previously described observation of STRUCK et al.[1], that the pyruvate carboxylase activity of perfused liver does

Table 3. *Effect of Acetat on Acetyl-Coenzyme A Concentration in Perfused Rat Liver*

| Additions | Number of perfusions | Acetyl-CoA (nmole/g wet wt.) | | |
|---|---|---|---|---|
| | | Before addition | | After addition |
| | Time (mins) | 40 | 60 | 80 |
| L-Lactate (10 mM) | 5 | 56±6 | 57±6 | 62±6 (2) |
| Acetate (5 mM) | 4 | 62±7 | 51±7 | 56±6 |
| L-Lactate (10 mM) plus Acetate (5 mM) | 8 | 55±5 | 58±5 | 56±1 |

not change after glucagon treatment, and the present finding of a constant acetyl-CoA level indicates that this type of pyruvate carboxylase activation is not rate limiting under these conditions.

Thus, no evidence has been found to explain the acetate stimulated gluconeogenesis on the basis of existing ideas of (a) provision of reducing equivalents, (b) a sparing effect, or (c) an activation of pyruvate carboxylase by acetyl-CoA.

These findings with acetate led to a reinvestigation of the established glucagon and long-chain fatty acid stimulation of gluconeogenesis.

As previously observed by many others[1, 29], a marked increase in glucose formation from lactate, when glucagon and oleic acid were used as stimulants, was seen (Table 4). In agreement with the work of PENHOS et al.[8] and SOKAL[30], glucagon (but not oleate) stimulated the endogenous glucose formation. The difference between these experiments and those of ROSS et al. (who observed no significant change in endogenous glucose formation) was primarily in the concentration of glucagon used[29].

Both glucagon and oleate significantly increased ketone formation over that in the respective controls (Table 5). In contrast to acetate, these stimulants increased the formation of $\beta$-hydroxybutyrate, resulting in a significant increase in the $\beta$-hydroxybutyrate/acetoacetate ratio. The antiketogenic effect of lactate was again observed, although it was by no means as dramatic as that observed with

Table 4. *Effect of Glucagon and Oleate on Glucose Formation from Lactate*
Glucagon (200 µg/100 ml) was given at 40 min. Oleate (110 µmoles/100 ml) was given at 40 min followed by a constant infusion of 100 µmoles/hr.

| Lactate added (mM) | Other additions | No. of expts. | Glucose formed µmoles/min/g | Lactate used µmoles/min/g |
|---|---|---|---|---|
| Nil | Nil | 5 | 0.25 ± 0.08 | 0.16 ± 0.07 |
| Nil | Glucagon | 8 | 0.75 ± 0.07 | 0.33 ± 0.07 |
| Nil | Oleate | 5 | 0.19 ± 0.02 | 0.21 ± 0.04 |
| 10 | Nil | 10 | 1.06 ± 0.09 | 2.26 ± 0.15 |
| 10 | Glucagon | 4 | 2.64 ± 0.09 | 4.36 ± 0.46 |
| 10 | Oleate | 4 | 1.35 ± 0.08 | 3.64 ± 0.22 |

Table 5. *Effect of Glucagon and Oleate on Ketogenesis in Perfused Rat Liver*
Figures are means ± SEM. Experimental conditions are as previously described.

| Lactate added (mM) | Other additions | No. of expts. | Ketone bodies formed (µmoles/min/g) Acetoacetate | Total | Ratio $\beta$-OH-butyrate/ Acetoacetate in mediun |
|---|---|---|---|---|---|
| Nil | Nil | 5 | 0.29 ± 0.04 | 0.31 ± 0.05 | 0.23 ± 0.02 |
| Nil | Glucagon | 8 | 0.86 ± 0.06 | 1.07 ± 0.15 | 0.30 ± 0.07 |
| 10 | Glucagon | 4 | 0.47 ± 0.10 | 0.68 ± 0.15 | 0.64 ± 0.11 |
| Nil | Oleate | 5 | 0.87 ± 0.15 | 2.00 ± 0.16 | 1.03 ± 0.16 |
| 10 | Oleate | 4 | 0.50 ± 0.06 | 1.05 ± 0.18 | 0.74 ± 0.10 |

acetate as ketogenic substrate. Lactate may provide $\alpha$-glycerophosphate for reesterification as one of the possible explanations for its antiketogenic action in these cases.

The results of the acetyl-CoA determinations, the main purpose of these series of experiments, are summarized in Table 6. Under conditions of enhanced gluconeogenesis (Table 4), no increase in acetyl-CoA was observed, even a slight decrease being found 80 min after oleate and lactate addition ($P < 0.02$). The increase in acetyl-CoA observed after glucagon alone was of marginal significance ($P < 0.05$ and $P < 0.1$) and was not found when lactate as gluconeogenic substrate was also added. Taken in conjunction with the similar result

Table 6. *Effect of Lactate, Oleate and Glucagon on Acetyl-Coenzyme A Concentration in Perfused Rat Liver*

| Additions | time (mins) number of experiments | Acetyl-CoA (nmole/g wet wt.) | | |
|---|---|---|---|---|
| | | before additions | after additions | |
| | | 40 | 60 | 80 |
| Nil | 3 | 61±5 | 54±3 | 54±5 |
| Oleate | 5 | 63±4 | 56±6 | 60±5 |
| Oleate plus L-Lactate (10 mM) | 4 | 68±8 | 51±8 | 51±8 |
| Glucagon | 6 | 61±9 | 75±7 | 79±6 |
| Glucagon plus L-Lactate (10 mM) | 6 | 72±9 | 45±4 (4) | 66±6 |
| Liver not perfused 24 hr. starved | 8 | 62±5 | | |

following acetate addition, these findings make it unlikely that activation of pyruvate carboxylase by a change in acetyl-CoA accounts for the stimulation of glucose formation in the fasted rat liver. An activation of pyruvate carboxylase by some other mechanism is not excluded and the theory of compartmentation of substrate can, of course, be evoked.

The purpose of these experiments was to differentiate, if possible, between the postulated theories as an explanation for the increased gluconeogenesis when glucagon, acetate and oleate are present. It must be pointed out that the findings in these experiments may be applicable only to fasting conditions. WILLIAMSON and coworkers[31] have observed an increase in acetyl-CoA following glucagon administration to fed rats *in vivo*, although no increase in the already high level (400 nmoles/g. dry weight) was found in fasted rats following glucagon infusion. But these workers, similar to the present experiments with the perfused rat liver, observed an increased ketogenesis following glucagon infusion without an increase in acetyl-CoA level. Thus, under fasting conditions, the level of acetyl-CoA appears not to be the controlling factor in ketogenesis. Our data also indicate that acetyl-CoA activation of pyruvic carboxylase can play no major role in oleate, acetate- and glucagon-stimulated gluconeogenesis in the fasting, perfused rat liver. In contrast, WILLMS and coworkers[5] have found a doubling of liver acetyl-CoA during capronate-stimulated gluconeogenesis in the fed, perfused rat liver where the initial acetyl-CoA level is approximately 20—30 nmoles/g fresh weight. Thus, in the rat liver under fed conditions[5] and in the kidney of several species[28], an activation of pyruvic carboxylase by acetyl-CoA may account for the observed stimulation of gluconeogenesis by fatty acids.

The "sparing effect" can be excluded as a possibility for the observed stimulation by acetate, oleate, or glucagon since the observed ratio of lactate used to glucose formed, when lactate is present alone approaches the theoretical value of 2. In contrast, results using pyruvate as substrate in the perfused, fasted liver[3] and work with rat kidney using pyruvate or lactate as substrate[28] indicate that a "sparing effect" could explain the observed fatty acid stimulation of gluconeogenesis in these particular experiments.

WILLIAMSON and coworkers[2] have presented evidence for a crossover point at the triose phosphate dehydrogenase reaction during oleate-stimulated gluconeogenesis from alanine. This supports the theory proposed earlier by Struck and coworkers in our laboratory[1] that fatty acids may increase gluconeogenesis through a provision of NADH for the reduction of 1,3-phosphoglycerate to 3-phosphoglyceraldehyde. This theory may explain the glucagon- and oleate-stimulated gluconeogenesis from lactate in the present study. However, the acetate-stimulated gluconeogenesis cannot be explained by such a mechanism, as no decrease in the redox potential was observed in these studies. Thus, the mechanism for the acetate-stimulated gluconeogenesis remains unknown.

## Acknowledgments

The authors wish to express their thanks to Miss S. Böning for conscientious technical assistance and to Dr. U. Deuticke for the acetate determinations.

## References

[1] STRUCK, E., J. ASHMORE, and O. WIELAND: In G. Weber (Ed.): Advances in enzyme regulation, 4, p. 219, New York: Pergamon Press, Inc., 1966.
[2] WILLIAMSON, J. R., R. A. KREISBERG, and P. W. FELTS: Proc. Nat. Acad. Sci. 56, 247 (1966).
[3] TEUFEL, H., L. A. MENAHAN, J. C. SHIPP, S. BÖNING, and O. WIELAND: Fed. Europ. Biochem. Soc. (submitted), 1967.
[4] HAYNES, R. C., Jr.: In G. Weber (Ed.): Advances in enzyme regulation, 3, p. 111, New York: Pergamon Press, Inc., 1965.
[5] WILLMS, B.: This book, p. 118.
[6] WILLIAMSON, J. R.: Biochem. J. 101, 11c (1966).
[7] —, P. H. WRIGHT, W. J. MALAISSE, and J. ASHMORE: Biochem. Biophys. Res. Communs. 24, 765 (1966).
[8] PENHOS, J. C., C. H. WU, J. DAUNAS, M. REITMAN, and R. LEVINE: Diabetes 15, 740 (1966).
[9] UTTER, M. F., D. B. KEECH, and M. C. SCRUTTON: In G. Weber (Ed.): Advances in enzyme regulation, 2, p. 49, New York: Pergamon Press, Inc., 1964.
[10] HEMS, R., B. D. ROSS, M. N. BERRY, and H. A. KREBS: Biochem. J. 101, 284 (1966).
[11] WOLLENBERGER, A., O. RISTAU, and G. SCHOFFA: Pflüg. Arch. ges. Physiol. 270, 399 (1960).
[12] LOWRY, O. H., J. V. PASSONNEAU, F. X. HASSELBERGER, and D. W. SCHULZ: J. Biol. Chem. 239, 18 (1964).
[13] BÜCHER, Th.: Biochim. Biophys. Acta. 1, 292 (1947).
[14] BUCKEL, W., and H. EGGERER: Biochem. Z. 343, 29 (1963).
[15] GARLAND, P. B., D. SHEPHERD, and D. W. YATES: Biochem. J. 97, 587 (1965).
[16] HEPP, D., E. PRÜSSE, H. WEISS, and O. WIELAND: Biochem. Z. 344, 87 (1966).
[17] STEELE, R. G. D., and J. H. TORRIE: Principles and procedures of statistics. New York: McGraw-Hill Book Co., Inc., 1960.
[18] COHEN, P. P.: J. Biol. Chem. 119, 333 (1937).
[19] DRAHOTA, Z., P. HAHN, A. KLEINZELLNER, and A. KOSTOLÁNSKÁ: Biochem. J. 93, 61 (1964).
[20] JOWETT, M., and J. H. QUASTEL: Biochem. J. 29, 2159 (1935).
[21] LOEB, A.: Biochem. Z. 47, 118 (1912).
[22] FRIEDMANN, E.: Biochem. Z. 55, 436 (1913).
[23] EMBDEN, G., and A. LOEB: Biochem. Z. 88, 246 (1913).
[24] WIELAND, O., L. WEISS, and I. EGER-NEUFELDT: In G. Weber (Ed.): Advances in enzyme regulation, 2, p. 85, New York: Pergamon Press, Inc., 1964.
[25] KREBS, H. A.: In G. Weber (Ed.): Advances in enzyme regulation, 4, p. 339, New York: Pergamon Press, Inc., 1966.
[26] LYNEN, F., M. MATSUHASHI, S. NUMA, and E. SCHWEIZER: In: The control of lipid metabolism. Biochem. Soc. Symp. No. 24, p. 43, New York: Academic Press, 1963.

[27] SCHOLZ, R.: This book, p. 25.
[28] KREBS, H. A., R. N. SPEAKE, and R. HEMS: Biochem. J. 94, 712 (1965).
[29] ROSS, B. D., R. HEMS, and H. A. KREBS: Biochem. J. 102, 942 (1967).
[30] SOKAL, J. E.: Endocrinology 78, 538 (1966).
[31] WILLIAMSON, J. R., B. HERCZEG, H. COLES, and R. DANISH: Biochem. Biophys. Res. Communs. 24, 437 (1966).

## Diskussion

MENAHAN: In connection with the fatty acid stimulation of gluconeogenesis from lactate, I would like to discuss some experiments that Dr. TEUFEL and coworkers (TEUFEL, H., MENAHAN, L. A., SHIP, J.,

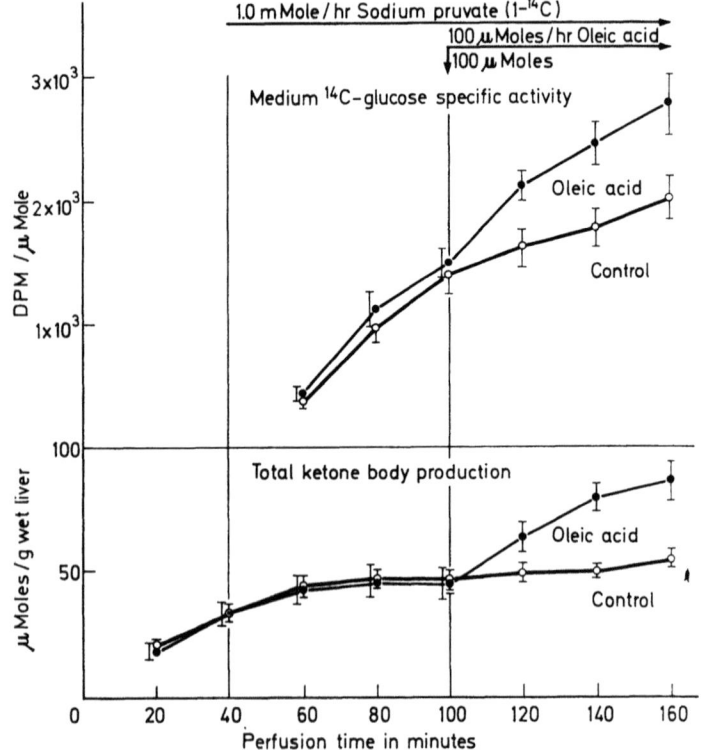

BÖNING, S., and WIELAND, O., Europ. J. Biochem. [in press], 1967) have carried out on the effects of oleic acid on pyruvate metabolism in the perfused liver from fasted rats. In Fig. 1, one should note that pyruvate-1-$^{14}$C

was infused at the rate of 1000 μmoles per hour before the addition of a dose of oleic acid (110 μmoles) and the start of an oleic acid infusion at 100 μmoles per hour. The pyruvate-1-$^{14}$C and oleic acid infusion were continued simultaneously during the second hour. As shown by the corresponding curves in Figure 1, there was an immediate increase in medium glucose-$^{14}$C specific activity and in ketone body production following the start of the oleic acid infusion.

The several effects of oleic acid on pyruvate metabolism are summarized in Tables 1 and 2. In Table 1, one observes that, following oleic acid

Table 1. *Effect of Oleic Acid on the Metabolism of Pyruvate in Perfused Livers of Fasted Rats*

|  | Pyruvate | Pyruvate + Oleic Acid |
|---|---|---|
| Glucose Production (μmoles/g/hr) | 22.6 ± 1.7 | 39.2 ± 3.2* |
| Glycogen Production (μmoles/g/hr) | 0 0.6 ± 1.6 | 10.6 ± 2.6* |
| Total Glucose Production (μmoles/g/hr) | 22.0 | 49.8 |
| $\Delta$ Medium Pyruvate (μmoles/g/hr) | 7.7 ± 3.5 | 0.0 ± 2.0 |
| $\Delta$ Medium Lactate (μmoles/g/hr) | 32.8 ± 6.4 | 21.1 ± 4.4* |
| $^{14}CO_2$ Production (% dose excreted/hr) | 52.3 ± 3.3 | 46.4 ± 3.0* |

* Differences between means significant at $p < 0.005$ as determined by paired "t" test.
Values are reported as the mean and S.E.M. of 6 observations.

addition, total glucose production (medium glucose and liver glycogen) is doubled, there is an increased $C_3$ utilization, and a decreased excretion of pyruvate-1-$^{14}$C as $^{14}CO_2$. A carbon balance from pyruvate in the control indicates that approximately 4 molecules of pyruvate are used for every glucose molecule formed (Table 2). In the experiment with oleic acid, the oxidation of pyruvate is inhibited markedly, and the ratio of pyruvate used to glucose formed approaches 2. The simplest explanation for these data is that oleic acid exerts a "sparing effect" on pyruvate oxidation. But the direct mechanism by which the pyruvic dehydrogenase is inhibited remains unclear. It is attractive to postulate that oleic acid provides the reducing equivalents for triose phosphate formation on the way to glucose synthesis, which would otherwise be provided by the oxidation of pyruvate itself.

HILZ: Mein früherer Mitarbeiter, Herr Dr. TARNOWSKI, hat an intakten Tieren unter verschiedenen gluconeogenetischen Bedingungen die Acetyl-CoA-Spiegel gemessen. Er findet beim Diabetes und nach Cortisolinjektion keinen Anstieg. Hier bleiben die Werte absolut konstant. Es bestehen also 2 eindeutige Ausnahmen, bei denen der Acetyl-CoA-Spiegel sich unter gluconeogenetischen Bedingungen nicht verändert. Das würde also gegen die Theorie sprechen.

SEUBERT: Darf ich dazu noch etwas sagen. Die Acetyl-CoA-Werte, die Herr TARNOWSKI mir geschickt hat, steigen aber unter Cortisol an. Sie müssen den Wert auf die DNS beziehen, dann hat er einen eindeutigen 50%igen Effekt.

Ross: The results being discussed here have been obtained in very different physiological states. Under several conditions, when gluconeogenesis is increased, as reported here by Dr. WILLMS in fed rat liver, from Professor

Table 2. *Effect of Oleic Acid on the Balance of Carbon from Pyruvate in Experiments with Perfused Livers of Fasted Rats*

|  | Pyruvate | Pyruvate + Oleic Acid |
|---|---|---|
| Pyruvat Infused * ($\mu$moles/g/hr) | 144.7 | 142.0 |
| $C_3$ Necessary for Glucose and Glycogen ($\mu$moles/g/hr), calculated | 44.0 | 99.6 |
| Increase of $C_3$ in Medium ($\mu$moles/g/hr), Measured | 40.5 | 21.1 |
| Ratio Pyruvate Removed / Glucose Formed, calculated | 4.74 | 2.43 |
| $\mu$moles $C_3$/g/hr (unaccounted for mainly oxidised) | 67.2 | 21.3 |

\* Calculated on the basis of 100% chemical purity of the sodium pyruvate. Purity determined enzymatically was 70—80%.
Values are reported as the mean of 6 experiments.

KREBS in kidney cortex slices and from Dr. SEUBERT with hydrocortisone in fed rats in vivo, acetyl-CoA also increases. What the experiments from Prof. WIELAND's laboratory attempted to show was that these two facts are not necessarily correlated. It could be shown in the appropriate situation, namely during hunger, that gluconeogenesis and ketogenesis were much stimulated, without the corresponding increase in acetyl-CoA. From this one, can make the general statement that acetyl-CoA did not activate pyruvate carboxylase under fasting conditions in perfusion.

KREBS: If I understood the conditions of your experiments correctly, wasn't the rate of glucose production from pyruvate in the order of 22 $\mu$mole/g/hr. Is that correct? That is a tremendously low rate; it can be several times faster under these conditions.

MENAHAN: The conditions of the perfusion have been changed since then. This is the reason why I didn't present these data together with my talk today. At the time the pyruvate experiments were conducted, we used Tyrode's buffer, which has a bicarbonate concentration of 10—12 mM. Since that time, we have changed the system and presently we use that described by Prof. KREBS with a 25 mM bicarbonate concentration and adjusted to pH 7,4 after the addition of albumin to the buffer.

# Untersuchungen über die Cortisol-glykoneo-genese in der isoliert perfundierten Rattenleber

Von

WOLFGANG STAIB, ROSEMARIE STAIB, JÖRG HERRMANN und
HANS G. MEIERS

unter Mitarbeit von

H. SCHLÄGER, M. SCHWENEN, K. H. RUDORFF und P. LUX *

*Aus dem Institut für Physiologische Chemie der Universität Düsseldorf*

Mit 5 Abbildungen

1940 beobachtete LONG[1] die sogenannte Cortisol-glykoneogenese. Seit dieser Entdeckung ist der Mechanismus der entscheidenden Primärwirkung bis heute noch nicht mit Sicherheit geklärt worden.

HÜBENER[2] schloß schon 1960 aus der Korrelation des Aktivitätsanstieges der Tryptophanpyrrolase (TP) mit dem zunehmenden Glykogeneinbau nach Cortisolgabe auf einen primär hepatischen Angriff und sah die Cortisol-glykoneogenese als Folge einer Induktion von Leberenzymen an.

Die bis zur 10. Stunde anhaltende Glykogenspeicherung und die Hemmung der Enzymaktivierung und Glykogenablagerung mit Antimetaboliten legte HÜBENER[2] als Kriterium für die Enzyminduktion aus. Das verabreichte Cortisol ist bereits nach 3—4 Std völlig inaktiviert, und die Glykogenablagerung folgt der Enzymaktivierung im Abstand von etwa 1—2 Std mit gleicher Kinetik.

Diese Auslegung der Befunde stützt sich auf die von KARLSON[3] entwickelte Theorie, daß Hormone durch Genaktivierung wirken. Diese Theorie wurde in der Folgezeit durch die Arbeiten von KEN-

---

* Die vorliegende Arbeit enthält Auszüge aus den Dissertationen von H. SCHLÄGER (1967/68), M. SCHWENEN (1967/68), K. H. RUDORFF (1966) und P. LUX (1968).

NEY[4], WEBER[5], ROSEN[6], SEKERIS[7], FEIGELSON[8], SEUBERT[9] und andere gestützt und weiter ausgebaut.

BARNABEI und SERENI[10] sowie GOLDSTEIN et al.[11] konnten zeigen, daß auch in der isolierten, mit verdünntem Rattenblut perfundierten Rattenleber Cortisol eine Aktivitätssteigerung der TP und der Tyrosin-$\alpha$-Ketoglutarat-Transaminase (TKT) hervorruft.

Uns interessierte zunächst die Fragestellung, ob die mit einem halbsynthetischen Medium nach SCHIMASSEK[12] isoliert perfundierte Rattenleber auch auf Cortisol mit einer Aktivitätssteigerung der TP antworten kann. Darüber hinaus wollten wir wissen, ob diese Lebern entsprechend vermehrt Glykogen unter Cortisol ablagern, und ob das Substrat für diese Glykoneogenese aus lebereigenem Protein stammt.

## Methodische Einzelheiten

Für die Versuche verwendeten wir mit Standardkost ernährte, männliche Wistar-Ratten mit einem durchschnittlichen Gewicht von 300—350 g. Jeweils 24 Std vor der Perfusion entzogen wir den Versuchstieren das Futter und gaben Wasser ad libitum.

Als Durchströmungsflüssigkeit verwendeten wir zunächst das von SCHIMASSEK[12] angegebene, standardisierte, halbsynthetische Medium. Auf Grund des häufig beobachteten Absinkens der pH-Werte sind wir bei späteren Versuchen dazu übergegangen, die von SCHIMASSEK angegebene Tyrodelösung durch Krebs-Ringer-Bicarbonatlösung zu ersetzen (siehe Seite 116). Letztere enthält doppelt so viel Bicarbonat wie die Tyrodelösung und besitzt deshalb eine wesentlich höhere Pufferkapazität. Die Zusammensetzung des Perfusionsmediums geht aus Tab. 1 hervor.

Durch die Zugabe von Binotal (Bayer) konnte das Wachstum von Bakterien, hauptsächlich von Colibacillen, bis zu 6 Std völlig unterdrückt werden.

Die Präparierung der Leber wurde im wesentlichen nach der Vorschrift von MILLER et al.[13] durchgeführt. Die anoxische Phase konnte durch vorheriges Freipräparieren der kleineren Leberläppchen im Anschluß an die Kanülierung des Ductus choledochus und Durchtrennung des Oesophagus um 1—2 min verkürzt werden. Das anoxische Intervall dauerte so im Durchschnitt 4—6 min.

Die Perfusionsapparatur entsprach zu Beginn der Untersuchungen dem von MILLER et al.[13] angegebenen System. Später benützten wir eine Eigenkonstruktion aus Plexiglas (s. Abb. 1). Diese Apparatur be-

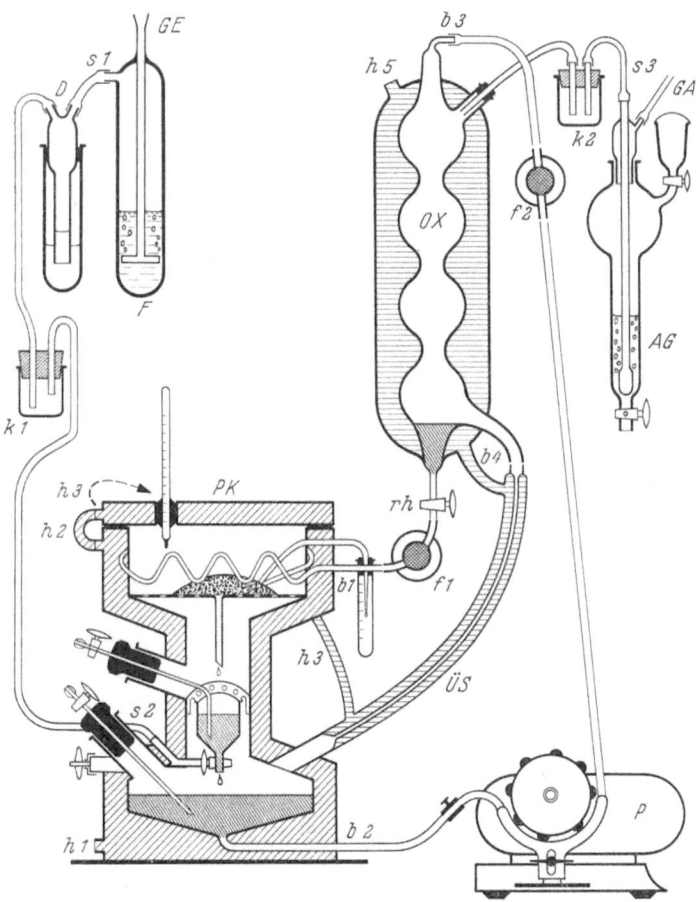

Abb. 1. Das Perfusionssystem. PK: Perfusionskammer, OX: Oxygenator, ÜS: Blut-Überlaufschlauch zum Blutreservoir der Perfusionskammer, rh: Hahn zur Regulierung des Blutdurchflusses durch die Leber, P: Rollenpumpe, F: Gefäß zur Anfeuchtung des Oxygenatorgases (aqua bidest.), D: Druckanzeiger — die Höhe der Wassersäule im Innenzylinder entspricht dem Unterdruck im Perfusionssystem, AG: Absorptionsgefäß — absorbiert wird radioaktiv markiertes $CO_2$ im ausströmenden Oxygenatorgas, f1/f2: Blutfilter, k1/k2: Auffanggefäße für Kondensationswasser, GE: Oxygenatorgas-Einstrom (95%/o $O_2$ — 5%/o $CO_2$), GA: Oxygenatorgas-Abzug durch eine Wasserstrahlpumpe, *Heizwasser-Umlauf:* Thermostat—h1—h2—h3—h4—h5—Thermostat, *Blut-Kreislauf:* Oxygenator—b1—Leber—b2—Pumpe—b3—Oxygenator, *Weg des Oxygenatorgases:* GE—s1—s2—ÜS—Oxygenator—s3—AG—GA—Wasserstrahlpumpe

steht aus einer doppelwandigen Lunge aus Glas und einem doppelwandigen Lebergefäß aus Plexiglas; beide Teile werden mit 38 °C warmem Wasser durchströmt, um eine gleichbleibende Temperatur im Innenraum zu gewährleisten. Die Durchflußgeschwindigkeit des Perfusionsmediums durch die Leber kann mittels eines graduierten Auffanggefäßes gemessen werden. Seitlich sind zwei Kanülen eingebaut, um venöses und gemischtes Blut zu entnehmen.

Tabelle 1. *Perfusionsmedium*

| | |
|---|---|
| 2,6 g | Serumalbumin vom Rind (Behring-Werke, Marburg) |
| 10,0 g | Hämoglobin in Form von 3mal mit Krebs-Ringer-Bicarbonatlösung gewaschenen Rindererythrocyten |
| 10,0 mg | Binotal (Bayer) |
| 1,0 mg | Terramycin |
| 0,6 ml | Liquemin (Roche) |
| ad 100 ml | Krebs-Ringer-Bicarbonatlösung |

## Ergebnisse und Diskussion

Die Lebern wurden mit 60 ml Perfusionsmedium 6 Std lang durchströmt. Bei einem Glucosespiegel von 200 mg%/o und mit 5 mg Cortisol erhielten wir nach 4 Std Perfusionszeit einen signifikanten Anstieg der TP-Aktivität (Abb. 2). Trotz der gesteigerten TP-Aktivität gelang es nicht, in der gleichen Leber eine signifikante Glykogenablagerung nachzuweisen (Abb. 3).

Sowohl MILLER[14] als auch die Arbeitsgruppe von WIELAND[15] konnten bei niedrigem Glucosespiegel im Perfusionsmedium keine gesteigerte Glykogenbildung mit und ohne Cortisol bzw. Corticosteron in der isoliert perfundierten Rattenleber feststellen.

WIELAND[15] fand aber bei hoher Glucosekonzentration von 400 mg%/o nach 6—8stündiger Corticosteroninfusion (50 $\mu$g/Std) signifikante Unterschiede in der Glykogenablagerung. Diese Unterschiede sind aber nicht als klassische Glykoneogenese gewertet worden.

Die Harnstoffwerte (Abb. 4) sprechen gegen die Annahme von HÜBENER[2], daß Leberprotein als Substrat für die Glykoneogenese herangezogen wird. Bei Anwesenheit von Cortisol ist nicht mehr Harnstoff pro Zeiteinheit gebildet worden als bei entsprechenden Kontrollversuchen.

Wir nehmen an, daß die Glykogenablagerung in der isoliert perfundierten Rattenleber unter Cortisol deshalb ausgeblieben ist, weil unter diesen Bedingungen nicht genügend Substrat zur Verfügung gestellt worden ist. Unsere Befunde stützen die Annahme, daß das Substrat für die Cortisolglykoneogenese in vivo offenbar aus der Peripherie stammt. Ob das Substrat durch primär hepatische Induktions-

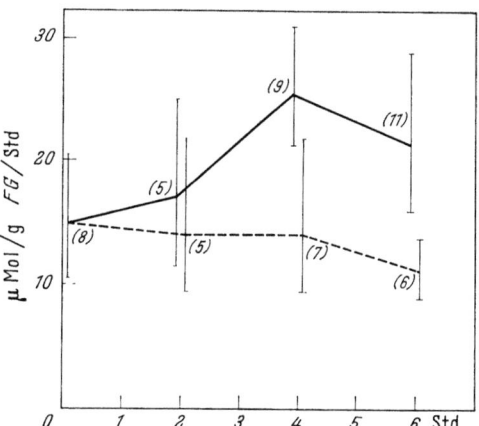

Abb. 2. Tryptophanpyrrolaseaktivität der Leber in μMol Kyn./g TG/Std.
---- ohne Cortisol, ——— mit Cortisol
± 1 s. In Klammern die Anzahl der Versuche

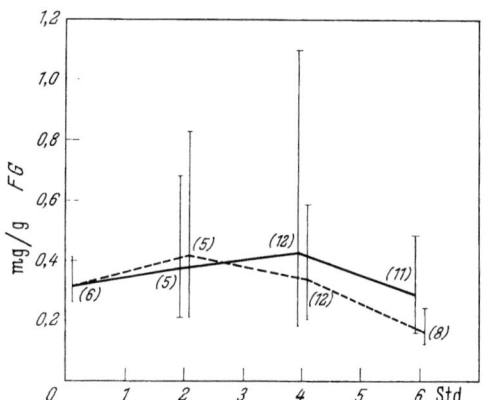

Abb. 3. Glykogenkonzentration der Leber in mg/g Feuchtgewicht
---- ohne Cortisol, ——— mit Cortisol
± 1 s. In Klammern die Anzahl der Versuche

vorgänge sekundär aus der Peripherie [16], oder durch primär extrahepatische Cortisolwirkungen[17, 18] liberiert wird, kann noch nicht entschieden werden.

In einer weiteren Untersuchungsreihe sollte der Nachweis erbracht werden, daß die isoliert perfundierte Rattenleber bei entsprechendem Substratangebot und Cortisolvorbehandlung in vivo vermehrt Glyko-

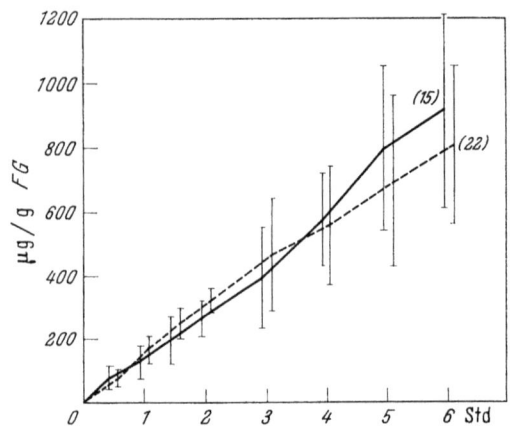

Abb. 4. Harnstoff cum. in µg/g Feuchtgewicht. - - - - ohne Cortisol, ——— mit Cortisol. ±1 s. In Klammern die Anzahl der Versuche

gen ablagern kann. Hierzu wurden 24-Std-Fastenratten mit 5 mg Cortisol/100 g K.-Gew. 4 Std lang vorbehandelt. Danach wurden die Lebern herausoperiert und 4 Std lang mit Aminosäuren (Caseinhydrolysat) und mit Glucose angereichertem, halbsynthetischem Perfusionsmedium durchströmt. Die Ergebnisse sind in Abb. 5 zusammengefaßt. Aus der Abb. 5 geht deutlich hervor, daß die isoliert perfundierte Rattenleber nicht nur in der Lage ist, Glykogen zu bilden, sondern darüber hinaus nach Cortisolvorbehandlung und bestimmtem Substratangebot signifikant *mehr* Glykogen als die Kontrollen abzulagern. Die beste Glykogenbildung erhielten wir bei Anwesenheit von 500 mg Glucose und 100 mg Caseinhydrolysat. Die Unterschiede zwischen den Ergebnissen mit und ohne Aminosäurenzusatz sind signifikant. Die Cortisol-vorbehandelte Leber kann sowohl bei hohem als auch bei niedrigem Glucosespiegel in Anwesenheit von Aminosäuren signifikant mehr Glykogen bilden und speichern als entsprechende Kontrollen ohne Aminosäuren.

Im vergangenen Jahr ist von LARDY[19] der sogenannte paradoxe Tryptophaneffekt auf die Gluconeogenese beschrieben worden. Diesen Effekt konnten wir, wie aus der Tab. 2 hervorgeht, in in vivo Ver-

Untersuchungen über die Cortisol-glykoneogenese 161

suchen bestätigen. Danach wird die Alanin-, Asparagin- und Cortisolglykoneogenese durch intraperitoneal verabreichte Tryptophanmengen gehemmt. Einzelheiten über die Versuchsanordnung sind aus der Legende zur Tab. 2 zu entnehmen.

In der Annahme, daß die Hemmung durch einen Tryptophanmetaboliten verursacht wird, untersuchten wir den Einfluß verschiedener Indolderivate und der Nikotinsäure auf die Alanin- und Cortisol-glykoneogenese. Außer Indol hemmen alle getesteten Indolderivate und auch die Nicotinsäure in der verwendeten Dosierung die Glykoneogenese partiell (Tab. 2).

Aus der Tab. 2 geht in guter Übereinstimmung mit LARDY[19] hervor, daß bei der durch Tryptophan blockierten Alanin- bzw. Cortisolglykoneogenese die Malat-, Lactat- und Pyruvatkonzentrationen in der Leber ansteigen und die Phosphoenolpyruvatkonzentration abnimmt.

Die gleichen Substrate verhalten sich bei Anwesenheit von Indolderivaten und von Nicotinsäure ähnlich wie die Kontrollversuche. Somit ist keiner der untersuchten Tryptophanmetaboliten für den paradoxen Effekt verantwortlich zu machen.

Das Tryptophan, bzw. der noch unbekannte Metabolit, erhöhen in

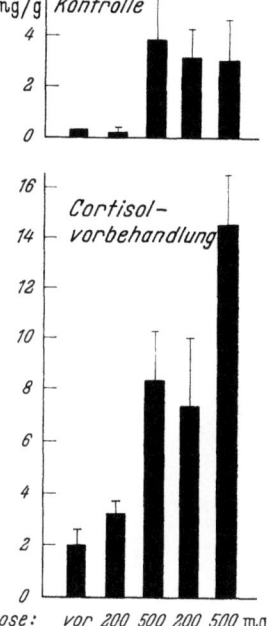

Abb. 5. Glykogenablagerung in der isoliert perfundierten Rattenleber. 24-Std-Fastenratten erhielten 5 mg Cortisol/100 g K.-Gew. per oral; Kontrolltiere entsprechend Lösungsmittel. 4 Std nach der Behandlung wurde die Leber herausoperiert und 4 Std lang mit 100 ml Perfusionsmedium (s. Tab. 1) isoliert durchströmt. Dem Medium wurde je nach Versuchsanordnung Glucose bzw. ein Aminosäurengemisch in Form von Caseinhydrolysat zugesetzt. Die Säulen stellen Mittelwerte ± Standardabweichung des Mittelwertes aus je 2—4 Einzelwerten dar

Tabelle 2. *In vivo-Untersuchungen über den paradoxen Tryptophaneffekt von* Lardy[19]

250—300 g schwere Fastenratten (24 Std) erhielten die unter „Versuchsanordnung" stehenden Substanzen per oral bzw. intraperitoneal in der angegebenen Dosierung verabreicht. 6 Std danach wurde die Leber in Evipannarkose (15 mg/100 g K.-Gew.) mittels Frierstop entnommen. Die Werte stellen Mittelwerte aus je 4 Einzelversuchen dar.

| Versuchsanordnung | Dosis mMol/100 g KG | Glykogen mg/g LFG | PEP μMol/g | Malat μMol/g | Pyruvat μMol/g | Lactat μMol/g |
|---|---|---|---|---|---|---|
| 30 Std Hunger | — | 0,326 | 0,132 | 0,28 | 0,054 | 0,67 |
| Cortisol p.o. | 0,011 | 11,21 | 0,105 | 0,26 | 0,061 | 0,93 |
| Alanin p.o. | 5,6 | 8,86 | 0,145 | 0,38 | 0,08 | 1,01 |
| Asparginsäure p.o. | 3,75 | 9,29 | 0,165 | 0,24 | 0,08 | 0,86 |
| Cortisol/Tryptophan p.o./i.p. | 0,011/0,25 | 0,254 | 0,004 | 1,32 | 0,34 | 2,87 |
| Alanin/Tryptophan p.o./i.p. | 5,6/0,25 | 0,24 | 0,03 | 1,33 | 0,19 | 2,10 |
| Asparginsäure/Tryptophan p.o./i.p. | 3,75/0,25 | 0,76 | 0,005 | 1,11 | 0,145 | 2,00 |
| Cortisol/Indolbrenztraubenäure p.o./i.p. | 0,011/0,25 | 3,33 | 0,16 | 0,44 | 0,049 | — |
| Alanin/Indolbrenztraubensäure p.o./i.p. | 5,6/0,25 | 2,78 | 0,15 | 0,27 | 0,11 | 0,97 |
| Cortisol/Indolessigsäure p.o./i.p. | 0,011/0,25 | 3,39 | 0,15 | 0,12 | 0,09 | 0,86 |
| Alanin/Indolessigsäure p.o./i.p. | 5,6/0,25 | 2,50 | 0,16 | 0,23 | 0,101 | 1,01 |
| Cortisol/Indol p.o./i.p. | 0,011/0,25 | 10,3 | 0,42 | 0,23 | 0,05 | 0,73 |
| Alanin/Indol p.o./i.p. | 5,6/0,25 | 11,71 | 0,17 | 0,26 | 0,17 | 1,72 |
| Cortisol/Nicotinsäure p.o./i.p. | 0,011/0,25 | 0,54 | 0,23 | 0,30 | 0,09 | 1,01 |
| Alanin/Nicotinsäure p.o./i.p. | 5,6/0,25 | 3,87 | 0,18 | 0,34 | 0,08 | 0,85 |

vivo die Aktivität der PEP-Carboxykinase, hemmen aber paradoxerweise die Glykoneogenese (LARDY[19]). Dabei steigen die bei der Alaninglykoneogenese vor der genannten Enzymreaktion liegenden Substratkonzentrationen wie z. B. Oxalacetat, Malat, Lactat und Pyruvat an, während die Substratkonzentrationen jenseits der PEP-Carboxykinase, also Phosphoenolpyruvat etc. abnehmen.

Tabelle 3. *Untersuchungen über den paradoxen Tryptophaneffekt von LARDY [19] an der isoliert perfundierten Rattenleber*
Die Lebern von 250—300 g schweren Fastenratten (24 Std) wurden nach Durchspülen mit 50 ml hämoglobinfreiem Perfusionsmedium [Krebs-Ringer-Bicarbonatlösung, enthält in 100 ml 3 g Albumin (Behringwerke) und 1 ml Liquemin (Roche)] in die Apparatur gelegt und 2 Std lang mit 50 ml des gleichen Perfusionsmediums kontinuierlich durchströmt. Die unter der Versuchsanordnung genannten Substanzen wurden zu Beginn der Perfusion dem Medium zugesetzt. Cortisol und Tryptophan wurden nach Ablauf von 1 Std erneut zugeführt. Unter „Dosis" sind die Gesamtmengen der verabreichten Substanzen angegeben. Die Werte stellen Mittelwerte aus je 4 Einzelversuchen dar

| Versuchs-anordnung | Dosis mMol/100 g KG | Glucose µMol/g LFG/2 Std | PEP µMol/g | Malat µMol/g |
|---|---|---|---|---|
| Leer | — | 4,63 | 0,015 | 0,03 |
| Cortisol | 0,022 | 19,4 | 0,02 | 0,07 |
| Alanin | 0,5 | 12,6 | 0,08 | 0,11 |
| Cortisol + Tryptophan | 0,022/0,24 | 8,5 | 0,004 | 0,56 |
| Alanin + Tryptophan | 0,5/0,24 | 7,47 | 0,02 | 0,28 |

In einer letzten Versuchsreihe untersuchten wir dann den Tryptophaneffekt auf die Alanin- bzw. Cortisol-glyconeogenese an der isoliert perfundierten Leber von 24-Std -Fastenratten. Hierzu verwendeten wir in Anlehnung an EISENSTEIN et al.[20] und SCHOLZ[21] ein hämoglobinfreies Krebs-Ringer-Albuminmedium (50 ml) und fügten zu Beginn der Perfusion Alanin, Cortisol und Hemmsubstanzen zu. Nach Ablauf einer Stunde wurden erneut Cortisol und die Hemmsubstanzen hinzugegeben. Einzelheiten über die Versuchsanordnung sind der Legende zur Tab. 3 zu entnehmen.

Wie aus der Tab. 3 ersichtlich ist, konnte der Tryptophaneffekt auch an der isolierten, hämoglobinfrei perfundierten Rattenleber nachgewiesen werden. Sowohl die durch Alanin, als auch die durch Cortisolhemisuccinat gebildete Glucosemenge wird durch Tryptophan vermindert. Die Wirkung des Tryptophans auf die Malat- und PEP-Konzentrationen konnte auch an der isoliert perfundierten Rattenleber nachgewiesen werden. Demnach muß das Tryptophan, bzw. sein Metabolit, direkt an der Leber angreifen. Zu ähnlichen Ergebnissen sind auch SCHOLZ et al.[22] gekommen.

## Zusammenfassung

Unsere Untersuchungen an der isoliert perfundierten Rattenleber haben gezeigt, daß Cortisol einen direkten Einfluß auf die Leber ausübt. Unter Cortisol steigt die Enzymaktivität der Tryptophanpyrrolase auch bei Verwendung eines standardisierten, halbsynthetischen Perfusionsmedium innerhalb von 4 Std signifikant an. Allerdings konnte die in vivo hiermit korrelierende Glykogenablagerung in Übereinstimmung mit der Literatur nicht beobachtet werden.

Setzt man aber einer in vivo mit Cortisol vorbehandelten Leber während der Perfusion Substrate wie Aminosäuren und Glucose zu, so erhält man eine Glykogenablagerung, die durchaus der Größenordnung von in vivo-Versuchen entspricht.

Der paradoxe Tryptophaneffekt von LARDY läßt sich auch an der isoliert perfundierten Rattenleber nachweisen. Nach LARDY scheint dieser Effekt an der PEP-Carboxykinase der Leber anzugreifen, da sich bei Anwesenheit von Tryptophan und Alanin die Substrate Oxalacetat, Malat, Lactat und Pyruvat anhäufen, und Phosphoenolpyruvat absinkt. Unsere in vivo-Befunde decken sich mit den an der isoliert perfundierten Rattenleber gewonnenen Ergebnissen.

Es handelt sich offenbar um einen Effekt, der weder auf Nicotinsäure noch auf die von uns untersuchten Indolderivate zurückgeführt werden kann, und der wahrscheinlich durch einen anderen Tryptophanmetaboliten verursacht wird.

## Literatur

[1] LONG, C. N. H., B. KATZIN, and E. G. FRY: Endocrinology **26**, 309 (1940).
[2] HÜBENER, H. J.: Z. physiol. Chemie **322**, 135 (1960). — DEGENHARDT, G., J. ALESTER u. H. J. HÜBENER: Z. physiol. Chemie **323**, 278 (1961). — HÜBENER, H. J.: Dtsch. med. Wschr. **87**, 438 (1962). — EWALD, W., H. J. HÜBENER u. E. WIEDEMANN: Z. phys. Chemie **333**, 37 (1963).
[3] KARLSON, P.: Dtsch. med. Wschr. **86**, 668 (1961); Persp. Biol. Med. **6**, 203 (1963).

[4] KENNEY, F. T.: Fed. Proc. **19**, 4 (1960). — KENNEY, F. T., u. R. M. FLORA: J. Biol. Chem **236**, 2699 (1961). — KENNEY, F. T., u. F. J. KULL: Proc. nat. Acad. Sci. **50**, 493 (1963).
[5] WEBER, G., G. BANERJEE, u. S. B. BRONSTEIN: Biochim. Biophys. Res. Comm. **4**, 332 (1961). — WEBER, G., E. ALLARD, G. de LAMIRANDE u. A. CANTERO: Biochim. Biophys. Acta **16**, 618 (1955); Endocrinology **58**, 232 (1956).
[6] ROSEN, F., N. R. ROBERTS u. C. A. Nichol: J. Biol. Chem. **234**, 476 (1959). — ROSEN, F., R. J. MILHOLLAND u. C. A. NICHOL, zitiert von C. A. NICHOL and F. ROSEN in: LITWACK und KRITCHEVSKY: Actions of hormones on molekular processes. New York, London, Sydney: John Wiley 1964.
[7] SEKERIS, C. E., u. N. LANG: Life Sci. **3**, 169 (1964). — LANG, N. u. C. E. SEKERIS: Z. phys. Chem. **339**, 238 (1964). — DUKES, P. P. u. C. E. SEKERIS: Z. phys. Chem. **341**, 149 (1965).
[8] FEIGELSON, P., u. O. GREENGARD: J. Biol. Chem. **237**, 3714 (1962). — FEIGELSON, P. u. M. FEIGELSON in: G. LITWACK und D. KRITCHEVSKY: Actions of hormones on molekular processes. New York, London, Sydney: John Wiley 1964.
[9] HENNING, H. V., J. SEIFERT u. W. SEUBERT: Biochim. Biophys. Acta **77**, 345 (1963). — HENNING, H. V. u. W. SEUBERT: Biochem. Z. **340**, 160 (1964). — SEUBERT, W. u. W. HUTH: Biochem. Z. **343**, 176 (1965). — SEUBERT, W. u. W. PRINZ: Z. klin. Chemie **3**, 210 (1965). — HENNING, H. V., B. STUMPF, B. OHLIG u. W. SEUBERT: Biochem. Z. **344**, 274 (1966).
[10] BARNABEI, O. u. F. SERENI: Biochim. Biophys. Acta **91**, 239 (1964).
[11] GOLDSTEIN, L., E. J. STELLA u. W. E. KNOX: J. Biol. Chem. **237**, 1723 (1962).
[12] SCHIMASSEK, H.: Biochem. Z. **336**, 460 (1963).
[13] MILLER, L. L., C. C. BLY, M. L. WATSON u. W. F. BALE: J. exp. Med. **94**, 431 (1951).
[14] —, Rec. Progr. in Hormone Res. **17**, 539 (1961).
[15] MATSCHINSKY, F., U. MEYER u. O. WIELAND: Klin. Wschr. **39**, 818 (1961).
[16] BETHEIL, J. J., M. FEIGELSON u. P. FEIGELSON: Biochim. Biophys. Acta **104**, 92 (1965).
[17] DRURY, D. R.: J. clin. Endocrinol. **2**, 421 (1942).
[18] INGLE, D. J.: Endocrinology **31**, 419 (1942).
[19] FORSTER, D. O., P. D. RAY u. H. A. LARDY: Biochemistry **5**, 563 (1966). — RAY, P. D., D. O. FORSTER u. H. A. LARDY: J. Biol. Chem. **241**, 3904 (1966).
[20] EISENSTEIN, A. B., S. SPENCER, S. FLATNESS u. A. BROTSKY: Endocrinology **79**, 182 (1966).
[21] SCHNITTGER, H., R. SCHOLZ, TH. BÜCHER u. D. W. LÜBBERS: Biochem. Z. **341**, 334 (1965). — SCHOLZ, R. und TH. BÜCHER in: B. Chance: Control of energy metabolism, p. 393. New York: Academic Press 1965.
[22] PATAT, U., W. KLEINOW u. R. SCHOLZ: Vortrag auf der Herbsttagung der Gesellschaft für Physiologische Chemie vom 13. bis 15. 10. 1966 in Marburg/Lahn.

## Diskussion

KOBLET: Kann die sogenannte Enzyminduktion auch in der isoliert perfundierten Leber durch Aktinomycin bzw. Puromycin blockiert werden? Ich frage deshalb, weil es sich z. B. bei der Tryptophanpyrrolase-Induktion nur z. T. um eine de novo-Synthese handelt, z. T. spielt die Substrataktivierung mit.

STAIB: GOLDSTEIN et al. [J. B. C. **237**, 1723 (1962)] konnten die cortisolinduzierten Aktivitätssteigerungen der TP und TKT in der isoliert perfundierten Rattenleber durch Puromycin unterdrücken. Nach BARNABEI u. SERENI [BBA **91**, 239 (1964)] steigt unter Cortisol nicht nur die Aktivität der TKT an, sondern auch der $^{14}C$-Orotsäureeinbau in die kern- und cytoplasmatische RNS-Fraktion. Sowohl Actinomycin D, als auch Mitomycin C, hemmen die Cortisoleffekte. Die Autoren konnten auch zeigen, daß die Aktivität der Kern-RNS-Polymerase unter Cortisol stimuliert wird. Aus diesen Befunden wird in Analogie zu den bekannten in vivo-Versuchen auf eine cortisolbedingte Steigerung der Proteinsynthese geschlossen. Meines Wissens ist aber der Nachweis einer de novo-Proteinsynthese mittels immunchemischer Titration und Einbau radioaktiver Aminosäuren an der isoliert perfundierten Rattenleber noch nicht erbracht worden.

BAGGIOLINI: Sind in diesem Zusammenhang auch Antimetabolite eingesetzt worden?

STAIB: Soweit ich die Literatur über Leberperfusionsversuche überblicke, nein!

WIELAND, O.: Warum verwenden Sie Cortisol und nicht Corticosteron, das physiologische Glucocorticoid der Ratte? In unseren vor etwa 6 Jahren durchgeführten Glykogenversuchen verwendeten wir Corticosteron.

STAIB: Wir verwendeten in unseren Versuchen Cortisol aus Vergleichsgründen. Sehr viele Arbeitsgruppen haben in den letzten Jahren ihre Versuche mit Cortisol durchgeführt. Außerdem ist der Effekt auf die Glykogenese mit Cortisol an der Ratte ausgezeichnet nachweisbar.

SEUBERT: Es wäre vielleicht noch sinnvoller, synthetische Hormonpräparate zu verwenden. Triamcinolon und Dexamethason z. B. werden ja viel langsamer als Cortisol oder Corticosteron abgebaut.

STAIB: Ich möchte den Vorschlag von Herrn SEUBERT unterstützen. WEBER konnte z. B. 4—5 Std nach Injektion von Triamcinolon einen signifikanten Anstieg der G-6-Pase und F-D-Pase in der Leber von gefütterten bzw. Fastenratten beobachten. Mit entsprechenden Cortisoldosen sind nur geringe Effekte auf die beiden Enzyme nachweisbar.

HILZ: EISENSTEIN hat in einer kürzlich publizierten Arbeit mitgeteilt, daß die isoliert perfundierte Leber von adrenalektomierten Ratten nur mit Alanin als Substrat auf Cortisol mit einer gesteigerten Glucogenese antwortet, aber nicht mit Lactat oder Pyruvat. Danach soll Cortisol nur auf die Glucogenese aus Aminosäuren einwirken. Was halten Sie von dieser Theorie?

## Diskussion

STAIB: Der Cortisoleffekt auf die Alaningluconeogenese ist bei den Eisenstein'schen Versuchen nur an Lebern von adrenalektomierten Tieren nachweisbar. Isoliert perfundierte Lebern von normalen Ratten zeigten keinen entsprechenden Effekt. Die Glucosebildung aus Alanin war bei den adrenalektomierten Tieren wesentlich geringer als bei den normalen Ratten, und in Anwesenheit von Cortisol wurde die Glucosebildung aus Alanin aber nur bis zur Norm erhöht. In vivo erhalten wir aber beim normalen Tier einen deutlichen Cortisoleffekt auf die Gluconeogenese. Offenbar sind die Stoffwechselverhältnisse des adrenalektomierten Tieres nicht so einfach mit denjenigen des normalen Tieres vergleichbar. Möglicherweise spielen Membranveränderungen hierbei eine Rolle, die durch Cortisolsubstitution wieder normalisiert werden.

HILZ: Nach der Adrenalektomie findet keine Enzyminduktion mehr statt. Deswegen findet EISENSTEIN eine niedrigere Glucosebildung aus Alanin. Der beschriebene Effekt spricht für die Wirkung des Cortisols auf die Bildung von Glucose aus Alanin. Wie stehen Sie zu der Diskrepanz, daß Glucagon und Cortisol, also zwei ganz verschiedene Hormone, gluconeogenetisch wirksam sind.

KREBS: Die Beantwortung Ihrer allgemeinen Frage, warum zwei ganz verschiedene Hormone denselben Vorgang beeinflussen können, ist nicht schwierig. Die Gluconeogenese ist ja ein komplizierter Prozeß, der mindestens 12 verschiedene Fermente benötigt, von denen mehrere geschwindigkeitsbestimmend sein können. Die genannten Hormone wirken letzten Endes katalytisch. Es bestehen aber fundamentale Unterschiede zwischen den Wirkungen des Glucagon und der NN-Steroide. Das Glucagon wirkt sofort; das können wir in Perfusionsversuchen mit Lactat zeigen. Dagegen brauchen die Steroide mindestens Stunden, bis die Maximalwirkung erreicht ist. Das wird eben dadurch erklärt, daß sie die Proteinsynthese beeinflussen. In dem einen Fall handelt es sich um eine Wirkung (über die wir noch nichts im einzelnen wissen) zwischen Hormon und Ferment, und im anderen Fall handelt es sich um die Wirkung eines Hormons auf die Fermentsynthese. Aber das ist nur eine allgemeine Antwort auf Ihre Frage.

HILZ: Würden Sie sagen, die Angriffspunkte sind im Prinzip gleich? Das eine ist eine Aktivierung und das andere ist Enzyminduktion.

KREBS: Ihre Frage läßt sich kaum auf eine so einfache Formel zurückführen. Enzymaktivierung und Induktion einer Enzymsynthese sind schließlich nicht dasselbe.

# Nucleinsäurestoffwechsel

## Nucleinsäurestoffwechsel in der isoliert perfundierten Leber[*]

Von

GEORG B. GERBER

*Euratom und C. E. N. Dep. Radiobiologie, Mol, Belgien*

Mit 6 Abbildungen

Die Veränderungen der Aktivität von Enzymen des Nucleinsäurestoffwechsels während der Leberregeneration waren Gegenstand zahlreicher Untersuchungen. Dennoch kennen wir nicht die Schritte, die die Reaktionsgeschwindigkeiten der Nucleinsäurensynthese *in vivo* bestimmen und die Mechanismen, über die sie reguliert wird. Wir haben uns daher als Ziel gesetzt, verschiedene Reaktionen des Nucleinsäurestoffwechsels daraufhin zu untersuchen, wie groß die Reaktionsgeschwindigkeit *in vivo* ist, und ob die Enzym- oder die Substratkonzentration die Geschwindigkeit bestimmt. Diese Versuche wurden an perfundierter, normaler und regenerierender Leber, an perfundiertem Darm, sowie auch an diesen Organen nach Bestrahlung durchgeführt. Man verfügt so über Systeme, bei denen a) die Zellen in Ruhephase sind, b) die Zellen sich nach Stimulation aus der Ruhepause heraus synchron teilen, und c) die Zellen sich quasi kontinuierlich teilen. Gelegentlich wurden diese Untersuchungen durch Nierenperfusionen ergänzt, wo man Zellen in Ruhephase studieren kann, die nicht die Fähigkeit zum Abbau des Pyrimidinrings besitzen.

Die Leberperfusion wurde modifiziert nach MILLER[6] durchgeführt, die Darmperfusion nach einer von uns entwickelten Methode[3]. Wir benutzen für die Perfusion verdünntes Rattenblut (3 Teile Blut — 1 Teil Ringer) um der Substratkonzentration *in vivo* möglichst nahe zu kommen. Daher wird auch regenerierende Leber mit Blut von partiell hepatektomierten Ratten und bestrahlte Leber mit Blut bestrahlter Ratten perfundiert. Künstliche Perfusionssysteme (Rattenerythrocy-

---

[*] Diese Veröffentlichung ist No 303 der Abteilung Biologie Euratom (Kontrakt No 053-64-3 BIO).

ten in Serumalbumin — Ringer-Glucose) wurden gelegentlich verwandt und ergaben ähnliche Resultate für den Pyrimidinabbau. Dagegen zeigte sich die regenerierende Leber während der ersten Stunden nach partieller Hepatektomie empfindlich auf künstliche Perfusionsysteme und insbesondere die RNS-Synthese und die Bildung von UTP waren gestört.

Bei unseren Versuchen gingen wir vom Stoffwechsel des Thymidins aus, da dieses in der DNS spezifische Nucleosid vielfach für Untersuchungen der DNS-Synthese und der Zellkinetik verwandt wird. Rückwärtsschreitend im Stoffwechsel der Pyrimidine haben wir dann das Deoxyuridin und Deoxycytidin untersucht und uns schließlich mit dem Stoffwechsel des Orotats und seinem Einbau in die RNS befaßt.

Die Abb. 1 zeigt einen Versuch bei dem 5 γ H³ markierten Thymidins der Perfusion einer regenerierenden Leber 24 Std nach partieller Hepatektomie zugegeben wurde. Radioaktives Thymidin verschwindet rasch mit einer Halbwertzeit von weniger als 30 min. Nach Aufnahme durch die Leber — etwa 30 %/o beim einmaligen Durchfluß — wird es zu Thymin, Dihydrothymin und β-Aminoisobuttersäure (BAIBA) abgebaut. BAIBA ist der wichtigste Metabolit in der Leber, wo sich nur Spuren von Thymidin nachweisen lassen. Beim weiteren Abbau der BAIBA wird das Tritium von der CH₃-Gruppe frei und volatile Radioaktivität wird gebildet. Versuche mit einer Mischung von Tritium und ¹⁴C, in CH₃-markiertem Thymidin zeigen, daß die BAIBA die gesamte Tritiumradioaktivität

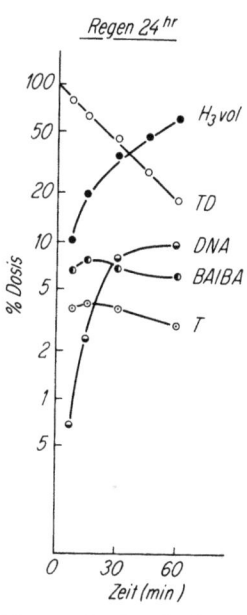

Abb. 1. Stoffwechsel von 500 µC ³H-Thymidin in der isoliert perfundierten regenerierenden Leber 24 Std nach partieller Hepatektomie. Abkürzungen: TD = Thymidin, T = Thymin, BAIBA = β-Aminoisobuttersäure

des Thymidins besitzt. Von den folgenden Metaboliten konnte Radioaktivität bisher nur in Glucose und vermutlich in Methylmalonat nachgewiesen werden. Neben dem Abbau, wird Thymidin zu einem beträchtlichen Teil (10—15%) in die DNS regenerierender Leber eingebaut. Dagegen werden nur etwa 0,2% des zugegebenen Thymidins in die DNS normaler Leber eingebaut. Der Einbau geht sehr rasch vor sich[2] und ist nach etwa 30 min abgeschlossen, da dann alles Thymidin für den Abbau oder den Einbau in die DNS verbraucht ist. Gibt man eine weitere Dosis Thymidin 3 Std. nach Beginn der Perfusion, so wird diese in gleichem Umfang wie die erste Dosis in die DNS eingebaut, ein Beweis dafür, daß die Leber während der Perfusion intakt bleibt.

Um zu bestimmen, in welchem Umfang die verschiedenen Reaktionen des Abbaus und des Einbaus in die DNS *in vivo* gesättigt sind, haben wir solche Versuche bei verschiedenen Substratkonzentrationen durchgeführt[3]. Es wurde gezeigt, daß der Abbau des Thymidins um etwa einen Faktor 200 zunimmt, wenn man die Thymidinkonzentration um das 1000fache erhöht. Alle Abbaureaktionen nehmen an die-

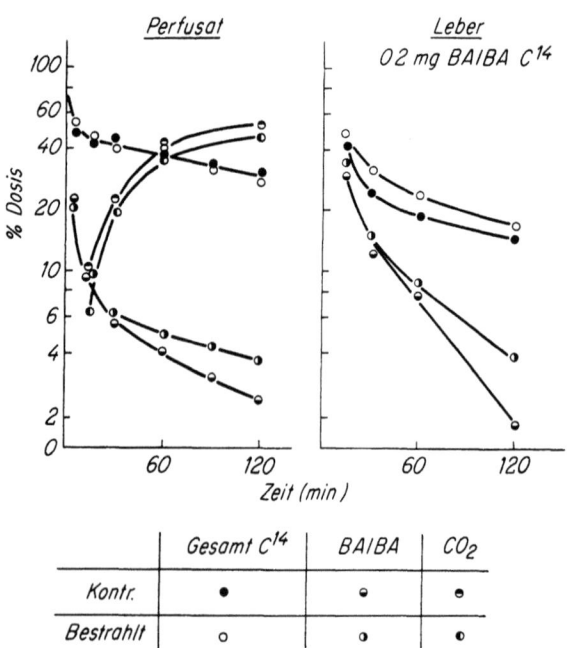

Abb. 2. Abbau von 0,2 mg 3-$^{14}$C-markierter β-Aminoisobuttersäure (BAIBA) durch normale und bestrahlte perfundierte Rattenleber. Ganzkörperbestrahlung mit 1000 R wurde 24 Std vor der Perfusion durchgeführt

ser Zunahme etwa im gleichen Umfang teil. Der Abbau von Thymidin über die BAIBA hinaus — also die Bildung volatiler Aktivität — erfolgt nur wenig langsamer als die Bildung von BAIBA. Dies wird auch durch Versuche mit $^{14}$C-markierter BAIBA bestätigt (Abb. 2, 3). Daher werden bei diesen Versuchen nur gering Metaboliten angehäuft. Auch der Einbau in die DNS nimmt mit der Thymidinkonzentration zu, allerdings weit weniger als der Abbau. Die Radioaktivität in Thymidinphosphaten ist im allgemeinen gering, selbst bei hohen Substratmengen, außer wenn die Perfusion 16—18 Std nach partieller Hepatektomie stattfand. Eine Bestimmung der spezifischen Aktivität des Thymidinphosphats ist so nicht möglich. Daher läßt sich sagen, ob die Zunahme des Thymidineinbaus mit der Substratkonzen-

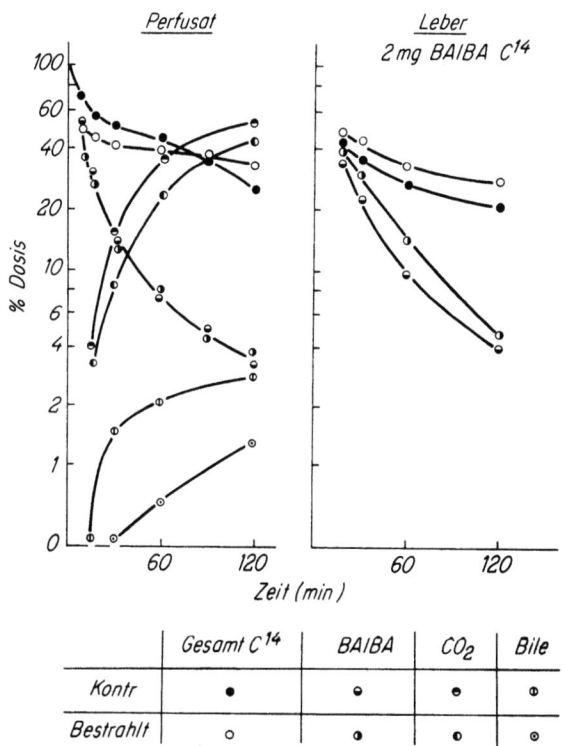

Abb. 3. Abbau von 2 mg 3-$^{14}$C-markierter β-Aminoisobuttersäure (BAIBA) durch normale und bestrahlte perfundierte Rattenleber. Ganzkörperbestrahlung (1000 R) wurde 24 Std vor der Perfusion durchgeführt

tration nur eine Folge der Überschwemmung des Pols endogen synthetisierten Thymidinphosphats ist. Ähnliche Versuche, mit verschiedenen Mengen Thymidins, wurden auch am perfundierten Darm durchgeführt. Sie zeigen, daß im Darm zwar Thymin und Dihydrothymin, jedoch keine BAIBA gebildet werden kann. Ein Einbau in die DNS findet auch im Darm statt und hängt in ähnlicher Weise von der Thymidinkonzentration ab wie in der Leber. Die perfundierte Niere wie auch eviszierte Präparation bilden gleichfalls keine oder wenig BAIBA.

Um die *de novo* Synthese von Thymidinphosphat zu bestimmen, haben wir den Stoffwechsel von Deoxyuridin untersucht. Deoxyuridin verhält sich analog dem Thymidin. Der Abbau ist außerordentlich

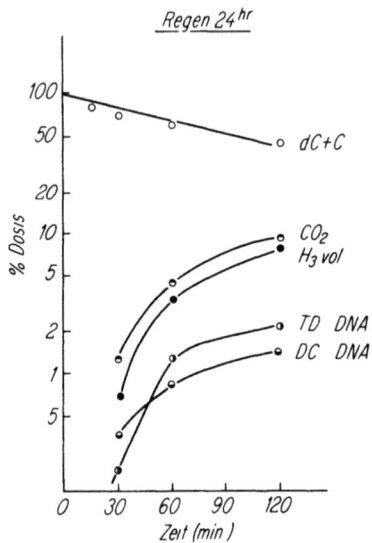

Abb. 4. Stoffwechsel von 250 µC H³-Deoxycytidine in der isoliert perfundierten Leber 24 Std nach partieller Hepatektomie. Abkürzungen: DC = Deoxycytidin, C = Cytosin

rasch und ebenso ungesättigt wie bei Thymidin. Dabei bildet sich vor allem Uracil, Dihydrouracil und $\beta$-Alanin. Der prozentuale Einbau in die DNS ist etwas geringer als für Thymidin, nimmt aber in gleicher Weise mit der Substratmenge zu. Eine Anhäufung von Nucleotiden wird nicht beobachtet. Man mag daraus schließen, daß in regenerierender Leber die Aktivität der Thymidilatsynthetase nicht die Geschwindigkeit der Synthese der DNS und des Thymidins bestimmt.

Wieder einen Schritt weiter zurück in der Reaktionskette der Pyrimidinnucleoside folgt Deoxycytidin. Im Gegensatz zu Deoxyuridin und Thymidin wird Deoxycytidin nur wenig abgebaut[4] (Abb. 4). Radioaktives $CO_2$ wird aus 2-$^{14}$C-Deoxycytidin gebildet, wenn der Pyrimidinring über Uracil oder Thymidin abgebaut wird. Dieser Abbau beträgt in regenerierender Leber nur etwa 0,07 µg pro Stunde und g Leber gegenüber 10 µg für Thymidin und Deoxyuridin. In normaler Leber ist der Abbau noch wesentlich geringer (0,003 µg), da die Deoxycytidilatdeaminase erst für die Regeneration gebildet wird[1].

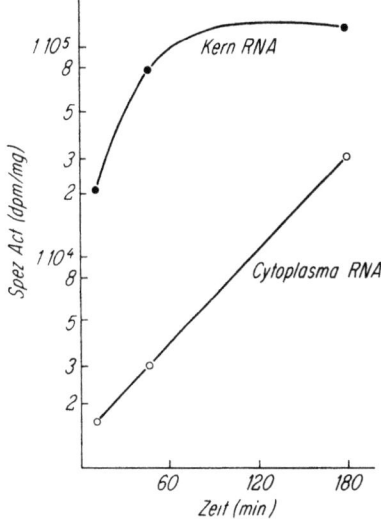

Abb. 5. Einbau von 6-$^{14}$C-markiertem Orotat in Kern- und Cytoplasma-RNS durch die isoliert perfundierte Rattenleber [5]

Deoxycytidin wird auch in die DNS eingebaut und zwar etwa zu gleichen Teilen als Deoxycytidin und Thymidin. Der Einbau als Thymidin ist etwas gegenüber dem als Deoxycytidin verzögert. Allerdings ist der Prozentsatz eingebauten Deoxycytidins wesentlich geringer als der von Deoxyuridin oder Thymidin.

Weitere Untersuchungen, die in Zusammenarbeit mit Dr. GOUTIER (Mol) durchgeführt werden, beschäftigen sich mit der Synthese der

Ribonucleinsäure während der frühen Phasen der Leberregeneration. Gibt man $^{14}$C-Orotat einer Leberperfusion zu, so wird ein Teil über UMP und UTP in die RNS des Kerns und später in die Cytoplasma RNS (Abb. 5) eingebaut. Ein großer Teil Orotat wird aber auch über radioaktives Uracil, Dihydrouracil und β-Alanin zu $CO_2$ abgebaut (Abb. 6). Der Einbau in die RNS nimmt zu, wenn eine Leber 2 Std nach partieller Hepatektomie entnommen wird und für 4 Std perfundiert wird[5]. Diese Zunahme bleibt aus in normaler Leber, oder wenn die Perfusion mit Blut nicht hepatektomisierter Ratten erfolgt. Die RNS-Synthese in der frühen regenerierenden Leber ist allerdings sehr empfindlich und etwas geringer als im intakten

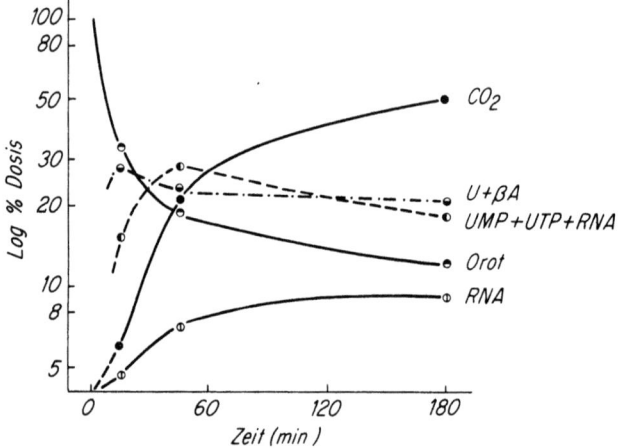

Abb. 6. Abbau von 6-$^{14}$C-markiertem Orotat und Einbau in RNA durch die isoliert perfundierte normale Leber. Abkürzungen: Orot. = Orotate, U = Uracil, βA = β-Alanin, UMP = Uridinmonophosphat, UTP = Uridintriphosphat [5]

Tier. Schon geringfügige Anoxie beeinträchtigt die Umwandlung von Orotate in UTP. Dagegen beobachtet man kaum einen Einfluß der Anoxie auf die Synthese der DNS.

## Zusammenfassung

Das Ziel unserer Untersuchungen ist es, zu bestimmen, wie groß die Geschwindigkeit für verschiedene Reaktionen des Nucleinsäurenstoffwechsels ist, und ob die Enzym- oder Substratkonzentration die Menge umgewandelten Substrats bestimmt. Untersuchungen über den Stoffwechsel des Thymidins Deoxycytidine und Orotats wurden in der isoliert perfundierten normalen und regenerierenden Leber sowie im perfundierten Darm durchgeführt. Die Daten zeigen, daß der Abbau des Deoxyuridins und Thymidins *in vivo* eine außergewöhnlich ungesättigte Reaktion darstellt. Dagegen ist der Abbau des Deoxycytidins gering und nimmt nur während der Regeneration um etwa das 20fache zu. Der Einbau in die DNS war am größten für Thymidin, etwas geringer für Deoxyuridin und am geringsten für Deoxycytidin. Deoxycytidin wurde zu etwa gleichen Teilen als Deoxycytidin und als Thymidin in die DNS eingebaut.

Untersuchungen über den Einbau von Orotat in die RNS des Kerns und Cytoplasma von Leber, die während der ersten Stunden nach partieller Hepatektomie perfundiert wurden, lassen eine Zunahme des Einbaus unter der Perfusion erkennen.

## Literatur

[1] BUCHER, M. L. R.: Int. Rev. Cytol. **15**, 245 (1963).
[2] GERBER, G. B., u. J. REMY-DEFRAIGNE: Z. Naturforsch. **18b**, 216 (1963).
[3] — —: Arch. int. Physiol. Biochim. **74**, 785 (1966).
[4] —, E. GEYER u. J. REMY-DEFRAIGNE (im Druck).
[5] GOUTIER, R., G. B. GERBER, J. REMY-DEFRAIGNE, and C. BAES: Arch. int. Physiol. Biochim. **74**, 517 (1966).
[6] MILLER, L. L., C. G. BLY, M. L. WATSON, and W. F. BALE: J. exp. Med. **94**, 431 (1951).

## Diskussion

GORDON: As you know we have some data on the incorporation of $^{14}$C-orotic acid by the perfused regenerating liver [GORDON, A. H., and G. S. HODGSON: Biochem. biophys. acta **119**, 427 (1966)]. We found that a part of a liver under perfusion conditions did not take up an increased amount of this RNA precursor as it would have done, if it had still been in the very early stages of regeneration *in vivo*. Since these perfusions were carried out with blood from normal rats we are interested in the possible existence, in the blood of rats which have suffered partial hepatectomy, of factors which may be able to control the rate of RNA-synthesis.

GERBER: That, of course, is the reasoning behind the whole experiments. We speculate that in the blood after removal of the liver an inhibitor diminishes in concentration (due to increased catabolism or decreased synthesis) which eventually allows then RNA-synthesis to start. Indeed our experiments appear to confirm such an assumption but we have to make more controls and to determine synthesis of the intermediates (UMP) and their catabolism. BUCHER has shown how difficult it is to get good data on regenerating liver because the regenerating liver is so much smaller than the normal one. Thus, the absolute values of incorporation of orotate into RNA may deceive unless one is measuring specific activity of the UMP and UTP pools as well. I can therefore make a definite statement about these experiments only when we have all data together.

SCHIMASSEK: Sie sagten, daß unter Verwendung Ihres Mediums die Leber nicht funktionsfähig bleibt. Auf Grund welcher Kriterien erfolgt diese Aussage?

GERBER: Ja, nach kurzer Zeit stoppt der Blutdurchfluß, und der Einbau ist wesentlich schlechter als im Blutmedium. Dies gilt allerdings nur für die regenerierende Leber, besonders zu den frühen Zeiten, 2—4 Std nach der Hepatektomie. Mit normaler Leber bekommen wir auch in künstlichen Systemen brauchbaren Einbau in die RNS. Sie wissen ja, wie schwierig es ist, eine gute Albumin-Charge zu finden. Wir haben etwa 5 verschiedene ausprobiert, manche gehen gar nicht, und manche gehen ein bißchen besser. Daher möchte ich noch nicht definitiv sagen, daß die RNS-Synthese mit künstlichen Systemen nicht geht, aber ich denke, daß man besser mit Blut arbeitet.

SCHIMASSEK: Ich möchte den Vorschlag machen, daß grundsätzlich einige Parameter, die allgemein interessant sind und wenigstens teilweise Status und Funktion des isolierten Organs beschreiben, als Vergleichsdaten mitgemessen werden, um die Versuchsergebnisse untereinander vergleichen zu können. Die einfachsten Messungen dieser Art wären die Gehalte von Lactat, Pyruvat und Glucose im Außenmedium und der Glykogengehalt vor und nach Perfusion.

GERBER: Die meisten Versuche, über die ich berichtete, wurden mit verdünntem, heparinisiertem Rattenblut durchgeführt, zu dem je nach der Länge der Perfusion noch 100 bis 250 mg Glucose zugegeben waren. Ich ziehe es vor, gerade bei den sehr komplexen Vorgängen wie der DNS, RNS oder Proteinsynthese einigermaßen mit den Mengen an Substrat zu arbeiten, die man auch in vivo zur Verfügung hat und auch das Perfusionsvolum etwa dem Blutvolum in vivo anzugleichen. Daher verwenden wir im allgemeinen 40 ml verdünntes Blut = 27 ml Vollblut. Natürlich ist dieser Angleich beim ständigen Verbrauch und Bildung der verschiedenen Substrate doch etwas illusorisch, aber sicherlich besser, als man es mit einem künstlichen System erreichen kann.

SCHIMASSEK: Darf ich noch eine allgemein interessierende Frage stellen, die nicht nur an Sie gerichtet ist: Die Geschwindigkeit der Aufnahme von Substraten ist oft von der Art der Zugabe und damit von der Außenkonzentration abhängig. Unter kontinuierlicher Infusion von Lactat zum Außenmedium bleibt der Lactatumsatz konstant, auch wenn die Außenspiegel auf das 2—3-fache der Anfangskonzentration steigen. — Unter *einmaliger*, hoher Lactatzugabe (z. B. 20 mM) ist die Lactataufnahme aber 7—8-fach höher als bei kontinuierlicher Lactatinfusion, kommt aber mit abnehmender Außenkonzentration auf die gleichen Werte wie unter kontinuierlicher Infusion. —

## Diskussion

Die Frage ist, wann man ein solches System bei so unterschiedlichen Substratumsätzen in Abhängigkeit zur *Technik* als „ungesättigt" bezeichnet. „Gesättigt" muß es bereits bei der Infusionstechnik sein, sonst können die Spiegel außen nicht linear ansteigen.

GERBER: Ja, wenn ich das gerade beim Thymidin erläutern darf. Die Aufnahme durch die Leber fällt etwa von 30% auf 15% bei einmaligem Durchgang ab, wenn die Substratkonzentration von 5 µg auf 5 mg erhöht wird. Aber das Substrat, das in die Leber hereinkommt, wird schnell abgebaut. Berechnen wir den Wert der Sättigung auf Grund der Daten der Thymidinkonzentration in der Leber, so ergibt sich ein ähnliches Bild. Die Zahlenwerte sind natürlich etwas geringer bei höheren Substratkonzentrationen.

HILZ: Herr GERBER, ich wollte Sie fragen, wie weit die regenerierende Leber in der Perfusion noch in der Lage ist, nach dem Gesetz weiterzuarbeiten, nachdem sie angetreten, d. h., ist die regenerierende Leber in dem künstlichen Perfusionssystem in der Lage, wirklich noch Zellproliferationen durchzuführen?

GERBER: Ja, die perfundierte Leber ist nicht nur in der Lage, die DNS-Synthese fortzuführen, sondern geht noch von später G1-phase nach S und von S zur Mitose. So finden wir eine Zunahme des Einbaues in die DNS, wenn wir von 18 bis 24 Std nach der Operation perfundieren. Weiterhin findet man auch noch markierte Mitosen nach 6 Std Perfusion. Diese Perfusionszeit ist natürlich etwas kurz. Man sollte vielleicht noch etwas länger perfundieren.

HILZ: Die DNS-Synthese ist selber natürlich ein Parameter, der sowieso weiterläuft. Das können Sie auch an isolierten Ascites-Zellen usw. sehen. Da läßt sich die DNS-Synthese noch sehr lange nachweisen, aber in diesem in vitro-System passieren praktisch keine Zellteilungen mehr.

GERBER: Wir haben markierte Mitosen gefunden. Morphologie ist nicht unsere Stärke, deshalb haben wir auch nicht ausgewertet, ob ihre Zahl dem entspricht, was man in vivo erwarten würde.

HILZ: Das müßte ja eine ganze synchrone Welle von Reaktionen sein, die zu den markierten Mitosen führen. Die ersten Zellteilungen verlaufen ja synchron.

GERBER: Sie müssen für die Beobachtung der Mitosen eben doch 4—6 Std nach der DNS-Synthese warten, und das bedeutet eine längere Perfusionszeit. Wir haben uns damit begnügt, nur in einigen Versuchen diese markierten Mitosen nachzuweisen.

HILZ: Es könnte natürlich auch sein, daß das Blut aus hepatektomierten Tieren eine gewisse Stabilisierung in Richtung auf das Weiterlaufen der Zellteilung ausübt.

GERBER: Ja, wir haben eine Reihe von Perfusionen auch mit normalem Blut durchgeführt und für die DNS-Synthese keinen Unterschied gesehen. Trotzdem ziehen wir vor, mit Blut von hepatektomierten Ratten zu perfundieren.

WIELAND: Sicherlich sind in unserem Kreise einige, die sich eine partielle Hepatektomie nicht richtig vorstellen können. Könnten Sie uns den Operationsverlauf skizzieren?

GERBER: Dies ist eine relativ einfache Operation. Nach einem kleinen Mittelschnitt haben wir die beiden großen Leberlappen vorne liegen, die etwa 60% der Leber repräsentieren. Sie ziehen diese Lappen vor, legen eine Fadenschlinge herum, ziehen sie an und schneiden die Leberlappen ab. Dann wird die Wunde vernäht. Es bleiben dann vier kleine Lappen im Körper übrig.

BÜCHER: Was heißt „Blut von regenerierender Leber"?

GERBER: Das ist Blut von Ratten, die gleichzeitig — meistens 24 Std zuvor — mit den Leberspendern partiell hepatektomiert wurden.

STAIB: Wir haben gemeinsam mit Herrn Prof. MILLER auch an regenerierenden Rattenlebern gearbeitet. Und mir ist dabei aufgefallen, daß die Perfusion einer 24 Std regenerierenden Leber doch erheblich langsamere Durchflußgeschwindigkeiten zeigt als eine normale Leber. Ich wollte Sie fragen, haben Sie bei Ihren Versuchen ähnliche Beobachtungen gemacht?

GERBER: In einer gut laufenden Leber bekommt man auf das g Leber bezogen praktisch dieselbe Durchflußgeschwindigkeit. Es ist dagegen etwas schwieriger, eine gute Galleproduktion zu bekommen. Das methodische Problem ist, die Ausflußbahn des venösen Blutes freizuhalten. Die regenerierende Leber ist härter als eine normale Leber. Legt man sie auf die Schale, dann dreht sich manchmal die Kanüle geringfügig, und man hat Schwierigkeiten mit dem venösen Ausfluß. Wir haben daher eine Kanüle konstruiert, die um einen Winkel von 90° geknickt ist und haben damit nach einigen anfänglichen Schwierigkeiten brauchbare Perfusionen bei regenerierenden Lebern bekommen.

HILZ: Noch eine Frage zu Ihrem Statement, daß der Thymidinabbau in der regenerierenden Leber deswegen geringer ist, weil diese Zellen sich in der Endphase befinden, worauf begründet sich Ihre Ansicht?

GERBER: Das kann man natürlich nicht beweisen, da histochemische Untersuchungen fehlen. Ich nehme es an, da das Verhältnis zwischen normaler und regenerierender Leber für den Thymidinabbau bei niedriger und mittelhoher Substratkonzentration dasselbe bleibt. In regenerierender Leber ist der Abbau etwa nur $^2/_3$ dessen einer normalen Leber. Es ist also nicht eine Frage der Sättigung mit Substrat, sondern des Transportes. Man sollte annehmen, daß S-Zellen nicht mehr soviel Thymidin abbauen. Jedenfalls kann ich mir auch kaum vorstellen, wie in einer solchen S-Zelle gleichzeitig ein so ungesättigter Thymidinabbau verlaufen kann, wenn auch der Einbau in die DNS aufrechterhalten werden muß.

BÜCHER: Vor einigen Jahren hat Herr SCHIMASSEK die interessante Beobachtung veröffentlicht, daß Zusatz von homologem Blut die Leberperfusion empfindlich stört. Wenn er Blut von der Ratte, von der auch die Leber stammte, in das Perfusionssystem einsetzte, dann erschien die Leber für die Dauer von mindestens 30 min einem ziemlichen Stoffwechselstress unterworfen zu sein. Die Atmungsgröße war fast verdoppelt — möglicherweise infolge einer Entkopplung der Mitochondrien durch Adrenalin. Es erscheint zwecklos, in diesem Abschnitt irgendwelche Experimente vorzunehmen. Das „physiologische" Blut war für die Leber gewissermaßen „unphysiologisch", weil es unter einem Stress entnommen wurde. Ich wollte Sie fragen, ob Sie ähnliche Beobachtungen gemacht haben? Weiterhin muß man bei diesen experimentellen Bedingungen auch an die Einflüsse des Narkosemittels denken. Wie narkotisieren Sie Ihre Ratten?

GERBER: Mit Äther.

BÜCHER: Enthält das Blut noch Äther?

GERBER: Das kann ich nicht sicher sagen. Ich nehme aber an, daß noch etwas Äther im Blut vorhanden ist, der jedoch im Oxygenator abgedampft wird. Sie haben mit Ihrem Einwand jedoch vollkommen recht. Wir warten bei allen Versuchen, bis der Blutstrom sich stabilisiert hat, das sind etwa 30 Minuten.

BÜCHER: Sie haben die Atmungsgröße gemessen?

GERBER: Nein. Wir haben nur Harnstoff, Glucose usw. gemessen.

MANDEL: Ich möchte eine prinzipielle Frage stellen. Nach der aktuellen Doktrin, wie Sie gesagt haben, kommt es durch Wegdrängen eines Repressors zur Regeneration. In dieser Hinsicht ist viel interessanter, ein Blut ohne Repressor und Korepressor zu verwenden. Hierzu wäre Blut von normalen Ratten viel besser als von Ratten mit regenerierender Leber.

GERBER: Ja, das haben wir auch versucht. Die bisherigen Versuchsergebnisse waren aber nicht eindeutig, und wir befassen uns weiter damit.

# Regulation der Ribonucleinsäuresynthese in der isolierten perfundierten Rattenleber

Von

HANS KOBLET *

Schweizerische Zentrale für klinische Tumorforschung, Bern

Mit 4 Abbildungen

Einiges ist heute bekannt über den *Ort* der *Synthese* der verschiedenen Ribonucleinsäurentypen in der Säugerzelle, d h. der 30 s r-RNA**, der 18 s r-RNA, der 4 s t-RNA sowie der in ihrem Sedimentationsverhalten heterogenen m-RNA. Wenig ist anderseits bekannt über die *Regulation* der Synthesegeschwindigkeit dieser RNA-Fraktionen[1-9].

Es ist denkbar, daß jeder Schritt in den Reaktionsketten von der Synthese der RNA bis zur Synthese der Proteine separat reguliert werden kann; so ist eine Kontrolle der Geschwindigkeit der Abschrift der r-RNA im Verhältnis zu derjenigen der m-RNA, aber auch von bestimmten Messengers innerhalb der ganzen Messenger-Population möglich und zu vermuten; ferner werden vielleicht die Abbaugeschwindigkeiten, die Dauer des Aufenthaltes in einem bestimmten Zellkompartiment, die Transfergeschwindigkeiten von Raum zu Raum und damit die mittlere Lebensdauer der RNA-Fraktionen, schließlich allenfalls die Lebensdauer der polysomalen Komplexe und die Geschwindigkeit der Bildung der Peptidbindungen einzeln beeinflußt.

Nach CHURCH und MCCARTHY[10] spricht einiges dafür, daß die *Kontrolle* der *Abschriftsgeschwindigkeit* im *Genom* (RNA) vor allem bei *proliferierenden Zellen* erfolgt, was zu *qualitativen Änderungen* der Zelleigenschaften in Raum und Zeit führen kann, und daß die

---

\* Zur Zeit Institut de Biologie moléculaire de l'université de Genève.

\*\* *Verwendete Abkürzungen:* ATP, Adenosin-5'-Triphosphat; cpm, counts pro Minute; CTP, Cytidin-5'-Triphosphat; DOC, Na-desoxycholat; GTP, Guanosin-5'-Triphosphat; ip, intraperitoneal; m-RNA, Messenger-Ribonucleinsäure; OD, optische Dichte; PEP, Phosphoenolpyruvat; PEP-Kinase, Pyruvatkinase; PVS, Polyvinylsulfat; RNA-ase, Ribonuclease; r-RNA, ribosomale RNA; SDS, Na-Dodecylsulfat; t-RNA, Transfer-RNA; UTP, Uridin-5'-Triphosphat.

*Kontrolle der Übersetzungsgeschwindigkeit* am *Polysom* (Protein) mehr für *nicht-proliferierende Gewebe* gilt, bei denen eine *quantitative Änderung* von Eigenschaften mit der Zeit erwünscht ist.

HAYASHI und SPIEGELMAN[11] haben gezeigt, daß bei Bakterien eine rasche, generelle Verlagerung der Synthese vom einen zum anderen RNA-Typ durch Änderung der *Milieubedingungen* herbeigeführt werden kann; so überwiegt die Synthese von m-RNA nach Übergang zu Minimalkulturbedingungen (step down) und überwiegt die Synthese von r-RNA im Verhältnis zum normalen Synthesegleichgewicht nach Übergang zu reichhaltigeren Kulturbedingungen (step up).

Die vorgelegte Arbeit soll zeigen, daß auch in der Rattenleber je nach An- oder Abwesenheit bestimmter kleiner Moleküle solche *raschwirkenden Abschriftregulationen* in Gang gesetzt werden können.

*Experimentelles*
*Tiere:* 150—200 g schwere, weibliche Wistarratten, Nahrungsentzug 12 Std. *Perfusionsanlage:* doppelläufige Anlage nach KOBLET und TRACHSEL[12]. *Perfusionslösungen:* 80 ml frische, viermal gewaschene Rindererythrocyten + 120 ml Tyrode oder 120 ml Eagle's cell culture medium, je enthaltend 2,5 g-% Rinderalbumin, 400 mg-% Glucose, 3000 E Heparin (Standardlösung bzw. Eagle's Perfusionslösung). *Isotop:* in der Regel 3 mC $^{32}$P pro 200 ml Perfusionslösung (spezifische Aktivität 50 C/mg) (Orotsäure-6-$^{14}$C gab gleiche Resultate). *Perfusionsbedingungen:* bis 6 Std bei 37 °C, pH 7,4 bis 7,1, Durchfluß um 25 ml/min, pro Lappen und Stunde 1 Probeexcision mit der Schere (200—250 mg) ohne Versuch der Blutstillung. *Isolierung von Gesamt-RNA:* mit heißem Phenol, SDS und PVS bei pH 5 [13] aus Excisionen und Endlebern. *Isolierung von Zellkernen und Mikrosomen* (aus Endlebern) mit Standardmethoden. *Isolierung von Kern-RNA* mit heißem Phenol[13]. *Isolierung mikrosomaler RNA* mit heißem Phenol[13] oder 2M-LiCl[14]. *Isolierung ribosomaler Untereinheiten* (40 s und 60 s) durch Desoxycholatbehandlung und Dialyse gegen $3 \cdot 10^{-5}$ M-MgCl$_2$[14]. *Analyse isolierter Fraktionen* im Sucrosegradienten (5—20% Sucrose, 0 °C, bis zu 5,1 Std bei 35 000 rpm, SW 40, Omega I). Alle Bilder zeigen Sedimentation von rechts nach links. *Basenzusammensetzungen:* hochspannungselektrophoretisch (WHATMAN 3 MM, Acetat: Pyridin: H$_2$O (pH 3, 5) = 10 : 1 : 89, 3000 V) nach Hydrolyse (1,0 N-NaOH, 18 Std, 30 °C). *Prüfung auf m-RNA-Aktivität:* in Sucrosegradienten aufgetrennte RNA als perfundierten Lebern + Aminoacyl-t-RNA-Synthetasen, t-RNA, Transferfraktionen und Ribosomen aus Kontrollebern + ATP, PEP, PEP-Kinase, CTP, GTP, 19 „kalte" Aminosäuren, L-Leucin-l-$^{14}$C (käufliche Präparate: Calbiochem, Boehringer, Fluka, Nuclear Chicago, Sigma) in passendem Puffer: Einbau von $^{14}$C in mit Säure präcipitierbares und in Säure während 15 min bei 90 °C stabiles Material.

## Resultate und Diskussion

Abbildung 1 zeigt die Verteilung von mit $^{32}$P markierter RNA im Sucrosegradienten nach 6 Std Perfusion mit *Standardlösung* (konstante Rezirkulation). Sämtliche Fraktionen (Kerne, Totalhomogenat, Mikrosomen) entstammen der *gleichen* Endleber. Der Verlauf der OD zeigt das bekannte, *konstante Profil* mit der 30 s r-RNA, der

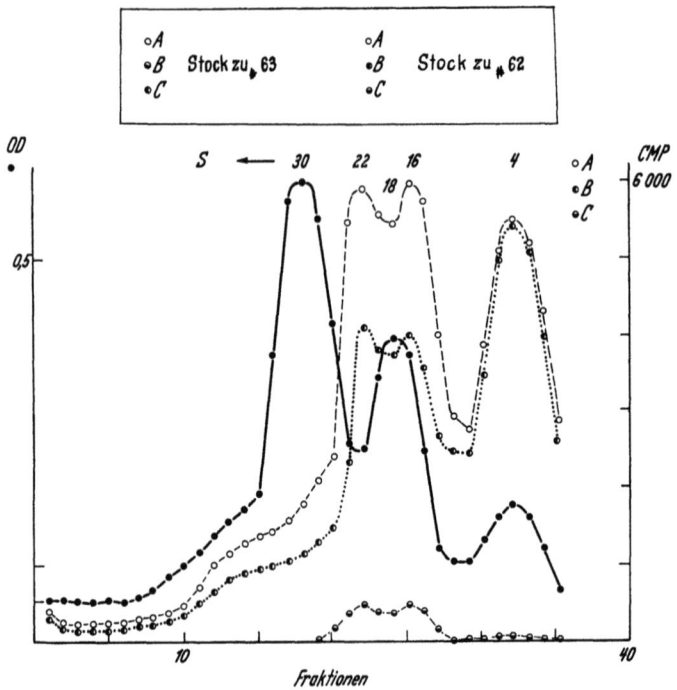

Abb. 1. Verteilung von mit $^{32}$P markierter, phenolextrahierter Gesamt-RNA im Sucrosegradienten (5—20%/o Sucrose in 0,05 M-NaCl, 0,01 M-Na-Acetat, 0,0001 M-MnCl$_2$, pH 5, 1, enthaltend 20 µg/ml PVS; 35 000 rpm, 0° C, 5, 1 Std, Omega I SW 40-Rotor) nach 6-std. Perfusion mit Standardlösung.
Verhalten in verschiedenen Leberzellorganellen.
Linke Ordinate: OD pro Fraktion ●————●
Rechte Ordinate: Radioaktivität pro Fraktion (cpm)
  A ○ - - - - ○ Zellkerne
  B ◐ . . . . . . ◐ Totalhomogenat
  C ◓— · —◓ Mikrosomen
Die Zahlen oberhalb der Fraktionen geben die ungefähren Sedimentationskoeffizienten, der Pfeil die Sedimentationsrichtung an

18 s r-RNA und der 4 s t-RNA; der Verlauf der Radioaktivität zeigt das nur bei Verwendung von *Standardlösung konstante Profil* mit der 45 s r-RNA-Vorläuferfraktion, den in der OD nicht repräsentierten 22 s- und 16 s-Peaks und der 4 s t-RNA. Am höchsten ist die Radioaktivität der 22 s- und der 16 s-Fraktionen in den Zellkernen, am niedrigsten in den Mikrosomen. Das ist vereinbar mit der Annahme, daß das RNA-ase verdaubare Material in den beiden Peaks *im Kern gebildet und in das endoplasmatische Retikulum* überführt wird. Typisch ist, daß die beiden Fraktionen mit *zunehmender Geschwindigkeit* markiert werden (Abb. 4, obere Kurve). Dieser Profiltyp ist bei Verwendung von Standardlösung reproduzierbar und unabhängig vom Zeitpunkt der ersten Biopsie, der Zahl der Biopsien und den Orten der Entnahme.

*Verschiedene Kriterien sprechen dafür, daß es sich bei den 22 s- und 16 s-Fraktionen um m-RNA handelt:*
1. Höhe der Radioaktivitäten in der RNA aus *verschiedenen Zellorganellen* (Abb. 1).
2. *Unterschiede in der Resistenz der verschiedenen RNA-Typen gegenüber verschiedenen Extraktionsverfahren:* 30 s — und 18 s — r-RNA können aus DOC-behandelten Ribosomen mit 2M-LiCl präzipitiert werden ohne Veränderung der spezifischen Aktivität im Vergleich zu phenol-extrahiertem Material. Die 22 s — und 16 s — Fraktionen werden dagegen bei Verwendung von 2 M-LiCl offenbar zerstört (nicht abgebildet).
3. *Lokalisation der 22 s — und 16 s — Fraktionen innerhalb des 78 s-Ribosoms:* Analyse der ribosomalen Untereinheiten bzw. der aus diesen Partikeln mit Phenol extrahierten RNA weist darauf hin, daß die beiden genannten Fraktionen an die kleinere Untereinheit gebunden sind (nicht abgebildet).
4. *Umsatz- bzw. Abbaurate:* In Abb. 2 finden sich Sucrosegradientenanalysen von RNA, die nach Abschluß eines 3std. $^{32}$P-Pulses sowie 1 und 2 Std später aus Biopsiematerial einer perfundierten Leber extrahiert wurde. Die 22 s — und 16 s — Fraktionen verschwinden recht rasch und würden vermutlich noch rascher verloren gehen, wenn die Leber beim Umschalten vom $^{32}$P-haltigen auf den $^{32}$P-freien Kreislauf von $^{32}$P gänzlich befreit werden könnte.
5. *Stimulation des $^{14}$C-Einbaus in zellfreien Systemen:* Die den 22 s — und 16 s — Peaks entsprechenden RNA-Fraktionen zeigen die stärkste stimulatorische Aktivität; unter unseren Versuchsbedingungen fördert zusätzliche t-RNA den Einbau nicht, r-RNA den Einbau nur wenig (nicht abgebildet).
6. *Basenzusammensetzung der 22 s — und der 16 s — Fraktionen:* Diese beträgt ($^{32}$P-Aktivität in einem gegebenen 2', 3'-Monophosphonucleotid in Prozent der totalen auf das Papier verbrachten Aktivität; Wiederauffindung 95%): A = 27,5; C = 21,5; G = 26,9; U = 24,1. Diese Zu-

sammensetzung gleicht der von STEELE, OKAMURA und BUSCH[15] für rasch markierte Rattenleber-RNA beschriebenen und weicht erheblich von der für Rattenleber — r-RNA bestimmten (s. unten) ab.

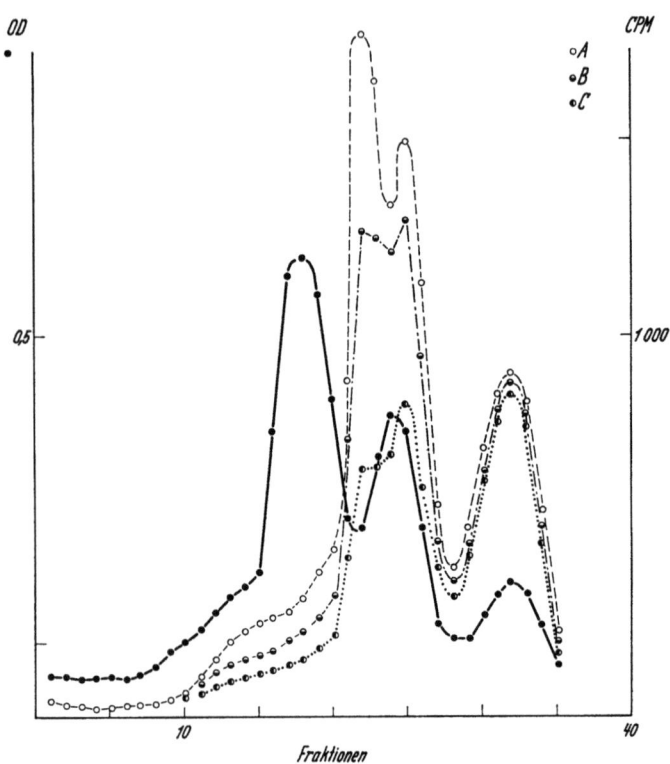

Abb. 2. Verteilung von mit $^{32}$P markierter, phenolextrahierter Gesamt-RNA im Sucrosegradienten (wie in Legende zu Abb. 1) zu verschiedenen Zeiten nach einem 3-std. Puls. Perfusion mit Standardlösung. Die Leber wurde während 3 Std vermittels des $^{32}$P-haltigen Kreislaufs perfundiert. Hierauf wurde mit dem $^{32}$P-freien Kreislauf weiterperfundiert und Biopsien wurden zu verschiedenen Zeiten entnommen:
Rechte Ordinate: Radioaktivität pro Fraktion (cpm)

A (oberste Kurve)  ○ - - - - ○  sofort nach Abschluß des Pulses (Perfusionsdauer 3 Std)

B (mittlere Kurve)  ◐ - · - · ◐  1 Std nach Abschluß des Pulses (Perfusionsdauer 4 Std)

C (untere Kurve)  ◐ · · · · · ◐  2 Std nach Abschluß des Pulses (Perfusionsdauer 5 Std)

7. *Stabilität der r-RNA unter unseren Versuchsbedingungen:* Ratten erhielten 11 Std vor Beginn des Experimentes 10 mC $^{32}$P i.p. Lebern wurden dann während 6 Std mit $^{32}$P-freiem Standardmedium perfundiert. Die eindeutig mit der OD zusammenfallenden Radioaktivitätsprofile (ribosomales Profil) blieben während der Versuchsdauer erhalten und die spezifischen Aktivitäten blieben konstant. Das gilt sowohl bei Phenol- wie bei LiCl-Extraktion (nicht abgebildet). r-RNA verhält sich damit auch in bezug auf Umsatz anders als die 22 s — und 16 s — Fraktionen.

Zusammenfassend handelt es sich bei den 22 s- und 16 s-Fraktionen um Material, das vermutlich im Kern gebildet, ins endoplasmatische Reticulum überführt und an die kleinere ribosomale Untereinheit gebunden wird; es verhält sich gegenüber LiCl anders als r-RNA und weist eine andere Basenzusammensetzung als Rattenleber-r-RNA auf; es zeigt im Gegensatz zu r-RNA eine hohe Abbaurate und fördert im zellfreien System den Einbau von $^{14}$C in mit Säure präcipitierbares und in Säure während 15 min bei 90 °C stabiles Material aus Leucin-$^{14}$C. All das spricht zusammen für die Messenger-Natur.

Abbildung 3 zeigt die Verteilung von mit $^{32}$P-markierter RNA im Sucrosegradienten nach 6 Std Perfusion mit *Eagle's Perfusionslösung* (konstante Rezirkulation). Der Verlauf der Radioaktivität fällt zusammen mit der OD. Der $^{32}$P-Einbau erfolgt *linear* in Abhängigkeit von der Zeit (Abb. 4, untere Kurve). Die Basenzusammensetzung spricht für die ribosomale Natur der gebildeten RNA[15]: A = 18, 9; C = 27, 3; G = 34, 9; U = 18, 9.

Zahlreiche Versuche machen wahrscheinlich, daß Zusatz von *Tryptophan allein* zum Standardmilieu genügt, das *Erscheinen der 22 s- und der 16 s-Komponenten zu unterdrücken*. Bei Zusatz von Tryptophan allein entwickelt sich ein rein ribosomales Radioaktivitätsprofil, wie in Abb. 3 dargestellt. Bei Zusatz aller Aminosäuren ohne Tryptophan entsteht ein Radioaktivitätsprofil, wie in Abb. 1 und 2 aufgezeichnet. *Tryptophanderivate* dagegen zeigen keine Tryptophanwirkung (nicht abgebildet).

Abbildung 4 präsentiert die *Kinetik* der Zunahme der Radioaktivität in Funktion der Zeit in ribosomalen Fraktionen (Eagle's Perfusionsmedium oder Standardmilieu + Tryptophan) (untere Kurve) bzw. in der 16 s-„Messenger"-Fraktion (Standardmilieu ohne Tryptophan) (obere Kurve). Die untere Kurve entspricht *linearer,* die obere Kurve *positiv exponentieller Kinetik*. Jeder Punkt entspricht dem Mittelwert aus mindestens 5 Experimenten.

Die exponentielle Kinetik sowie die Sedimentationskoeffizienten um 22 s und 16 s könnten vermuten lassen, daß es sich bei den genannten Fraktionen um *bakterielle ribosomale RNA* handelt. Dagegen sprechen: 1. Die Verteilung der Radioaktivitäten in den Zellorganellen; 2. die LiCl-Empfindlich-

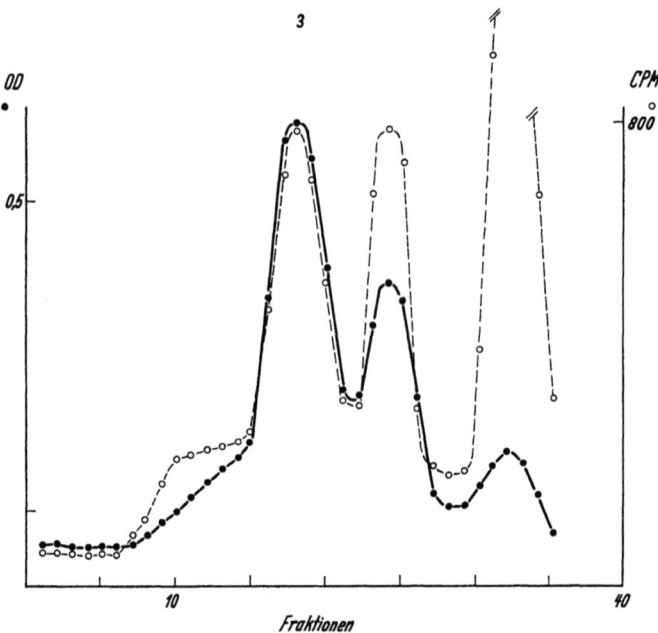

Abb. 3. Verteilung von mit $^{32}$P markierter, phenolextrahierter Gesamt-RNA im Sucrosegradienten (wie in Legende zu Abb. 1) nach 6-std. Perfusion mit Eagle's Perfusionslösung (bzw. Standardmedium +10 mg L-Tryptophan pro 200 ml).

keit; 3. die Abbaurate; 4. die Hemmbarkeit durch Tryptophan; 5. die Tatsache, daß bei Phenolextraktion des Mediums nur spärlich markierte RNA (mit anderen Sedimentationskoeffizienten) extrahiert werden kann; 6. geringe Kulturzahl bei Ausstrichen des Mediums.

Die exponentielle Kinetik ist ungewöhnlich. Folgende Erklärungsversuche scheitern:

1. *Diffusion von $^{32}$P:* Extrapolation der Kurven in Abb. 4 auf die Abszisse deutet an, daß größenordnungsmäßig 30 min verstreichen, bis $^{32}$P die Stätten der Synthese erreicht. Doch werden die 22 s — und 16 s — Peaks erst nach ca. 3 Std deutlich. Die beiden Fraktionen werden also trotz hoher Abbaugeschwindigkeit vorerst recht langsam markiert (non-steady state system).

2. *Mangel an Vorläufern:* Die Stabilität der r-RNA unter den Bedingungen der Perfusion spricht dagegen, daß durch beschleunigten Abbau von Ribosomen erst die nötigen Vorläufer für den Aufbau der beiden Fraktionen bei Perfusion mit einem armen Medium zur Verfügung gestellt werden müssen.

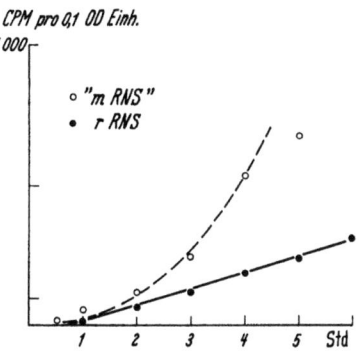

Abb. 4. Zunahme der mittleren spezifischen Aktivitäten (Ordinate: cpm pro OD) bei Verwendung von Standardmedium (○ - - - - - ○, obere Kurve) oder Eagle's Perfusionslösung bzw. Standardlösung + Tryptophan (● ——— ●, untere Kurve) in Funktion der Perfusionsdauer (Abscisse: Std)
Rechnungsgang:
1. Die OD-Profile werden so umgerechnet, daß $OD_{max\ 30s}$ (18. Fraktion) = 0,6.
2. Die Radioaktivitätsprofile werden entsprechend durchkorrigiert.
3. Berechnung der mittleren OD des 18 s-Peaks:
$$\Sigma\ OD_{\text{Fraktionen 22-26}}/5$$
4. Spezifische Aktivität des 18 s r-RNA-Peaks:
$$\frac{\Sigma\ cpm_{\text{Fraktionen 22-26}}/5}{\Sigma\ OD_{\text{Fraktionen 22-26}}/5}$$
5. Spezifische Aktivität des 16 s „m-RNA"-Peaks:
$$\frac{\Sigma\ cpm_{\text{Fraktionen 24-26}}/3}{\Sigma\ OD_{\text{Fraktionen 22-26}}/5}$$

Man beachte, daß bei der „m-RNA" keine echten spezifischen Aktivitäten errechnet werden können

Ein anderer Erklärungsversuch für das Auftreten von Messenger-Fraktionen, die vorzugsweise bei Verwendung von Standardmedium und Tryptophan-Mangel mit zunehmender Geschwindigkeit gebildet werden, wäre möglich:

Tryptophan diffundiert aus der Zelle und geht als essentielle Aminosäure irreversibel verloren; von einer bestimmten intracellulären Grenzkonzentration an wird die Synthese von (gewissen) Messengers mehr und mehr freigegeben. *Tryptophan wäre demnach ein Faktor, der für die Regulation des Synthesegleichgewichtes zwischen r-RNA und m-RNA eine bedeutende Rolle spielt.* Man könnte dann ferner spekulieren, daß z. B. zwei RNA-Polymerasen vorhanden sind, eine extranukleoläre m-RNA-Polymerase, deren Aktivität durch Tryptophan einschränkbar ist, und eine intranukleoläre r-RNA-Polymerase, die auf Tryptophan nicht anspricht.

## Dank

Diese Arbeit wurde durch Unterstützung durch den Schweizerischen Nationalfonds zur Förderung der wissenschaftlichen Forschung (Kredit-Nr. 3890) ermöglicht. Frl. U. KOHLER danke ich für die Mitarbeit bei den Experimenten, Herrn Prof. A. TISSIÈRES für die Diskussion der Resultate und Herrn Prof. W. STAIB für die Einladung nach Oestrich/Rheingau.

## Literatur

[1] SCHERRER, K., H. LATHAM, and J. E. DARNELL: Proc. nat. Acad. Sci. (Wash.) **49**, 240 (1963).
[2] MUNRO, J., and A. KORNER: Nature **201**, 1194 (1964).
[3] PERRY, R. P.: Nat. Canc. Inst. Monogr. **18**, 325 (1965).
[4] HENSHAW, E. C., M. REVEL, and H. H. HIATT: J. molec. Biol. **14**, 241 (1965).
[5] JOKLIK, W. K., and Y. BECKER: J. molec. Biol. **13**, 496 (1965).
[6] MCCONKEY, B. H., and J. W. HOPKINS: J. molec. Biol. **14**, 257 (1965).
[7] SCHERRER, K., and L. MARCAUD: Bull. Soc. Chim. Biol. (France) **47**, 1697 (1965).
[8] ATTARDI, G., H. PARNAS, M.-I. HWANG, and B. ATTARDI: J. molec. Biol. **20**, 145 (1966).
[9] DI GIROLAMO, A., E. C. HENSHAW, and H. H. HIATT: J. molec. Biol. **8**, 479 (1964).
[10] CHURCH, R., and B. MCCARTHY: Information Exchange Group 7, 700, 10—31 (1966).
[11] HAYASHI, M., and S. SPIEGELMAN: Proc. nat. Acad. Sci. (Wash.) **47**, 1564 (1961).
[12] KOBLET, H., und J. TRACHSEL: Experientia **20**, 644 (1964).
[13] SCHERRER, K., and J. E. DARNELL: Biochem. biophys. Res. Commun. **7**, 486 (1962).
[14] PHILIPPS, G. R.: J. molec. Biol. **15**, 587 (1966).
[15] STEELE, W. J., N. OKAMURA, and H. BUSCH: J. biol. Chem. **240**, 1742 (1965).

## Diskussion

Bücher: Meiner Meinung nach ist es nicht möglich, über längere Zeit eine Perfusion ohne Bakterienwachstum durchzuführen. Könnte die 22 s-Fraktion nicht daher stammen? Der Zuwachs dieser Fraktion ist exponentiell; und alles, was exponentiell entsteht, ist von vornherein auf Wachstum von Mikroorganismen verdächtig. Sie haben doch sicherlich daran gedacht, ob diese Möglichkeit ausgeschlossen ist.

Koblet: Das Problem der Infektion des Perfusionssystems hat uns sehr beschäftigt. Wir haben nicht unter sterilen, sondern bloß unter möglichst sauberen Bedingungen gearbeitet. Die Kulturergebnisse, die Abbaugeschwindigkeit und der Tryptophaneffekt sprechen aber sehr dagegen, daß es sich bei den 22 s- und 16 s-Fraktionen um eine bakterielle r-RNS handelt, die recht stabil ist. Kriterien, wie die Basenzusammensetzung und die Stimulation der Aminosäureninkorporation in zellfreien Systemen, sind hingegen nur von beschränkter Gültigkeit.

Mandel: Ist es richtig, daß Ihre 45 s-Fraktion so viel Zeit gebraucht hat, um synthetisiert zu werden? Wenn Sie bei in vivo-Versuchen $^{32}P$ einspritzen, dann haben Sie nach 30 min bereits die 45 s-Fraktion. Das erstaunt mich ein wenig. Ich möchte auch gerne wissen, in welcher Zeit Sie die Stimulation der Proteinsynthese durchführen, und ob Sie mit Coli-Ribosomen oder Rattenleber-Ribosomen gearbeitet haben. Ich glaube, daß es ziemlich schwer ist, mit Rattenleber-Ribosomen zu arbeiten. Sie haben dabei einen ziemlich hohen Background. Wir haben alle publizierten Methoden nachgeprüft und konnten keine signifikante Stimulierung mit Rattenleber-Ribosomen bekommen.

Koblet: Bei allen Experimenten war die 45 s-Fraktion nur diskret angedeutet. Es ist aber offenbar eine häufige Erfahrung, daß ribosomale Vorläufer im Bereich von 45 s nach RNS-Extraktion aus Lebergewebe nur undeutlich vorhanden sind (z. B. R. J. Jackson, persönliche Mitteilung); ganz im Gegensatz etwa zu HeLa-Zellen. Die Gründe dafür sind mir unbekannt. Es hat sich um ein zellfreies Rattenleber-System gehandelt. Es hat seine Richtigkeit, daß tierische Polysomen, selbst wenn sie zur Zerstörung des endogenen Messengers vorinkubiert werden, nur schwer oder überhaupt nicht mit zugesetzten Messengerfraktionen reprogrammiert werden können. Doch ist in tierischen Geweben stets eine bestimmte Zahl freier Ribosomen vorhanden. Diese lassen sich durch Differentialzentrifugation anreichern (z. B. postmitochondrialer Überstand: 30 000 rpm [90 000—100 000 g, Röhrchenboden] während 60 min; postpolysomaler Überstand: 40 000 rpm [100 000 g, Röhrchenmitte] während 90 min: freie Ribosomen). Diese lassen sich eher reprogrammieren.

Mandel: Ich glaube, daß man durch langdauernde, einfache Zentrifution von Polysomen nur den Polysomen Zeit gibt, den Messenger ein wenig abzubauen. Und das kann man auch ohne Zentrifugation direkt durch Präinkubation erzielen, wie es mehrere Autoren beschreiben. Auch mit reinen Lebermikrosomen bekommt man keine Stimulation. Es gibt zwar Veröffentlichungen, die eine Stimulation gefunden haben. Aber das war ein Irrtum.

Es handelt sich dabei nicht um einen Messengereffekt, sondern um einen Magnesiumeffekt.

KOBLET: Ich bin mit Ihnen durchaus einig, daß es praktisch unmöglich ist, tierische, nicht-vorinkubierte oder vorinkubierte *Polysomen* zu reprogrammieren. Aber es scheint doch möglich zu sein, in *homologen*, tierischen zellfreien Systemen mit *Ribosomen* durch Zusatz von Messenger-RNS Stimulationen zu erhalten. Am besten belegt sind Reticulocyten-Systeme [BETHEIL, J. J., u. H. R. V. ARNSTEIN: Biochem. Biophys. Res. Commun. 21, 323 (1965); NAIR, K. G., u. H. R. V. ARNSTEIN: Biochem. J. 97, 595 (1965); ARNSTEIN, H. R. V., R. A. COX u. J. A. HUNT: Biochem. J. 92, 648 (1964)]. Vieles spricht ferner dafür, daß in tierischen Zellen physiologischerweise freie Ribosomen vorhanden sind, und daß es sich dabei nicht um Isolierungsartefakte durch Abbau von Messenger-RNS handelt [NOLL, H., T. STAEHELIN u. F. O. WETTSTEIN: Nature 198, 632 (1963); MUNRO, A. J., R. J. JACKSON u. A. KORNER: Biochem. J. 92, 289 (1964); NOLL, H.: Information exchange group Nr. 7, Memo Nr. 99 (1965); WILSON, S. H., u. M. B. HOAGLAND: Information exchange group Nr. 7, Memo Nr. 642 (1966)]. Was schließlich $Mg^{2+}$-Effekte anbelangt, so scheinen mir diese in den zitierten Arbeiten sorgfältig vermieden.

MANDEL: Was die Reticulocyten-Systeme anbelangt, so stimme ich mit Ihnen überein, aber mit Leberribosomen geht es nicht. Es scheint sich darum zu handeln, daß wir die Faktoren nicht haben, die den Messenger auf die Ribosomen bringen. Solche Faktoren sind von OCHOA aus Zellen isoliert worden. Haben Sie Hybridisationsproben von Messenger-RNS gemacht?

KOBLET: Nein!

MILLER: Inwieweit sind Ihre Resultate den von MUNRO in den letzten Monaten beschriebenen Versuchen ähnlich?

KOBLET: Die Resultate haben mit vielen publizierten Daten gemeinsam, daß die sog. Messengerfraktionen in einem Sedimentationsbereich zwischen 15 s und 25 s wandern [z. B. MUNRO, A. J., u. A. KORNER: Nature 201, 1194 (1964); TRAKATELLIS, A. C., A. E. AXELROD u. M. MONTJAR: J. biol. Chem. 239, 4237 (1964); BRAWERMAN, G., N. BIEZUNSKI u. J. EISENSTADT: Biochim. biophys. acta 103, 201 (1965); u. a.].

MILLER: Hat er auch einen Tryptophaneffekt beschrieben?

KOBLET: Ich bin nicht sicher. Mir ist bloß eine Arbeit gegenwärtig, wonach von verschiedenen Aminosäuren, die für eine optimale Hämoglobin-Synthese durch intakte Kaninchenreticulocyten *in vitro* mitbestimmend sind, nur Weglassen von Tryptophan zu einem Polysomen-Zerfall führt [HORI, M., J. M. FISHER u. M. RABINOVITZ: Science 155, 83 (1967)].

# Über schnell markierte nucleolare Desoxyribonucleinsäure in der perfundierten Rattenleber

Von

Paul Mandel, Marguerite Wintzerith und Marie-Elisabeth Ittel

Centre de Neurochimie du C.N.R.S., Institut de Chimie Biologique,
Faculté de Médecine, Strasbourg, France

Mit 3 Abbildungen

## Einleitung

In unseren vorhergehenden Versuchen[1] haben wir festgestellt, daß der Einbau von radioaktiven Vorläufern, $^3$H-Thymidin und $^{32}PO_4^{---}$ in die DNS der Nucleolarfraktion, welche nach einem leicht veränderten Verfahren[2] von Allfrey und Mirsky[3] gewonnen wurde, viel höher ist als im Rest der DNS des Zellkerns sowohl in der Rattenleber *in vivo* als in Hepatomzellen *in vivo* und *in vitro*. Seither wurde der rasche Einbau in Säugetierzellen-Nucleoli, unter anderem von der Arbeitsgruppe Granboulan[4], bestätigt, die das Problem vom elektronisch-mikroskopischen Standpunkt aus angefaßt hat. Man hat sich gefragt, was der hohe DNS-Turnover der Nucleolarfraktion zu bedeuten hat. Man nimmt allgemein an, daß die Synthese der ribosomalen Ribonucleinsäure (RNS) im Nucleolus stattfindet. Spiegelmann u. Mitarb.[5] haben einen Parallelismus zwischen der Zahl der Nucleoli und dem Prozentsatz der ribosomalen RNS, die sich mit nucleolarer DNS hybridieren läßt, gefunden.

Zwei Fragen können gestellt werden: die erste über die Rolle der nucleolaren DNS bei der Regulierung der ribosomalen RNS-Biosynthese, die zweite über die Bedeutung des hohen nucleolaren DNS-Turnovers. Um dieses Problem zu bearbeiten, sind zwei Bedingungen notwendig, die eine wäre das Vorhandensein eines Systems, in welchem der Vorläuferspiegel konstant bleibt und in dem man „Chase"-Experimente durchführen kann; die andere, daß die DNS, welche Nucleolar-DNS genannt wird, mit Sicherheit aus dem Nucleolus stammt. Um die erste Bedingung durchzuführen, haben wir die Leberperfusionstechnik angewandt. Da über die Wirklichkeit der Nucleolar-DNS, die durch Salzextraktion nach ALLFREY und MIRSKY[3] gewonnen wird, Kritiken angeführt wurden, haben wir auch das Verfahren zur Isolierung von Nucleoli von BUSCH u. Mitarb.[6] angewandt.

## Material und Methoden

Unsere Versuche sind mit männlichen, erwachsenen Wistar-Ratten von 200—250 g ausgeführt worden. In den in vivo-Experimenten wurde den Tieren, 30 min vor dem Töten, 300 $\mu$C $^{32}PO_4^{---}$ pro 100 g Lebendgewicht intravenös eingespritzt.

Mit Ausnahme einer kleinen Abänderung wurde die Perfusion der Leber nach dem Verfahren und mit der Apparatur von SCHIMASSEK[7] durchgeführt. Um Zeit zu gewinnen, haben wir keine Kanüle in die Vena cava eingelegt. Die Leber liegt auf einem Trichter, durch welchen das Blut abfließt. Das Rinderalbumin für das Perfusionsgemisch stammt aus den Behringwerken (Marburg), das Terramycin von Pfizer-Clin (Paris). Wir narkotisieren mit Nembutal (Laboratoire Abbott, Montreuil sous Bois). Es wurden 5 mg/100 g intraperitoneal verabreicht.

Nach einer Perfusion von 30 min (Blutdurchfluß 1—1,5 ml/g/min) wird die Leber in Gegenwart von $^3H$, mit $^3CH$-markiertem Thymidin (spezifische Aktivität 3 C/mM, Schwarz Bioresearch, USA) oder $^{32}PO_4^{---}$ (C.E.A., Paris) während einer halben Stunde weiter perfundiert. In den Versuchen mit Mitomycin C (Sigma USA) wurde das Antibioticum 15 min vor dem Radioisotop der Perfusionslösung hinzugefügt.

Ein gutes Kriterium der Leberperfusion wird durch die enzymatischen Bestimmungen von ATP und ADP (Biochemica Test Combination — Boehringer, Mannheim) erhalten.

Die Leberkerne werden durch das Verfahren von CHAUVEAU u. Mitarb.[9] in hypertonischen Zuckerlösungen isoliert. Zur Kernisolierung, erste Etappe der Kernfraktionierung, wird entweder eine 2,2 M Saccharoselösung, die 0,001 M $Ca^{++}$-Ionen enthält, für das leicht veränderte Verfahren von ALLFREY und MIRSKY[3], oder eine 2,4 M Saccharoselösung, die 0,003 M $Ca^{++}$-Ionen enthält, für das Verfahren von BUSCH u. Mitarb.[6] verwendet. Das Leberhomogenat, 1 g Leber/

10-15 ml Saccharoselösung, wird 70 min bei 40 000 g in der Spinco zentrifugiert und die Kerne als Sediment abgetrennt.

Zur Kernfraktionierung, nach dem nach ALLFREY und MIRSKY[3] leicht abgewandelten Verfahren, werden die Kerne in 10 Volumen Tris 0,01 M pH 7,6 aufgenommen und 15 min bei 0 °C gerührt, um die Kernlyse zu fördern. Das Gemisch wird dann auf Tris 0,5 M, pH 7,6, 0,003 M $CaCl_2$ eingestellt (durch Zugabe eines gleichen Volumens Tris 1 M, 0,006 M $CaCl_2$) und dann in einem Homogenisator vom Typ Potter und Elvehjem homogenisiert. Die Homogenisation wird zweimal nach 10 min Abstand wiederholt. Das Kernlysat wird 10 min bei 0 °C und 6000 g zentrifugiert. Der Überstand enthält den Kernsaft. Der Niederschlag wird mit 10 Volumen NaCl 1 M aufgenommen und während 15 Std bei 0 °C auf einem magnetischen Rührer extrahiert. Die Suspension wird anschließend 15 min im Spinco Rotor Nr. 40 bei 25 000 rpm abzentrifugiert. Der lösliche Teil ist die Chromatinfraktion. Der Niederschlag wird noch zweimal mit demselben Volumen NaCl jeweils eine Stunde extrahiert und wie vorher abgetrennt. Der letzte Niederschlag ist die Nucleolarfraktion.

Die Isolierung der Nucleoli nach BUSCH u. Mitarb.[6] erfolgt durch Ultraschallbehandlung einer Kernsuspension in 0,34 M Saccharoselösung (je 1 ml/g Leber) mit einem MSE (London) oder einem Raytheon(USA)-Gerät. Die Wirkung des Ultraschalls auf die Kerne wird durch genaue mikroskopische Kontrolle des Präparats (Färbung mit Azur C) geprüft.

Die Abtrennung und Reinigung der freigesetzten Nucleoli erfolgt durch Zentrifugieren des Sonikats in 50-ml-Röhrchen; 20 ml des Sonikats in 0,34 M Saccharoselösung werden über 20 ml 0,8 M Saccharoselösung geschichtet und während 20 min bei 2000 g und 0 °C zentrifugiert. Der Niederschlag von Nucleoli wird erneut in 0,34 M Zuckerlösung aufgenommen und über 0,88 M Saccharoselösung geschichtet und, wie schon geschrieben, zentrifugiert. Die Reinigung der Nucleoli wird wiederholt, bis das optische Bild keine wesentlichen Chromatinreste im Präparat zeigt.

Die DNS wird durch Desoxyribose nach BURTON[11], die RNS durch Ribose mittels Orcin[10], bestimmt.

Zur Bestimmung der spezifischen Aktivität der DNS wurden nach der Perfusion und nach der Fraktionierung, welche die Nucleoli oder die Nucleolarfraktion und die Chromatinfraktion ergibt, die säurelöslichen Phosphorverbindungen aus den verschiedenen Fraktionen durch Extraktion mit kalter 10% Trichloressigsäure, dann dreimal mit 7% kalter Trichloressigsäure und einmal mit kaltem, destilliertem Wasser entfernt. Jedesmal wird 5 min bei 0 °C zentrifugiert. Der Niederschlag wird danach durch 3 Extraktionen mit kaltem Alkohol, 3 Extraktionen mit kochendem Alkohol während 15 min, und schließlich 3 Extraktionen mit kochendem Äther entfettet. Nach jeder Extraktion wird der lösliche Teil durch Zentrifugieren entfernt.

Die verschiedenen Fraktionen werden schließlich mit 1 N Natronlauge nach SCHMIDT und TANNHÄUSER[8] hydrolysiert. Nach Ansäuern des Hydrolysats mit Perchlorsäure wird der lösliche Teil, der die Ribonucleotide enthält, abgetrennt. Der Niederschlag, der die DNS enthält, wird wieder in Natronlauge aufgelöst und mittels Perchlorsäure erneut ausgefällt. Nach dieser Fällung und nach einem Auswaschen mit kaltem, destilliertem Wasser wird das Präparat mit reiner DN-ase (Worthington, 10 $\mu$g/ml) hydrolysiert. Hierzu wird der Niederschlag in einem Volumen 0,2 M Phosphatpuffer pH 6,5 gelöst und nach Hinzufügen eines Volumens 0,05 M $MgSO_4$ mit 10 $\mu$g/ml DN-ase während 3 Std bei 37 °C inkubiert. Die Desoxy- und Oligodesoxyribonucleotide, die durch den DN-ase-Abbau entstehen, werden nach BURTON[11] bestimmt, und ihre Radioaktivität wird in einem Tricarb-Packardzähler gemessen.

## Ergebnisse

In unseren Perfusionsversuchen liegt der ATP/ADP-Quotient bei einem Mittelwert von 2,84. Er bildet ein gutes Kriterium für die Perfusion. Der RNS/DNS-Quotient der isolierten Nucleoli liegt durchschnittlich bei 3 bis 4, der der Kerne bei 0,20.

Unter unseren experimentellen Bedingungen finden wir sowohl mit $^3$H-Thymidin sowie mit $^{32}PO_4^{---}$ einen viel größeren Einbau in die DNS der Nucleolarfraktion als in die der Chromatinfraktion (Abb. 1).

Wir haben ähnliche Ergebnisse mit isolierten Nucleoli erhalten (Abb. 2), sowohl bei der Leberperfusion nach dem Verfahren von SCHIMASSEK[7] als *in vivo*. Die nach Perfusion erhaltenen Ergebnisse sind regelmäßiger als diejenigen, die man nach Verabreichung radioaktiver Vorläufer *in vivo* erhält.

Wir sehen, daß unter dem Einfluß des Mitomycins C die große Differenz zwischen der spezifischen Aktivität der DNS in den Nucleoli und des Chromatins weiter besteht (Abb. 3).

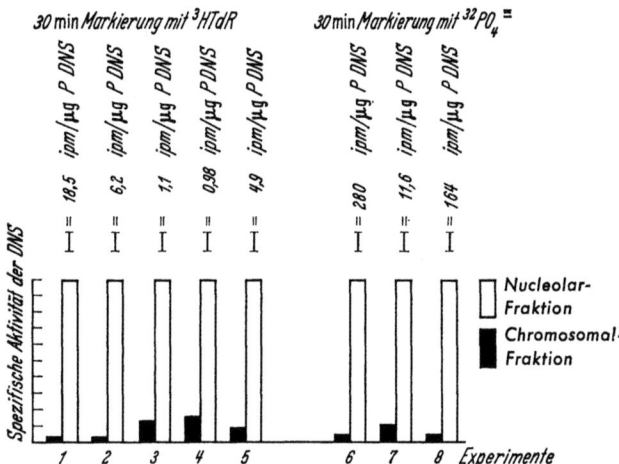

Abb. 1. Perfusion der isolierten Rattenleber. Spezifische Aktivität der DNS in den durch Salzextraktion gewonnenen Nucleolar- und Chromosomal-Fraktionen

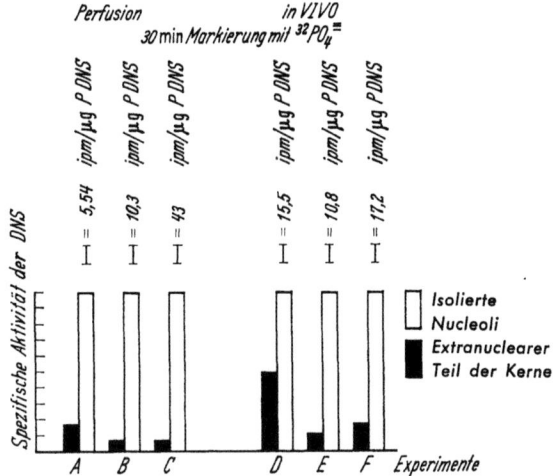

Abb. 2. Schnell markierte DNS in isolierten Nucleoli der Rattenleber

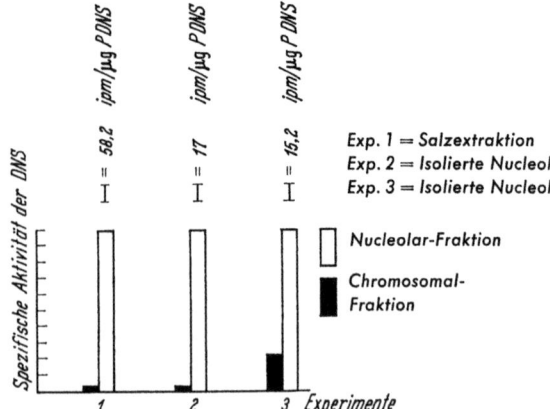

Abb. 3. Perfusion der isolierten Rattenleber. Einbau von $^{32}PO_4^{---}$ in die subnuclearen DNS-Fraktionen in Gegenwart von Mitomycin C (5 µg/ml)

## Diskussion

Der große Unterschied im Einbau von markierten Vorläufern in die DNS der Nucleolar- und Chromatinfraktion, den wir früher beschrieben hatten, findet sich mit der perfundierten Leber wieder. Durch diese letzten Versuche wurden genaue Bedingungen für einen konstanten Spiegel des markierten Vorläufers festgelegt. Der hohe Einbau wurde auch mittels isolierter, reiner Nucleoli bestätigt.

Die hohe spezifische Aktivität der nucleolaren DNS kann nicht von einer RNS-Verunreinigung herkommen, wenn man die angewandten Methoden beachtet: Abtrennung der RNS durch alkalische Hydrolyse, Reinigung des Niederschlags und Bestimmung der spezifischen Aktivität der säurelöslichen Nucleotide, die ausschließlich durch die DN-ase gebildet wurden.

Da wir bezweckten, eine Beziehung zwischen dem Turnover der DNS und der Biosynthese der RNS im Nucleolus zu finden, haben wir die Leber mit Mitomycin C perfundiert. Die Nucleolar-DNS bewahrt trotz des Antibioticums eine viel höhere spezifische Aktivität als die der Chromatin-DNS. Bemerkenswert ist der rasche Farbwechsel der Galle nach Zugabe des Antibioticums in das Perfusionsgemisch, was uns an eine schnelle Ausscheidung des Antibioticums durch die Galle denken läßt, und daher ist die Konzentration im Organ in Wirklichkeit viel geringer als geplant. Aber man findet gleichzeitig eine Verringerung der RNS-Biosynthese im Nucleolus (WINTZERITH und ITTEL, unveröffentlichte Resultate). Diese RNS ist hauptsächlich vom ribosomalen Typ. In unserem Falle scheint Mitomycin C mehr auf die Überschreibung als auf die Synthese der DNS zu wirken. Wir hoffen, ein spezifisches Antibioticum zu bekommen, wie Phleomycin, welches eventuell nur die nucleolare DNS-Synthese vollkommen hemmt.

Welches ist die Bedeutung der nucleolaren DNS und seines Turnovers? Berücksichtigt man die RNS-Synthese im Nucleolus und die hohe Aktivität der RNS-Polymerase im Nucleolus [12, 13], so kann man annehmen, daß die nucleolare DNS das Template für die ribosomale RNS ist. Man hat auch festgestellt, daß die nucleolare DNS mit ribosomaler RNS hybridiert[14]. Aber diese Befunde erklären nicht den hohen Turnover der nucleolaren DNS. Andere, noch unveröffentlichte Versuche, stehen im Einklang zu dieser Hypothese: so haben wir durch Diäthylnitrosamin, welches leberkrebserzeugend wirkt, einen erhöhten Turnover der DNS und eine Stimulierung der RNS-Synthese im Nucleolus gefunden. Man könnte annehmen, daß dieser hohe Turnover, welcher in Wirklichkeit eine DNS-Biosynthese anzeigt, ein Regulationsmechanismus ist, der unter gewissen Bedingungen eine größere Anzahl Ribosomalcistronen bildet, wodurch eine erhöhte ribosomale RNS-Synthese ermöglicht wird. Um unsere Hypothese zu prüfen, benötigen wir einen spezifischen Hemmstoff der DNS-Biosynthese im Nucleolus, um zu sehen, ob die Anregung der ribosomalen RNS-Biosynthese in der normalen oder in der durch krebserzeugende Agentien behandelten Leber gehemmt wird. Die Leberperfusionstechnik gibt günstige Bedingungen zur Durchführung solcher Versuche.

Wir danken insbesonders Herrn Professor Dr. BUSCH und Herrn Dr. med. Doz. SCHIMASSEK, die uns während eines Aufenthalts in ihren Laboratorien ermöglichten, uns mit ihren Techniken vertraut zu machen.

Herrn A. STAUB danken wir für seine ausgezeichnete Mitarbeit.

## Literatur

[1] MANDEL, P., I. BORKOWSKA, M. WINTZERITH, and L. MANDEL: 1st Meeting Fed. of Europ. Biochem. Soc., London, Abstr. A 47 (1964).

[2] WINTZERITH, M., N. KLEIN-PETE, I. LIPOVSKI-DE LAPPARENT, L. MANDEL, and P. MANDEL: C. R. Acad. Sci. 257, 3690 (1963).

[3] ALLFREY, V. G., and A. E. MIRSKY: Proc. nat. Acad. Sci. (Wash.) 43, 821 (1957).

[4] GRANBOULAN, N., and P. GRANBOULAN: Exp. Cell Res. 34, 71 (1964).
[5] RITOSSA, I. M., and S. SPIEGELMAN: Proc. nat. Acad. Sci. (Wash.) 53, 737 (1965).
[6] MURAMATSU, M., K. SMETANA, and H. BUSCH: Cancer Res. 23, 510 (1963).
[7] SCHIMASSEK, H.: Biochem. Z. 336, 460 (1963).
[8] SCHMIDT, G., and S. J. THANNHÄUSER: J. Biol. Chem. 161, 83 (1945).
[9] CHAUVEAU, J., Y. MOULE, and C. ROUILLER: Exp. Cell. Res. 11, 317 (1956).
[10] MEJBAUM, W.: Z. Physiol. Chem. 258, 117 (1939).
[11] BURTON, K.: Biochem. J. 62, 315 (1956).
[12] TSUKADA, K., and I. LIEBERMAN: J. Biol. Chem. 239, 2952 (1964).
[13] RO, T. S., M. MURAMATSU, and H. BUSCH: Biochem. biophys. Res. Commun. 14, 149 (1964).
[14] MCCONKEY, E. H., and J. W. HOPKINS: Proc. nat. Acad. Sci. (Wash.) 51, 1197 (1964).

## Diskussion

KOBLET: Haben Sie die in Frage stehenden DNS-Fraktionen im Caesiumchlorid-Dichte-Gradienten geprüft?

MANDEL: Leider haben wir zu wenig DNS, um es im Caesiumchlorid-Dichte-Gradienten prüfen zu können. Man sollte etwa 50 Ratten nehmen, um das Minimum für einen Caesiumchlorid-Gradienten zu haben. Wir wissen aber, daß das Basenverhältnis der ribosomalen Zusammensetzung sehr ähnlich ist.

KOBLET: Dann würde mich interessieren, weshalb Sie ein so niedriges Molekulargewicht von nur 700 000 angenommen haben für Ihre Berechnungen?

MANDEL: Ich nehme ein Molekulargewicht zwischen 600 000 und 1 000 000 an. Wenn wir 1 000 000 annehmen, dann bekommen wir etwa 5000 Cistrone.

KOBLET: Es spielt doch eine Rolle, ob Sie 3000 oder 1000 annehmen?

MANDEL: Nein, es handelt sich hauptsächlich um eine Größe, welche mindestens 2500 Cistronen für ribosomale RNS entspricht.

GERBER: Hatten Sie Ihre Tiere hungern lassen?

MANDEL: Wir haben unsere Versuchstiere 8 Std hungern lassen, weil wir gefunden haben, daß bei längerem Hungern sehr große Unterschiede in der RNS-Polymeraseaktivität vorkommen.

STAIB: Wie verhält sich die Polymerase-Aktivität unter verschiedenen Perfusionsdrucken? Können Sie vielleicht dazu etwas sagen?

KOBLET: Partielle Hepatektomie führt in der Restleber zu einer Erhöhung der spezifischen Aktivität der RNS-Polymerase und zu einer Beschleunigung der RNS-Synthese. LIEBERMAN et al. [J. biol. Chem. 240, 3140 (1965)] fanden, daß rasche Injektionen von 0,15 M-NaCl in die Pfortader gleich wirken wie die partielle Hepatektomie. Wurden aber Ribose oder Uridin oder Cytidin mit verabfolgt, so bleiben die erwähnten Veränderungen aus.

GERBER: Das fällt natürlich in das Problem der Leberregeneration. Man hat sich überlegt, wenn die Leber kleiner geworden ist und noch gleich viel Blut durchfließen muß, daß dadurch der Druck steigt, und daß dies unter Umständen die Regeneration auslösen könnte. Das ist aber keineswegs bewiesen. Es gibt auch Versuche von anderen Leuten, die dem widersprechen. Im übrigen ist die Polymerase sehr empfindlich. Ich glaube, das hat wiederum LIEBERMANN gezeigt. Schon wenn Sie Heparin geben, oder wenn Sie narkotisieren, steigt ihre Aktivität an. Das ist also eine sehr zweifelhafte Sache.

# Pharmakologie

## Stoffwechsel von Pharmaka in der isoliert perfundierten Rattenleber. Untersuchungen über das Methylhydrazinderivat Ibenzmethyzin

Von

Marco Baggiolini und Beatrice Dewald

*Medizinisch-Chemisches Institut der Universität Bern*

Mit 3 Abbildungen

Methylhydrazine bilden eine neue Klasse von tumorhemmenden Substanzen, deren Wirkungsmechanismus von jenem der bisher bekannten Cytostatica verschieden zu sein scheint. Die Überprüfung einer größeren Anzahl homologer Hydrazine und Hydrazide hat ergeben, daß vor allem die $N^2$-substituierten Methylhydrazine cytostatische Wirksamkeit aufweisen. Aus dieser Reihe wurde das Ibenzmethyzin (Natulan®, 4-[$N^1$-Methylhydrazinomethyl]-N-isopropyl-benzamid-hydrochlorid) als Verbindung mit verhältnismäßig großer therapeutischer Breite ausgewählt und in die Therapie eingeführt[1, 2]:

$(CH_3)_2 - CH - NH - CO - \langle\phantom{O}\rangle - CH_2 - NH - NH - CH_3 \cdot HCl.$

Untersuchungen über die Umsetzung von Ibenzmethyzin (IBZ) führten bisher zum direkten Nachweis folgender drei Abbauprodukte: 1. das durch Dehydrierung gebildete Azo-Derivat (Azo-IBZ) 4-[Methylazomethyl]-N-isopropyl-benzamid, 2. $CO_2$ und 3. Terephthalsäure-isopropylamid (TS). Die Verabreichung der $N^1$-methylmarkierten Verbindung bei Maus und Ratte hat die Ausscheidung von $^{14}CO_2$ in der Atemluft zur Folge[3, 4]. Die $N^1$-Methylgruppe wird nach Kreis et al.[5] im Organismus teils oxydativ abgespalten, teils durch Transmethylierung u. a. auf Purinbasen übertragen. In Versuchen am Menschen, Hund und an der Ratte konnten Raaflaub und Schwartz[6] zeigen, daß die Dehydrierung von IBZ zur entsprechenden Azo-Verbindung, die sich im Modellsystem durch Spuren von Metallsalzen bzw. Metallkomplexen beschleunigen läßt[7, 8], auch in vivo sehr rasch verläuft. Nach der Verabreichung von IBZ wurde schließlich bei mehreren Species Terephthalsäure-isopropylamid (TS) als wichtigstes Abbauprodukt im Urin nachgewiesen[6, 9].

Wir untersuchten in der isoliert perfundierten Rattenleber die Reaktionsgeschwindigkeit der Dehydrierung von IBZ zum Azo-Derivat sowie der Spaltungsreaktionen im Bereich der Hydrazingruppe, die zur Bildung von $CO_2$ und TS führen. Die verwendete Apparatur ist in Abb. 1 schematisch dargestellt.

Für die Bildung von $^{14}CO_2$ aus $N^1$-methyl-markiertem IBZ resp. Azo-IBZ können prinzipiell drei verschiedene Wege postuliert werden: 1. die Spaltung der $N^1$-$CH_3$-Bindung, 2. die Spaltung der N-N-Bindung unter Bildung von Methylamin und nachfolgender oxydativer Methylamin-Demethylierung, 3. die Spaltung der $N^2$-C-Bindung unter Bildung von Monomethylhydrazin (MMH) und Demethylierung dieses Zwischenproduktes entweder direkt oder über Methylamin als Zwischenstufe. Die $^{14}CO_2$-Bildungsrate ermittelten wir auf Grund der Steigung der kumulativen $^{14}CO_2$-Ausscheidungskurve im stationären Zustand[11]. Die Beobachtung, daß bei der Ratte in vivo die Vorbehandlung mit IBZ oder MMH (0,4 mMol/kg 30 min vor der Methylamin-Applikation) eine Hemmung der Methylamin-Oxydation von mehr als 95% bewirkt, und daß im Perfusionsexperiment bei vollständiger Hemmung der Methylamin-Oxydation $^{14}C$-Methylamin weder aus $^{14}CH_3$-IBZ noch aus $^{14}C$-MMH im Perfusat angereichert wird, berechtigt zur Annahme, daß im untersuchten System Methylamin weder aus IBZ noch aus MMH gebildet wird. Durch die Messung der Demethylierungsgeschwindigkeiten ($^{14}CO_2$-Produktion) von $^{14}C$-IBZ und $^{14}C$-MMH in der isoliert perfundierten Rattenleber nach Hemmung der mikrosomalen Oxydasen mit SKF 525-A ($\beta$-Diäthylaminoäthyl-diphenylpropylacetat-hydrochlorid) sowie nach deren Induktion durch 20-Methylcholanthren-Vorbehandlung versuchten wir abzuklären, ob MMH als obligates Zwischenprodukt bei der Demethylierung von IBZ anzusehen ist. Die gemessenen Demethylierungsraten sind in der Tabelle angegeben. Der Zusatz von SKF 525-A zum Perfusat (1/10 der Substratkonzentration) hat eine 50%ige Abnahme der Demethylierungsgeschwindigkeit von IBZ zur Folge. Unter denselben Bedingungen beträgt die Erniedrigung der Demethylierungsrate von MMH nur 15%. Die Vorbehandlung der Ratten mit 20-Methylcholanthren bewirkt bei IBZ eine mehr als 3fache Erhöhung, bei MMH dagegen eine geringfügige, jedoch signifikante Erniedrigung der $CO_2$-Bildungsgeschwindigkeit[12]. Im in vivo-Versuch fällt die kleine Demethylierungsrate von MMH auf, die möglicherweise mit der raschen Ausscheidung durch die Niere zu erklären ist[4]. Das unterschiedliche Verhalten nach Induktion und

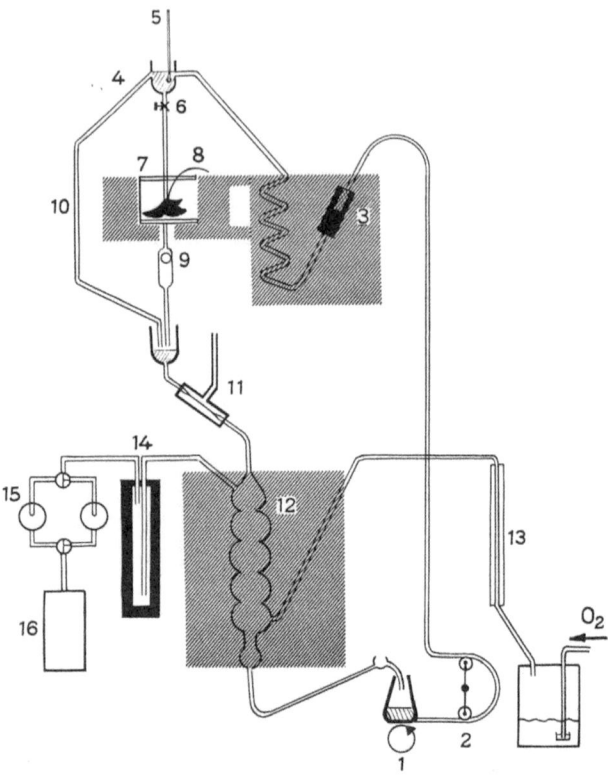

Abb. 1. Perfusionsapparatur. Zusammensetzung des Perfusates: 80 Teile gewaschene Rindererythrocyten, 120 Teile Ringer-Phosphat-Bicarbonat-Lösung, 3,0 g Rinderalbumin, 0,8 g Glucose, 15,0 mg Aureomycin auf 200 ml Perfusat. Temperatur 37 ± 0,2 °C. Leberdurchfluß: 1,5 ml/g Leber pro min. Perfusatdruck 20—21 cm Wasser. $O_2$-Fluß: 180 ml/min. 1 Depotgefäß mit Magnetrührer; 2 Rollenpumpe; 3 Filter; 4 Überlaufgefäß; 5 Thermometer; 6 Klammer zur Regulierung des Leberdurchflusses; 7 thermostatisierte Leberkammer; 8 Gallenkatheter; 9 Durchflußmesser; 10 Überlauf; 11 Überdruckventil; 12 Oxygenator; 13 Rotameter zur Messung des $O_2$-Flusses; 14 Kühlfalle; 15 $CO_2$-Absorptionsgefäße (vgl. Lit. 10); 16 Pumpe; die schraffierten Flächen entsprechen thermostatisierten Wasserbädern

Hemmung im Perfusionsexperiment zeigt, daß die Demethylierungswege von IBZ und MMH verschieden sein müssen. Der Hauptweg der Demethylierung von IBZ scheint somit die primäre Spaltung der $N^1$-$CH_3$-Bindung zu sein. Es kann sich dabei um eine direkte De-

Tabelle 1. *Demethylierung von Ibenzmethyzin und Monomethylhydrazin bei der Ratte in vivo und in der isoliert perfundierten Leber*

Demethylierungsrate im stationären Zustand in µMol $^{14}CO_2$/h pro 100 g K.-Gew.; Durchschnittswerte aus 5—9 Experimenten ± Standardabweichung. In Klammern: Relative Demethylierungsrate (keine Vorbehandlung = 100). Substratkonzentration: $5 \cdot 10^{-4}$ M im Perfusat (= 100 µMol pro Leber) bzw. 0,4 mMol/kg i.p. in vivo. 20-Methylcholanthren 48 h vor dem Substrat: 20 mg/kg in 0,7 ml Arachisöl i.p. SKF 525-A 60 min vor dem Substrat: $5 \cdot 10^{-5}$ M im Perfusat (= 3,9 mg pro Leber) bzw. 50 mg/kg i.p. in vivo

| Substrat | keine Vorbehandlung | 20-Methyl-cholanthren-Vorbehandlung | SKF 525-A-Vorbehandlung |
|---|---|---|---|
| *Ibenzmethyzin* | | | |
| Perfusion | 1,18 ± 0,19 (*100*) | 3,66 ± 0,51 (*310*) | 0,60 ± 0,11 (*51*) |
| in vivo | 1,83 ± 0,08 (*100*) | 6,39 ± 0,07 (*349*) | 0,98 ± 0,07 (*54*) |
| *Monomethylhydrazin* | | | |
| Perfusion | 2,08 ± 0,14 (*100*) | 1,54 ± 0,10 (*74*) | 1,80 ± 0,17 (*86*) |
| in vivo | 0,70 ± 0,10 (*100*) | 0,70 ± 0,03 (*100*) | |

methylierung von IBZ selbst, oder was in Anbetracht der raschen IBZ-Dehydrierung im Organismus wahrscheinlicher sein dürfte, des entsprechenden Azoderivates handeln. Die früher postulierte intermediäre Bildung von MMH läßt sich nicht völlig ausschließen, kann jedoch als Weg von untergeordneter Bedeutung betrachtet werden.

Für die Untersuchung der Geschwindigkeit, mit welcher IBZ in der isoliert perfundierten Rattenleber zur Azo-Verbindung dehydriert und Terephthalsäure-isopropylamid gebildet wird, verwendeten wir $^{14}$C-carbamoyl-markiertes Ibenzmethyzin. Wir bestimmten die Konzentration an unverändertem IBZ, Azo-IBZ und TS durch die Messung der Radioaktivität nach präparativer Trennung der drei Substanzen aus dem Perfusat. (Ausführliche Angaben über die Extraktionsmethode vgl.[13].) Da diese Verbindungen weder in der Leber angereichert, noch in bedeutender Menge mit der Galle ausgeschieden werden (max. 3%/o pro h), konnte die Perfusatkonzentration als repräsentativ für das Verhalten im Stoffwechsel angesehen werden. Inkubationsversuche mit Leberhomogenat und Zellfraktionen zeigen, daß die Oxydation des bei der Spaltung der $N^2$-C-Bindung entstehenden Aldehyds (4-Formyl-benzoesäure-isopropylamid) zur entsprechenden Säure (TS) von einer in der löslichen Fraktion (100 000 × g-Überstand) vorkommenden, NAD-abhängigen Aldehyddehydrogenase katalysiert wird. Dieser Schritt verläuft viel rascher als die $N^2$-C-Spaltung. Die TS-Bildungsrate ist somit — gleich wie die $CO_2$-Produktionsrate im Falle der Demethylierung — ein Maß für die Spaltungsgeschwindigkeit der $N^2$-C-Bindung. Die Dehydrierung von IBZ und die TS-Bildung wurden — in Analogie zur Demethylierung — ohne Vorbehandlung (I), nach Vorbehandlung

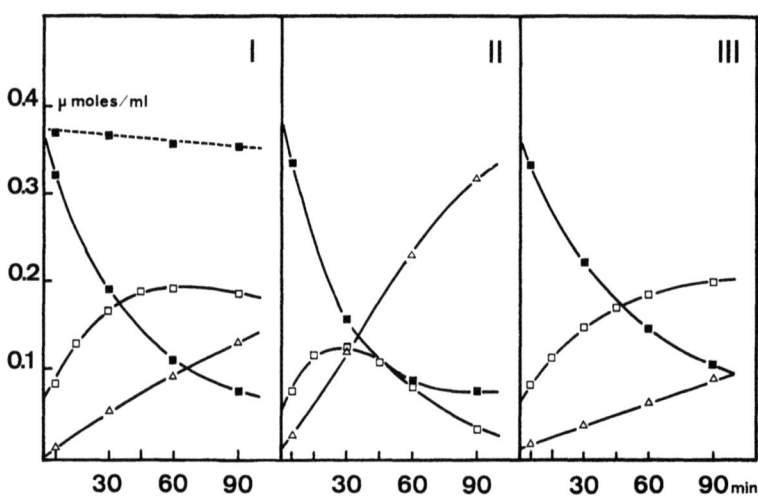

Abb. 2. Dehydrierung von Ibenzmethyzin und Bildung von Terephthalsäure-isopropylamid in der isoliert perfundierten Rattenleber. Konzentration in µMol/ml Perfusionsflüssigkeit (Überstand nach Abzentrifugierung der Erythrocyten); Anfangskonzentration von Ibenzmethyzin im Perfusat: $5 \cdot 10^{-4}$ M (= 100 µMol pro Leber). ■———■ Ibenzmethyzin; □———□ Azo-Derivat; △———△ Terephthalsäure-isopropylamid; (■- - - -■ = Blindwert). I ohne Vorbehandlung; II nach Vorbehandlung mit 20-Methylcholanthren (20 mg/kg i.p. 48 h vor der Perfusion); III nach Vorbehandlung mit SKF 525-A ($5 \cdot 10^{-5}$ M = 3,9 mg pro Leber, Zugabe zum Perfusat 60 min vor dem Substrat). Für die Volumenabnahme des Perfusats, die nach 6 Probeentnahmen insgesamt 14% beträgt, ist keine Korrektur der Metabolitenkonzentrationen vorgenommen worden

mit 20-Methylcholanthren (II) und nach Vorbehandlung mit SKF 525-A (III) verfolgt. Die Resultate dieser Experimente sind in Abb. 2 dargestellt. In allen drei Versuchsserien nimmt die IBZ-Konzentration im Perfusat rasch ab. Die Hemmung mit SKF 525-A verlängert die Halbwertszeit von IBZ von 30 auf 42 min und reduziert die TS-Bildungsgeschwindigkeit auf die Hälfte der Kontrolle. Die Induktion der mikrosomalen Oxydasen mit 20-Methylcholanthren hat eine Verkürzung der Halbwertszeit von IBZ von 30 auf 22 min sowie eine ca. 3fache Erhöhung der TS-Bildungsrate zur Folge. Die Konzentrationsänderung von Azo-IBZ kann in allen drei Fällen als die Resultante zwischen IBZ-Dehydrierung und TS-Bildung interpretiert werden. Azo-IBZ ist somit als das Substrat der oxydativen $N^2$-C-Spal-

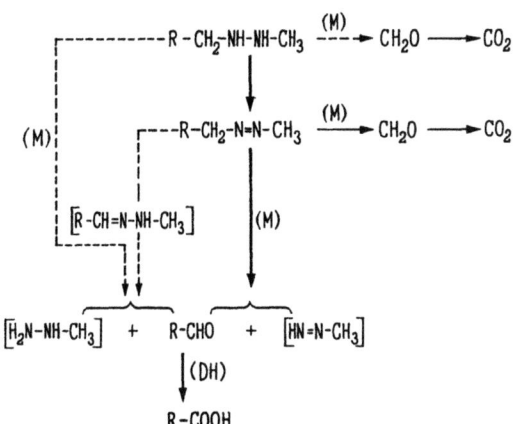

Abb. 3. Schema des Stoffwechsels von Ibenzmethyzin.
$R = (CH_3)_2—CH—NH—CO—C_6H_4—$
In Klammern: nicht nachgewiesene Produkte; ———→ nicht gesicherte Reaktionen; (M) = Mikrosomale Oxydasen; (DH) = Aldehyddehydrogenase

tung zu betrachten. Ob auch IBZ (vgl. Schema Abb. 3) auf dieselbe Weise durch die mikrosomalen Oxydasen gespalten werden kann, läßt sich auf Grund der vorliegenden Experimente nicht entscheiden. Die hydrolytische Spaltung der $N^2$-C-Bindung nach Isomerisierung von Azo-IBZ zum entsprechenden Hydrazon[6, 14] ist im biologischen System nicht wahrscheinlich, da weder eine Methylcholanthren-Induktion noch eine SKF 525-A-Hemmung dieser Reaktionen bekannt ist. Eigene Untersuchungen in vitro mit Leberhomogenat und Zellfraktionen liefern keine Anhaltspunkte, welche für die Entstehung des genannten Hydrazons sprechen.

Mit der Versuchsanordnung der isoliert perfundierten Rattenleber war es uns möglich, die Spaltung beider N-C-Bindungen der Hydrazingruppe von IBZ unter denselben Bedingungen zu untersuchen. Die charakteristische Beeinflussung der Demethylierungsgeschwindigkeit und der Bildungsrate von TS entweder durch 20-Methylcholanthren- oder SKF 525-A-Vorbehandlung zeigt, daß sowohl die $N^1$-C- als auch die $N^2$-C-Bindung durch die mikrosomalen Oxydasen gespalten werden. Die Rate der $N^2$-C-Spaltung ist dabei um 5—6mal höher als diejenige der Demethylierung. Die prozentuale Zunahme nach Induktion resp. Abnahme nach Hemmung ist jedoch in beiden Fällen gleich groß.

Azo-IBZ, das wie IBZ selbst cytostatisch wirksam ist[15], muß als Hauptträger der Wirkung betrachtet werden, da es sehr rasch aus IBZ gebildet, jedoch relativ langsam zu inaktiven Metaboliten abgebaut wird. Infolge seiner Lipoidlöslichkeit wird es außerdem nicht durch die Niere ausgeschieden. Bei der mikrosomalen oxydativen Spaltung der $N^2$-C-Bindung von Azo-IBZ muß neben 4-Formyl-benzoesäure-isopropylamid die Entstehung von Methyldiimin ($CH_3$-N=NH) postuliert werden, einer sehr labilen Verbindung, über deren biologische Umsetzung nichts bekannt ist (Abb. 3). Die protrahierte Abspaltung von relativ großen Mengen dieses Methyldiimins muß im Zusammenhang mit dem Wirkungsmechanismus von IBZ erwogen werden, da die Möglichkeit besteht, daß diese Substanz oder eines ihrer Derivate (z. B. Diazomethan) alkylierend wirkt. Dadurch könnte die von KREIS et al.[5] beschriebene N-Methylierung von Purinbasen erklärt werden. Die Tatsache, daß Azo-IBZ, nicht aber das entsprechende Hydrazon, cytostatisch wirksam ist[15, 16], steht ebenfalls mit dieser Hypothese in Einklang.

## Zusammenfassung

Die Dehydrierung des Methylhydrazinderivates Ibenzmethyzin zur entsprechenden Azo-Verbindung und die Spaltung der beiden N-C-Bindungen der Hydrazingruppe, die zu $CO_2$ und Terephthal-säure-isopropylamid führt, wurden in der isoliert perfundierten Rattenleber untersucht. Durch Verfolgung der Änderung der Bildungsraten dieser drei Umsetzungsprodukte nach Hemmung der mikrosomalen Oxydasen mit SKF 525-A sowie nach deren Induktion durch

20-Methylcholanthren konnte folgendes Bild der biologischen Umwandlung von Ibenzmethyzin gewonnen werden:
1. Ibenzmethyzin wird sehr rasch zum Azo-Derivat dehydriert.
2. Sowohl die $N^1$-C- als auch die $N^2$-C-Bindung werden durch die mikrosomalen Oxydasen gespalten.
3. Das Azo-Derivat ist als das hauptsächlichste Substrat der Spaltung der N-C-Bindungen durch die mikrosomalen Oxydasen zu betrachten.
4. Bei der oxydativen Spaltung der $N^2$-C-Bindung des Azo-Derivates muß die Bildung von Methyldiimin postuliert werden. Dieses könnte als Alkylierungsmittel Bedeutung für die Wirkung von Ibenzmethyzin besitzen.

## Literatur

[1] ZELLER, P., H. GUTMANN, B. HEGEDÜS, A. KAISER, A. LANGEMANN u. M. MÜLLER: Experientia 19, 129 (1963).
[2] BOLLAG, W., u. E. GRUNBERG: Experientia 19, 130—131 (1963).
[3] BAGGIOLINI, M., M. H. BICKEL u. F. S. MESSIHA: Experientia 21, 334—336 (1965).
[4] SCHWARTZ, D. E.: Experientia 22, 212—213 (1966).
[5] KREIS, W., Susan B. PIEPHO u. Hannah V. BERNHARD: Experientia 22, 431—433 (1966).
[6] RAAFLAUB, J., u. D. E. SCHWARTZ: Experientia 21, 44—45 (1965).
[7] AEBI, H., Beatrice DEWALD u. Hedi SUTER: Helv. chim. Acta 48, 656 bis 674 (1965).
[8] — — —: Helv. chim. Acta 48, 1380—1394 (1965).
[9] OLIVERIO, Vincent T., Charlene DENHAM, Vincent T. DEVITA u. Margaret G. KELLY: Cancer Chemother. Rep. 42, 1—7 (1964).
[10] BAGGIOLINI, M.: Experientia 21, 731—733 (1965).
[11] —, u. M. H. BICKEL: Life Sci. 5, 795—802 (1966).
[12] —, u. Beatrice DEWALD: Helv. Physiol. Acta 24, C 72—C 74 (1966).
[13] — —, u. H. AEBI: In Vorbereitung.
[14] BERNEIS, K., M. KOFLER, W. BOLLAG, P. ZELLER, A. KAISER u. A. LANGEMANN: Helv. chim. Acta 46, 2157—2167 (1963).
[15] BOLLAG, W., A. KAISER, A. LANGEMANN u. P. ZELLER: Experientia 20, 503 (1964).
[16] BOLLAG, W.: Persönliche Mitteilung.

## Diskussion

KOBLET: Wir haben zeigen können (Europ, J. Canc., zur Publikation eingereicht), daß Ibenzmethyzin in einer Dosierung von $3 \times 40$ mg/200 g K.-Gew. innerhalb einer Woche die Proteinsynthese in der Rattenleber völlig blockiert. Ist es aufgrund Ihrer Resultate denkbar, daß RNA durch Ibenzmethyzin mittels eines mikrosomalen transmethylierenden Enzymsystems methyliert wird?

BAGGIOLINI: Unsere Befunde sprechen für die metabolische Entstehung von Methyldiimin. Ob die cytostatische Wirkung von Ibenzmethyzin oder dessen Hemmung der Proteinsynthese [A. C. SARTORELLI u. S. TSUNAMURA: Mol. Pharmacol. 2, 275—283 (1966)] damit zusammenhängt, ist durchaus nicht abzuleiten. Wir untersuchen gegenwärtig, ob die Methylgruppe von Ibenzmethyzin im Leberperfusions-System auf einen künstlichen Acceptor übertragen wird, und ob diese Übertragung von der Aktivität der mikrosomalen Oxydasen abhängig ist.

KOBLET: Aber es wäre denkbar, daß am mikrosomalen Apparat transmethyliert wird.

BAGGIOLINI: Ich würde es so sagen: durch die Einwirkung einer mikrosomalen Oxydase wird Methyldiimin abgespalten. Dieses (oder daraus entstehendes Diazomethan) überträgt die Methylgruppe durch eine Alkylierungsreaktion, nicht enzymatisch also.

KATZ: Ich möchte etwas zur Methodik der $CO_2$-Sammlung fragen. Es ist doch sehr wichtig, $^{14}CO_2$ quantitativ zu sammeln. Mir ist es aber nie gelungen, mehr als 50—60% der Menge wiederzufinden, die ich als radioaktives Bicarbonat in die Vena portae gegeben habe.

BAGGIOLINI: Wir berechnen unsere metabolische Rate aus dem Steady-State-Abschnitt der $^{14}CO_2$-Ausscheidungskurve. Deshalb kommt es auf eine prozentual gleichbleibende und nicht auf eine vollständige $^{14}CO_2$-Eliminierung an.

BÜCHER: Sie oxygenieren mit reinem Sauerstoff ohne $CO_2$-Zusatz. Halten Sie denn dabei das pH in Ihrer Perfusionslösung einigermaßen konstant?

BAGGIOLINI: Wenn wir die Ringer-Phosphat-Bicarbonat-Lösung verwenden, ist das pH zu Beginn 7,4 und nach 3 Std zwischen 7,2 und 7,3.

NETTER: Zwei Befunde sind interessant: 1. SKF hemmt hier bereits in einer Konzentration, die $^1/_{10}$ derjenigen des Substrates beträgt. Das ist in Lebermikrosomen in vitro nicht der Fall; dort braucht man sehr viel mehr. 2. Es gibt offensichtlich verschiedene Demethylasen mit verschiedenem Verhalten. Das hat man aus Unterschieden in der Induzierbarkeit mit 3-Methylcholanthren oder mit Phenobarbital geschlossen. Und zwar steigt z. B. die p-Nitroanisol-O-Demethylase nach Phenobarbital wesentlich stärker an als die N-Monomethyl-p-Nitranilin-N-Demethylase. Außerdem möchte ich Sie fragen, ob Sie glauben, daß die Säureamidbindung des Ibenzmethyzins hydrolysiert wird. So etwas kommt ja z. B. bei dem Lokalanaestheticum Lidocain vor [G. HOLLUNGER: Acta pharmacol. et toxicol. (Kbh) 17, 365 (1960)]. Allerdings scheint die Aktivität dieser „Säureamidase" relativ gering zu sein.

BAGGIOLINI: Nach der Verabreichung von Ibenzmethyzin in vivo findet man im Urin große Mengen von Terephthalsäureisopropylamid, aber keine Terephthalsäure und kein Terephthalsäureamid. Die Abspaltung des Isopropylrestes erfolgt auch in anderen Fällen sehr langsam.

NETTER: Dann scheint die Spaltung der Säureamidbindung hier also keine Rolle zu spielen.

BAGGIOLINI: Ich muß noch etwas nachtragen: etwa zur selben Zeit wie wir hat die Gruppe von MANNERING [Mol. Pharmacol. **2**, 335—340 (1966)] die Wirkung von SKF 525 A auf den Stoffwechsel von Hexobarbital in der isolierten Leber untersucht. Mit nahezu demselben Konzentrationsverhältnis SKF-Substrat haben diese Autoren eine etwa 50%ige Zunahme der Hexobarbital-Halbwertszeit hervorrufen können. Sie verabreichten den Hemmer 1 min vor dem Substrat.

NETTER: Dies Phänomen läßt sich vielleicht durch die starke — aber anscheinend nur in vivo stattfindende — Adsorption des SKF an die Strukturen des endoplasmatischen Reticulums erklären. Dadurch würde ja dann die effektive Konzentration am Ort der Wirkung viel höher sein als in der Perfusionsflüssigkeit.

MANDEL: Sind diese Produkte in einem enzymatischen in vitro-Test untersucht worden?

BAGGIOLINI: Wir haben die Demethylierung der methylmarkierten Verbindung auch in vitro untersucht [AEBIE et al.: Helv. Physiol. Acta **24**, 1 (1966)]. Dabei erhielten wir mit Mikrosomen-Präparationen die höchsten Demethylierungsraten. Die Oxydation von Ibenzmethyzin zum Azoderivat findet ebenfalls auch in vitro statt (Leberhomogenat, isolierte Mikrosomen). Wir untersuchen zur Zeit die Bedingungen dieser Oxydation.

NETTER: Noch eine letzte Frage. Halten Sie eine N-Hydroxylierung an einem der beiden Hydrazin-Stickstoffe für möglich?

BAGGIOLINI: Eine N-Oxyd-Bildung wurde vorgeschlagen. Wir haben dafür keine Anhaltspunkte. Theoretisch muß die Möglichkeit erwogen werden.

WILLMS: Ich habe nur noch eine Frage zur Methodik. Kam es Ihnen nur auf das $^{14}CO_2$ an, oder haben Sie das gesamte $CO_2$ gemessen?

BAGGIOLINI: Nur das $^{14}CO_2$.

WILLMS: Wir begasen mit Carbogen und haben dabei ebenfalls das $^{14}CO_2$ gemessen. Das ist möglich.

BAGGIOLINI: In diesem Falle benötigen Sie wohl große Volumina einer sehr starken Base.

WILLMS: Ja. Wir haben ein gasdicht abgeschlossenes Kreislaufsystem. Wir leiten das Gas aus der „Lunge" zum Trocknen über $CaCl_2$ und sammeln $CO_2$ in einem Gemisch aus Methylcellosolve und Äthanolamin. Ein Aliquot kann jeweils direkt in ein Szintillationsglas gegeben und gezählt werden. Wir kontrollieren die Vollständigkeit der Absorption durch ein zweites, hinter das erste geschaltetes Absorptionsgefäß.

BAGGIOLINI: Mit diesem Gemisch müssen Sie aber mit großen Volumina arbeiten, bzw. die Absorptionslösung oft auswechseln. Bei Begasung mit $O_2$ können wir das $CO_2$ mit 11 ml eines Äthanolamin-Methanol-Gemisches (20:80) direkt in den Probengläschen des Szintillationszählers abfangen (vgl. Ref. [10]).

## Der Einfluß des Äthanols auf den Stoffwechsel der perfundierten Rattenleber

Von

OLOF A. FORSANDER

*Forschungslaboratorien des Staatlichen Alkoholmonopols (Alko), Helsinki Finnland*

Mit 3 Abbildungen

Äthanol hat schon in geringen Konzentrationen einen pharmakologischen Einfluß auf das Zentralnervensystem, aber erst in recht hohen Konzentrationen scheint es pharmakologisch auf die Funktion der Leber einzuwirken. Da es als Substrat an den oxydativen Prozessen teilnimmt, wirkt Äthanol schon in geringer Menge auf den normalen Metabolismus der Leber ein.

Äthanol wird in der Leber sehr rasch oxydiert. Man hat berechnet, daß die Oxydation des konsumierten Alkohols etwa 75 bis 100%/o des gesamten Sauerstoffverbrauches der Leber beansprucht[1]. Die Oxydation des Äthanols monopolisiert die Wege des Wasserstofftransportsystems so lange, wie das den Alkohol oxydierende Enzymsystem mit Substrat gesättigt ist. Man hat berechnet, daß die maximale Oxydationsgeschwindigkeit des Äthanols bei einer Konzentration um etwa 1 mM erreicht wird.

Die Umwandlung des Äthanols in der Leber geschieht auf einem sehr spezifischen Wege. Sein Abbau verläuft unter Einwirkung von Alkoholdehydrogenase zum Acetaldehyd und weiter durch Aldehyddehydrogenase zur Essigsäure. Das so gebildete Acetat wird nicht in der Leber weiter oxydiert, sondern mit dem Blut abtransportiert und extrahepatisch abgebaut. Daß der Abbau des Äthanols in der geschilderten Weise vor sich geht, konnte mit Hilfe verschiedener Arbeitsmethoden nachgewiesen werden. Wir haben dieses Problem seit einigen Jahren mittels Perfusionsexperimenten angegangen[2]. Wird Rattenleber in einem künstlichen Kreislauf mit physiologischer Kochsalzlösung verdünntem Rattenblut perfundiert, so kann nur ein kleiner Teil des zugesetzten, radioaktiv markierten Äthanols als Kohlendioxyd wiedergefunden werden, obwohl nachgewiesenermaßen eine erhebliche Menge Alkohol oxydiert worden war (Tab. 1). Wird nur der Hinterkörper der Ratte perfundiert, so kann etwas mehr Äthanol

Tabelle 1. *Oxydation von markiertem Äthanol zu Kohlendioxyd während einer 60 min dauernden Perfusion der Leber und des Hinterkörpers der Ratte*

| Perfusion | % wiedergefunden als $CO_2$ | % Äthanol verschwunden |
|---|---|---|
| Leber | 1,8 | 26 |
| Hinterkörper | 2,4 | — |
| Leber + Hinterkörper | 8,1 | — |

in Form von Kohlendioxyd wiedergefunden werden. In einer Versuchsanordnung, bei der das Blut zuerst für einige Zeit im Kreislauf durch die Leber strömt, um darauf durch den Hinterkörper perfundiert zu werden, konnte wesentlich mehr vom Alhohol herstammender Kohlenstoff im Kohlendioxyd gefunden werden. Hätte man eine Korrektur für den großen Bicarbonat-Pool angebracht, hätte noch viel mehr vom Alkohol herstammendes Kohlendioxyd gefunden werden können. Daß eine partielle Oxydation vom Äthanol zum Acetat in der Leber vor sich geht, kann man auch an der Inhibition der Kohlendioxydproduktion beobachten. Schon 1938 zeigte LUNDSGAARD[3] in Dänemark mit sehr eleganten Versuchen mit perfundierter Katzenleber, daß die Kohlensäureproduktion durch die Oxydation des Äthanols gehemmt wurde. Wir haben diese Experimente mit Rattenleber wiederholt[4]. Als Perfusionsmedium verwendeten wir verdünntes Rinderblut. Der Sauerstoff- und Kohlendioxydgehalt im venösen Blut wurde während der Perfusion ständig verfolgt. Der Alkohol hatte auf den Sauerstoffverbrauch keinen Einfluß, hingegen wurde die Kohlendioxydproduktion erheblich vermindert, dadurch fiel der respiratorische Quotient stark ab (Abb. 1). Nach Ablauf von 60 min, nachdem Äthanol dem Blut zugefügt worden war, war die Kohlendioxydproduktion fast vollständig unterdrückt.

Es stellt sich nun die Frage, auf welchem Mechanismus der Einfluß des Äthanols auf die Kohlendioxydbildung der Leber beruht. FRITZ[5] hat berechnet, daß die Leber meistens Fettsäuren als Substrat verwendet, und sie werden zum größten Teil bis zum Kohlendioxyd oxydiert. Nur ein geringer Teil wird partiell zu Ketonkörpern abgebaut. Im Stoffwechsel der Leber spielen Kohlenhydrate, Aminosäuren und andere Substrate nur eine untergeordnete Rolle. Weil die Kohlendioxydbildung aus Fettsäuren über den Citronensäure-Cyclus

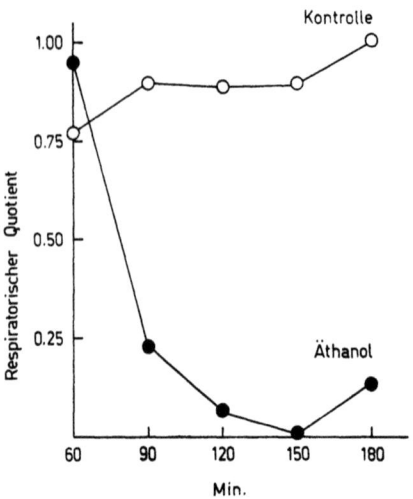

Abb. 1. Respiratorischer Quotient des venösen Blutes während der Perfusion von Rattenleber in einem künstlichen Kreislauf mit und ohne Zusatz von Äthanol. Mittelwerte von 4 Experimenten

verläuft, muß dieser während der Alkoholoxydation gehemmt sein. Eine Zunahme der partiellen Oxydation von Fettsäuren zu Ketonkörpern geschieht ebenfalls nicht, und man muß daher annehmen, daß Äthanol die Oxydation der Fettsäuren in einer frühen Phase hemmt.

Die Funktion des Citronensäure-Cyclus kann auch durch andere Umstände als durch Äthanol inhibiert werden, dies jedoch nicht in demselben Maße, als wenn Alkohol oxydiert wird. In diesem Sinne bildet Äthanol eine gute Modellsubstanz für Studien über den Mechanismus der Störungen des Cyclus. Es läßt sich nicht abschätzen, wie allgemein das Prinzip ist, über welches Äthanol seinen Einfluß auf die metabolischen Prozesse ausübt.

Über die Ursachen der Hemmung des Citronensäure-Cyclus bestehen mehrere Hypothesen. In diesen scheint der Oxalessigsäure eine zentrale Stellung zuzukommen. Man hat angenommen, daß die aktuelle Oxalessigsäurekonzentration oder die Aktivität der diese Substanz als Substrat verwendenden Enzyme von Bedeutung ist. WIELAND[6] konnte zeigen, daß im Verlaufe von Diabetes und bei starkem

Fettsäuremetabolismus die Konzentration von Oxalessigsäure erniedrigt und zusätzlich die Citratsynthese durch Acyl-CoA inhibiert war. KREBS[7] hat seinerseits angenommen, daß im Verlaufe des Diabetes durch die Neubildung von Glucose die Oxalacetat-Reserve erschöpft wird und daß deshalb der Citronensäure-Cyclus nicht funktionieren kann.

Äthanol hat auf die Gluconeogenese der Leber keinen oder nur einen geringen Einfluß. Eine stärkere Umlenkung in Richtung einer Neubildung von Glucose aus Oxalacetat geschieht darum auch während der Oxydation von Alkohol nicht. Inwieweit Äthanol oder seine Abbauprodukte die Citratsynthase oder andere Enzymsysteme hemmen, ist nicht bekannt. Aber man weiß, daß aliphatische Alkohole auf den Redox-Zustand der Leber einwirken, und hierdurch kann die Oxalacetatkonzentration in entscheidendem Maße beeinflußt werden.

Der Einfluß des Äthanols auf das Redox-Niveau konnte in Experimenten am Menschen[1], mit Versuchstieren[8], mit perfundierter Leber[4] und Leberschnitten[9] nachgewiesen werden. Dieser Effekt beschränkt sich beim Alkohol nur auf die Leber. In den Nieren, in denen Äthanol in kleiner Menge ebenfalls oxydiert wird, ist dieser Einfluß nicht zu beobachten[10]. In unseren Perfusionsexperimenten mit Rattenleber erreichte der Quotient Lactat/Pyruvat den Wert 10, nachdem das Redox-Niveau sich eingestellt hatte (Abb. 2). Wurde Äthanol dem Perfusionsmedium zugefügt, stieg das Niveau bis auf 80—90 und blieb während der ganzen Perfusion auf dieser Höhe. Nicht nur der Quotient Lactat/Pyruvat steigt bei Zugabe von Äthanol an, sondern auch derjenige von $\beta$-Hydroxybutyrat/Acetoacetat. Man kann daher annehmen, daß Äthanol sowohl die extramitochondriellen als auch intramitochondriellen Redoxpaare gegen einen mehr reduzierten Zustand hin verschiebt.

Der Einfluß des Äthanols auf den respiratorischen Quotient zeigt einen im Vergleich zu demjenigen auf den Lactat/Pyruvat-Quotienten spiegelbildlichen Verlauf. Wird der respiratorische Quotient gegen den Lactat/Pyruvat-Quotient aufgetragen, ersieht man, daß die Punkte eine gute negative Korrelation zeigen ($r = -0,76$; $p < 0,001$) (Abb. 3). Bei normalem respiratorischem Quotient war der Lactat/Pyruvat-Quotient niedrig, stieg aber an, als infolge Äthanolzugabe der erstere gesenkt wurde. Die Korrelation zwischen dem respiratorischen Quotienten und dem $\beta$-Hydroxybutyrat/Acetoacetat-Quotient war nicht derart ausgeprägt ($r = -0,65$), jedoch aber signifikant.

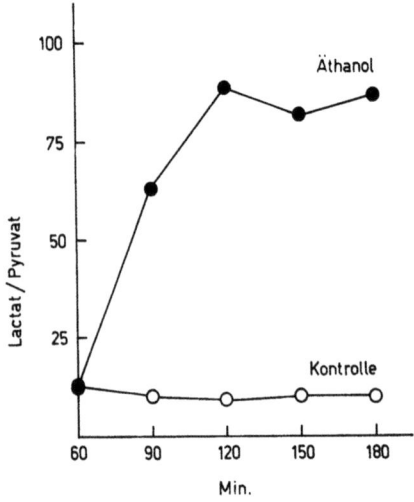

Abb. 2. Lactat/Pyruvat-Quotient des Blutes während der Perfusion von Rattenleber in einem künstlichen Kreislauf mit und ohne Zusatz von Äthanol. Mittelwerte von 4 Experimenten

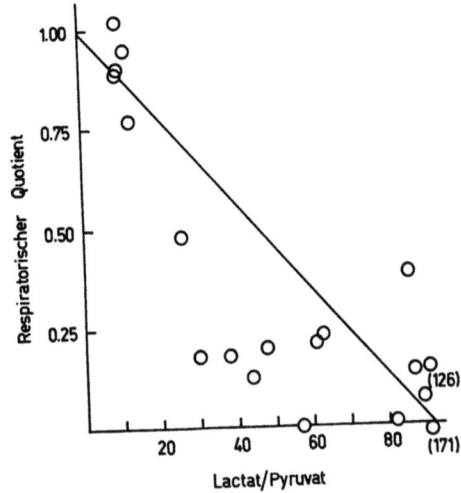

Abb. 3. Respiratorischer Quotient aufgetragen gegen den Lactat/Pyruvat-Quotient während der Perfusion von Rattenleber in einem künstlichen Kreislauf mit und ohne Zusatz von Äthanol. Mittelwerte von 7 Experimenten

Es besteht also eine gute negative Beziehung zwischen dem Einfluß des Äthanols auf die Inhibition des Citronensäure-Cyclus und dem Redox-Niveau der Leber. Man hat angenommen, daß der β-Hydroxybutyrat/Acetoacetat-Quotient ein Bild über den mitochondriellen Redox-Zustand vermittelt, und wäre die Summe der beiden Glieder des Redoxpaares Malat-Oxalacetat unverändert, könnte man erwarten, daß die Konzentration von Oxalacetat stark erniedrigt würde. Aber auch auf einem anderen Weg kann die Konzentration von Oxalacetat beeinflußt werden. Äthanol erniedrigt den Gehalt an Pyruvat bis auf ungefähr 10% des ursprünglichen Wertes. Aus diesem Grunde könnte man erwarten, daß die Carboxylierung des Pyruvates stark gehemmt würde. Aus den Resultaten lassen sich leider keine Schlüsse darüber ziehen, in welcher Konzentration Pyruvat in den Mitochondrien vorkommt. Weil die Korrelation unter dem Einfluß des Äthanols zwischen dem respiratorischen und dem Lactat/Pyruvat-Quotienten besser ist als diejenige zwischen dem respiratorischen und dem β-Hydroxybutyrat/Acetoacetat-Quotienten, könnte man erwarten, daß der Einfluß des Alkohols auf die Synthese von Oxalacetat aus Pyruvat größer ist als der Einfluß auf den intermitochondriellen Redox-Zustand. Über welchen Mechanismus Äthanol das Redox-Niveau der Leber beeinflußt, ist jedoch ein Kapitel für sich.

## Literatur

[1] LUNDQUIST, F., N. TYGSTRUP, K. WINKLER, K. MELLEMGAARD, and S. MUNCK-PETERSEN: J. clin. Invest. **41**, 955 (1962).
[2] FORSANDER, O., N. RÄIHÄ, u. H. SUOMALAINEN: Z. Physiol. Chem. **318**, 1 (1960).
[3] LUNDSGAARD, E.: C. R. Lab. Carlsberg, Sér. chim. **22**, 333 (1938).
[4] FORSANDER, O. A., N. RÄIHÄ, M. SALASPURO, and P. MÄENPÄÄ: Biochem. J. **94**, 259 (1965).
[5] FRITZ, I. B.: Physiol. Rev. **41**, 52 (1961).
[6] WIELAND, O., L. WEISS, and I. EGER-NEUFELDT: Advanc. Enzyme Regulation **2**, 85 (1962).
[7] KREBS, H. A.: Advanc. Enzyme Regulation **4**, 339 (1966).
[8] FORSANDER, O., N. RÄIHÄ u. H. SUOMALAINEN: Z. Physiol. Chem. **312**, 243 (1958).
[9] —: Bioch. J. **98**, 244 (1966).
[10] —: 6th Intern. Congr. Biochem., New York, Abstracts p. 718 (1964).

# Effects of Ethanol on Gluconeogenesis in the Perfused Rat Liver

By

HANS A. KREBS *

*Department of Biochemistry, University of Oxford*

With 1 figure

My interest in the biochemistry of alcohol arose recently from observations made in experiments on the rate of gluconeogenesis in the perfused liver in the presence of lactate and glycerol. On simultaneous addition of glycerol and lactate the rates of gluceneogenesis were found to be higher than the sum of the rates found with the two substrates alone. Thus, lactate alone formed glucose at a rate ($\mu$mole/min/g) of 1.06, glycerol of 0.48 and both together of 1.90. As glycerol, in the form of $\alpha$-glycerophosphate, can act as a hydrogen donor in the cytoplasm we thought that the enhanced rate of gluconeogenesis might be connected with the reducing capacity of glycerol. We

Table 1. *Effect of Ethanol on the Rate of Gluconeogenesis from Lactate in the Perfused Rat Liver*
The rats were starved for 48 hr. The initial concentration of lactate was 10 mM. The data are means, S.E.M. and, in brackets, number of observations.

| Concentration of ethanol (mM) | Glucose formation $\mu$mole/min/g |
|---|---|
| 0 | 1.06 ± 0.09 (12) |
| 2.5 | 0.54 ± 0.05 (5) |
| 5 | 0.39 ± 0.07 (5) |
| 10 | 0.38 ± 0.06 (5) |

therefore tested the effect of another potential reducing agent—ethanol. The result was unexpected: 5mM ethanol caused an inhibition of over 60%/o (Table 1). From the physiological point of view 5 mM

---

* The work reported in this contribution was carried out in collaboration with Mr. R. HEMS and Dr. R. A. FREELAND.

ethanol ist a very low concentration: car drivers are not regarded in Britain as being dangerous as long as their blood alcohol concentration is below 18mM (80 mg per 100 ml).

Gluconeogenesis in the presence of 10 mM pyruvate was only slightly inhibited by 5 mM ethanol. Since pyruvate is one of the 12 intermediates leading from lactate to glucose it follows that the main stage inhibited by ethanol must be the conversion of lactate to pyruvate. That ethanol inhibits in a somewhat specific manner the formation of glucose from lactate is shown in Fig. 1 which illustrates the

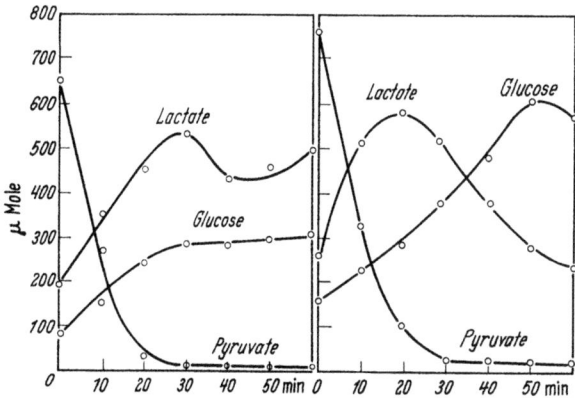

Fig. 1. Effect of ethanol on gluconeogenesis from pyruvate in the perfused rat liver. Pyruvate was added at zero time and the changes with time in the amounts of pyruvate, lactate and glucose in the perfusion medium were measured

metabolism of pyruvate in the presence and absence of ethanol. The initial rates of pyruvate removal were about the same with or without 5 mM ethanol. Within 30 min almost all the added pyruvate had disappeared. The concentration of lactate rose rapidly during the earlier stages of perfusion but whilst in the absence of ethanol it fell after 20 min, it continued to rise in the presence of ethanol as long as pyruvate was present and then remained approximately stationary. The initial rates of glucose synthesis were about the same with and without ethanol but there was a striking difference in the rates after the disappearance of the added pyruvate. In the absence of ethanol, glucose formation continued at about the same rate, with lactate acting as the precursor. In the presence of ethanol the rate of lactate utilization was very slow and the concentrations of both glucose and lactate remained almost constant after 30 min. In other words, the initial rates of glucose formation from pyruvate were not much affected by 5 mM ethanol but the total amount of the glucose synthesized from the added pyruvate was much decreased because the lactate formed in the initial stages of perfusion was not converted to glucose when ethanol was present.

Acetaldehyde, the primary product of the action of alcohol dehydrogenase, is not inhibitory and thus cannot be responsible for the effects of ethanol.

Another effect of ethanol which is relevant to the inhibition by ethanol of the formation of pyruvate — and hence glucose — from lactate is already firmly established. This is the decrease of the NAD/NADH$_2$ ratio. Finnish (FORSANDER, RÄIHÄ and SUOMALAINEN, 1958) and American workers (SMITH and NEWMAN, 1959; REBOUCAS and ISSELBACHER, 1961) showed that the *total* NAD decreases while the total NADH$_2$ increases. More recently FORSANDER, RÄIHÄ, SALASPURO and MÄENPÄÄ (1965) and SALASPURO and MÄENPÄÄ (1966) reported that the ratio of *free* NAD/*free* NADH$_2$, as measured by the lactate/pyruvate ratio, changes much more than the ratio of the *total* nucleotides after treatment with ethanol. The normal lactate/pyruvate ratio of between 10 and 20 can be raised by ethanol to between 60 and 100. This shift towards reduction can substantially decrease the steady state concentration of pyruvate because the shift is essentially due to a fall in the pyruvate concentration rather than to a rise in the lactate concentration. A fall in the steady state concentration of pyruvate is expected to decrease critically the rate of the pyruvate carboxylase reaction—the first step of the reaction sequence leading from pyruvate to carbohydrate. According to SCRUTTON and UTTER (1965) the $K_M$ value for pyruvate of pyruvate carboxylase is 0.44 mM in chicken liver. The normal concentration of pyruvate in vivo in the liver is in the region of 0.1 mM or even less. This implies that the rate of the pyruvate carboxylase reaction is in vivo liable to be roughly proportional to the pyruvate concentration. That the concentration of pyruvate is in fact a key factor in determining the rate of gluconeogenesis in the presence of added lactate is borne out by the finding that increasing the concentration of lactate to 30 mM decreased the inhibition by ethanol. At this high lactate concentration the steady concentration of pyruvate after 30 min was 0.18 mM i.e. about 20 times higher than at 10 mM.

The shift of the NAD/NADH$_2$ ratio caused by the reaction in the liver

$$\text{ethanol} + \text{NAD} \rightarrow \text{acetaldehyde} + \text{NADH}_2 \qquad (1)$$

is already known to have other effects apart from that on the lactate dehydrogenase system. It is expected to affect the three other major NAD-linked cytoplasmic dehydrogenase systems — α-glycerophosphate, malate, and triosephosphate dehydrogenases — in favour of reduction. Of these three dehydrogenase systems the α-glycerophosphate dehydrogenase shows the most striking effect in response to ethanol: NIKKILA and OJALA (1963) were the first to show that ethanol causes an accumulation of α-glycerophosphate in the tissue. We find in the normal liver perfused with lactate a value of 0.24 mM α-glycerophosphate. On addition of 5 mM ethanol the value rose within 45 min to 1.6 mM. Unlike lactate, α-glycerophosphate is not discharged into the medium, presumably because of permeability barriers. The accumulation of α-glycerophosphate does not block gluconeogenesis seriously in a direct manner because the amount of dihydroxyacetone phosphate side-tracked to α-glycerophosphate is relatively small on account of an effective feedback inhibition of α-glycerophosphate dehydrogenase. According to BLANCHAER (1965) and BLACK (1966) α-glycerophosphate is a powerful inhibitor of α-glycerophosphate dehydrogenase, the inhibitor constant having a value of 0.4 mM. This inhibition prevents an indefinite accumulation of α-glycerophosphate. The limited accumulation has, however, profound effects on the metabolism of fat in the liver to which I shall refer presently.

First I wish to emphasize that next to the nervous system alcohol affects the liver more than any other tissue and this selective action is paralleled by the distribution of alcohol dehydrogenase. In human liver the enzyme activity is more than 30 times greater than that of the next most active tissue, gastric mucosa (SCHMIDT and SCHMIDT, 1958). The implication is that alcohol is toxic (leaving apart the nervous system) where alcohol dehydrogenase is present and that the ultimate cause of the toxic effect is reaction (1) which changes the NAD/NADH$_2$ ratio in the cytoplasm in favour of reduction. This hypothesis has been discussed by several investigators since 1963 (FIELD, WILLIAMS and MORTIMORE, 1963; FREINKEL et al. 1965: LOCHNER, WULFF and MADISON, 1967; LIEBER, 1967; ISSELBACHER and GREENBERGER, 1964) but decisive pieces of evidence were missing, in particular the proof that ethanol interferes with gluconeogenesis. That this might be the case has previously been considered especially because of the hypoglycaemia often found in human alcoholics and in alcohol-treated animals (see FREINKEL et al. 1965; LOCHNER and MADISON, 1963). Previous evidence on the inhibition of gluconeogenesis was not unequivocal and partly contradictory, as FREINKEL et al. (1965) and LOCHNER, WULFF and MADISON (1967) emphasize. This is not surprising in the light of the present experiments which demonstrate that gluconeogenesis from certain precursors is inhibited but not from all. The main (but by no means only) interference of ethanol with gluconeogenesis is the blockage of the Cori cycle i.e. the resynthesis in the liver of glucose from the lactate produced in the various tissues. Since lactate is by far the most important single glucogenic precursor in normal circumstances (see KREBS, 1964) the impact of the inhibition of the Cori cycle on carbohydrate metabolism can be a major one.

The full significance of the inhibition of the conversion of lactate to glucose in the liver could not be appreciated as long as it was thought, as MEYERHOF (1930) had suggested, that this reaction also occurs in muscle. It is now certain that this view is untenable because key enzymes — pyruvate carboxylase and phosphopyruvate carboxykinase — required for the postulated process are either absent from muscles or so weak that a major resynthesis of carbohydrate from lactate can be excluded. Excess lactate formed in the muscles during severe exercise which is not oxidized, and lactate formed by other tissues, must travel to the liver or kidney cortex for conversion to sugar when carbohydrates are short in supply. The contribution which can be made by kidney cortex is relatively small because the capacity of the liver for converting lactate to glucose is (in the rat) at least 30 times greater than that of the kidney cortex.

The observations on the blockage of the Cori cycle by alcohol are of critical relevance to the subject of alcohol toxicity because they provide a missing link between many other observations. It has long been known (BROWN and HARVEY, 1941) that alcoholics, especially undernourished ones, are liable to develop hypoglycaemia on injection of alcohol (see FREINKEL et al. 1965; LOCHNER et al. 1967). It is a physiological function of the Cori cycle to preserve carbohydrate, a fuel essential for the nutrition of nervous tissue, blood cells, and some other tissues. By resynthesizing glucose from lactate the body can recover carbohydrate but this is possible only, if other sources of energy — fat or protein — are available. If the resynthesis of glucose from lactate is inhibited, lactate formed on exercise is either excreted or used as a fuel of respiration. Thus, a combination of alcohol intoxication and undernutrition is liable to cause a glucose shortage which shows itself as the hypoglycaemia of the fasting alcoholic or the experimental animal in analogous situations.

I must now turn to a discussion of the consequences of an accumulation of $\alpha$-glycerophosphate. Many data are in agreement with the concept that $\alpha$-glycerophosphate is not only the starting material for the synthesis of triglyceride, according to the reaction
$\alpha$-glycerophosphate + 3 acyl coenzyme A

$$\rightarrow \text{triglyceride} + 3 \text{ coenzyme A} + \text{phosphate} \qquad (2)$$

but also a factor which controls the rate of triglyceride synthesis (HOWARD and LOEWENSTEIN, 1965). Reaction (2) determines the concentration of free acyl coenzyme A in the tissue, and the latter in turn controls the synthesis of acyl coenzyme A by inhibiting two intermediary steps, the carboxylation of acetyl coenzyme A to malonyl coenzyme A (BORTZ and LYNEN, 1963) and the elongation of fatty acids by interaction with malonyl coenzyme A (TUBBS and GARLAND, 1964). Thus, when acyl coenzyme A is esterified to $\alpha$-glycerophosphate, inhibitions are released and more acyl coenzyme A is synthesized. The relevant point in connection with alcohol intoxication is the fact that one of the earliest and grossest features of the liver diseases caused by alcohol is the deposition of large quantities of fat in the liver cells. Whether the subsequent degeneration of the liver tissue leading to the loss of liver function is directly connected with the deposition of fat is an open question.

As already pointed out, the fact that gluconeogenesis from pyruvate is not significantly inhibited by 5 mM ethanol indicates that none of the intermediate stages between pyruvate and glucose is sensitive to this ethanol concentration. This holds for the low steady state concentration of the intermediates during gluconeogenesis from pyruvate. At these concentrations the capacity of the intermediary enzymes is not employed to the full. When fructose or dihydroxyacetone are added as glucose precursors and the rates of glucose formation are higher than with pyruvate, 5 mM ethanol causes some inhibition (Table 2). No explanation for these inhibitions can as yet be offered. Striking inhibitions by 5 mM ethanol occur with galactose (ISSELBACHER and KRANE, 1961; SALASPURO, 1966). In the perfused liver the inhibition was over 90% at 5 mM ethanol. This inhibition

Table 2. *Effect of Ethanol on the Rate of Glucogenesis from Various Precursors in the Perfused Rat Liver*

The concentration of the precursor was 10 mM, of ethanol 5 mM. The data are means, S.E.M. and number ob observations.

| Precursor | Rate of glucogenesis without ethanol | ($\mu$mole/min./g.) with ethanol |
|---|---|---|
| None | $0.14 \pm 0.03$ (5) | 0.05 |
| L-Alanine | $0.66 \pm 0.12$ (6) | 0.50 |
| L-Serine | $0.98 \pm 0.04$ (3) | 0.86 |
| L-Proline | $0.55 \pm 0.10$ (3) | $0.16 \pm 0.03$ (3) |
| L-Arginine | 0.27 | |
| D-Fructose | $2.68 \pm 0.25$ (4) | $1.90 \pm 0.09$ (3) |
| D-Galactose | $0.36 \pm 0.11$ (3) | 0.05 |
| Dihydroxyacetone | $2.07 \pm 0.30$ (6) | $0.97 \pm 0.13$ (3) |

can be readily explained by the effect of ethanol on the redox state of the NAD system. Although on balance the conversion of galactose to glucose is not an oxidation or reduction it is known (KALCKAR and MAXWELL; 1956, MAXWELL, 1957) that NAD is an essential component of the epimerase and that the epimerase is inhibited by $NADH_2$ (ISSELBACHER and KRANE, 1961; ROBINSON, KALCKAR, TROEDSSON and SANFORD, 1966).

Glucose formation from proline and arginine is also sensitive to ethanol (Table 2). This is as yet difficult to explain. Perhaps ethanol interferes with the metabolism of glutamic semialdehyde, an intermediate in the degradation of proline and arginine.

In kidney cortex, where alcohol dehydrogenase is virtually absent, 5 mM ethanol does not inhibit gluconeogenesis from proline, arginine or galactose.

One of the biochemical features of alcohol intoxication is the increase in the concentration of lactate in the blood (SELIGSON et al., 1953; MENDELOFF, 1954; LIEBER et al., 1962). In the past this has been attributed to an excess lactate production by the liver (LIEBER,

1967, p. 179). The present data suggest that it is caused by a defective resynthesis of glucose from lactate.

In conclusion I might say that the recent biochemical studies of the effects of alcohol on the liver (FIELD et al., 1963; ISSELBACHER and GREENBERGER, 1964; FREINKEL et al., 1965; FORSANDER et al., 1965; LIEBER, 1967; LOCHNER et al., 1967) have reached a stage where many observations can be fitted into a coherent pattern. The key biochemical and metabolic disturbances — the shift in the lactate/pyruvate ratio, impairment of gluconeogenesis, fatty liver, hypoglycaemia, hyperlactataemia — can be derived from a primary change of the $NAD/NADH_2$ ratio in the liver. Previous authors emphasized that there are major gaps in the proof of this concept, in particular with respect to the origin of hypoglycaemia. The present experiments contribute towards the closure of the gaps.

## References

BLACK, W. J.: Canad. J. Biochem. 44, 1301 (1966).
BLANCHAER, M. C.: Canad. J. Biochem. 43, 17 (1965).
BORTZ, W. M., and F. LYNEN: Biochem. Z. 337, 505; 339, 77 (1963).
BROWN, T. M., and A. M. HARVEY: J. Amer. med. Ass. 117, 12 (1941).
FIELD, J. B., H. E. WILLIAMS, and G. E. MORTIMORE: J. clin. Invest. 42, 497 (1963).
FORSANDER, O., N. RÄIHÄ, and H. SUOMALAINEN: Z. Physiol. Chem. 312, 243 (1958).
— —, M. P. SALASPURO, P. MÄENPÄÄ: Biochem. J. 94, 259 (1965).
FREINKEL, N., R. A. ARKY, D. L. SINGER, A. K. COHEN, S. J. BLEICHER, J. B. ANDERSON, C. K. SILBERT, and A. E. FOSTER: Diabetes, 14, 350 (1965).
HOWARD, C. F. Jr., and J. M. LOWENSTEIN: J. biol. Chem. 240, 4170 (1965).
ISSELBACHER, K. J., and N. GREENBERGER: New Engl. J. Med. 270, 351 and 402 (1964).
—, and S. M. KRANE: J. biol. Chem. 236, 2394 (1961).
KALCKAR, H. M., and E. S. MAXWELL: Biochem. Biophys. Acta 22, 588 (1956).
KREBS, H. A.: Proc. roy. Soc. Ser. B. 159, 545 (1964).
LIEBER, C. S. In: Biochemical factors in alcoholism. Ed. by R. P. MAICKEL, Oxford: Pergamon Press (1967).
—, D. P. JONES, M. S. LOSOWSKY and C. S. DAVIDSON: J. clin. Invest. 41, 1863 (1962).
LOCHNER, A., and L. L. MADISON: Clin. Res. 11, 40 (1963).
—, J. WULFF, and L. L. MADISON: Metabolism, 16, 1 (1967).
MAXWELL, E. S.: J. biol. Chem. 229, 139 (1957).
MENDELOFF, A. I.: J. clin. Invest. 33, 1298 (1954).

MEYERHOF, O.: Die chemischen Vorgänge im Muskel, Berlin: J. Springer (1930).
NIKKILA, E. A., and K. OJALA: Life Sci. 2, 717 (1963); Proc. Soc. exp. Biol. Med. 113, 814 (1963).
REBOUCAS, G., and K. J. ISSELBACHER: J. clin. Invest. 40, 1355 (1961).
ROBINSON, E. A., H. M. KALCKAR, H. TROEDSSON, and K. SANFORD: J. biol. Chem. 241, 2737 (1966).
SALASPURO, M. P.: Scand. J. Clin. Invest. 18, Suppl. 92, 145 (1966).
—, and P. H. MÄENPÄÄ: Biochem. J. 100, 768 (1966).
SCHMIDT, E., and F. W. SCHMIDT: Klin. Wschr. 38, 957 (1960).
SCRUTTON, M. C., and M. F. UTTER: J. biol. Chem. 240, 1 (1965).
SELIGSON, D., S. S. WALDSTEIN, B. GIGE, W. H. MEKOWEY, and SBOVOW: Clin. Res. 1, 86 (1953).
SMITH, M. E., and H. W. NEWMAN: J. biol. Chem. 234, 1544 (1959).
TUBBS, P. K., and P. B. GARLAND: Biochem. J. 93, 550 (1964).

## Diskussion

WIELAND, O.: Ich habe eine Bemerkung zur Frage der toxischen Wirkung des Alkohols. Herr Prof. KREBS hat ja verschiedene Punkte angeführt, wonach man sich die schädigende Auswirkung auf Organe vorstellen könnte. Vor allem bei der Cirrhoseentwicklung wurde die Verfettung als ein pathogenetisches Prinzip diskutiert. Nun wissen wir allerdings, daß Verfettung eine recht unspezifische Reaktion vieler Organe auf verschiedenartige Noxen darstellt. Ich weiß deshalb nicht, ob man in diesem Fall so einfache Beziehungen annehmen kann.

Herr Prof. KREBS hat aber einen anderen Befund erwähnt, der in diesem Zusammenhang besonders interessant erscheint: das ist die Hemmung der Umwandlung von Galaktose in Glucose. Wir wissen ja aus dem Bild der Galaktosämie, daß dieses Krankheitsbild mit Lebercirrhose und Degeneration im ZNS einhergeht. Es wäre deshalb immerhin zu diskutieren, ob nicht Zusammenhänge zwischen Alkoholtoxicität und Störungen des Galaktosestoffwechsels vorliegen.

KREBS: Die toxische Wirkung des Alkohols auf die Leber hängt nicht vom Galaktose-Angebot ab. Es ist sicher richtig, daß die fettige Degeneration verschiedene Ursachen haben kann. Es wäre vielleicht von Interesse zu untersuchen, ob Verfettungen verschiedener Ätiologie gewisse biochemische Grundlagen gemeinsam haben, z. B. erhöhte α-Glycerinphosphatkonzentrationen in der Leber. Man nimmt im allgemeinen an, daß die Giftwirkung der Galaktose darauf beruht, daß sich bei der Galaktosämie Galaktose-1-Phosphat und Galaktose anhäufen (wegen des Fehlens der Galaktose-1-Phosphat-Uridyl-Transferase), und daß das Galaktose-1-Phosphat und die Galaktose Fermente des Kohlenhydratstoffwechsels hemmen (siehe K. J. ISSELBACHER in: The metabolic basis of inherited disease. Edited by J. B. Standbury, D. S. Fredrickson and J. B. Wyngaarden, 1965, p. 208).

WIELAND, O.: Herr FORSANDER hat gezeigt, daß der Sauerstoffverbrauch bei Äthanolgabe nicht verringert ist. Die $CO_2$-Bildung verschwindet aber fast vollständig, so daß man einen respiratorischen Quotienten von Null bekommt. Was aber wird dann eigentlich verbrannt? Kann man annehmen, daß jetzt ausschließlich das DPNH oxydiert wird, das aus der Alkoholdehydrogenase-Reaktion stammt? Wie könnte man sich aber in diesem Falle vorstellen, daß das extramitochondriale DPNH mit genügender Geschwindigkeit in die Mitochondrien hinein kommt?

FORSANDER: Man kann annehmen, daß in der Leber nur eine Oxydation vom Äthanol bis zum Acetat vorkommt. Aus experimentell erhaltenen Resultaten kann man berechnen, daß die Leber während der Alkoholoxydation nur soviel Sauerstoff verwendet, wie für eine Oxydation bis zum Acetat notwendig ist [L. F. LELOIR u. J. M. MUNOZ: Biochem. J. 32, 299 bis 307 (1938)]. Es scheint darum, daß nur DPNH während der Alkoholoxydation oxydiert wird. In welcher Weise der Wasserstoff durch die Mitochondrienmembran penetriert, ist nicht völlig klar. Die Kapazität des Mechanismus, der den Wasserstofftransport durchführt, muß sehr groß sein. Ich glaube nicht, daß es zu einer Wasserstoffanreicherung im Cytoplasma kommt, weil die Kapazität nicht groß genug sein dürfte, denn nur ein sehr geringer Bruchteil des gebildeten DPNH kann die beobachtete Redoxverschiebung hervorbringen.

SCHOLZ: Herr FORSANDER hat beim Äthanolumsatz keine Änderung des Sauerstoffverbrauchs festgestellt. Wir konnten dagegen eine zwar geringe, aber immerhin deutliche Steigerung beobachten, die möglicherweise bei einer nicht kontinuierlichen Sauerstoffmessung übersehen werden kann. Ich möchte Ihnen dazu das Protokoll eines Experimentes zeigen (s. Abb. 1, S. 226), in dem der hämoglobinfreien Perfusionslösung 4 mM Äthanol — d. i. 0,2‰ — zugesetzt wurde. Die mittlere Kurve ist die Registrierung der Oberflächenfluorescenz; die beiden anderen Kurven sind die Registrierung der Sauerstoffpartialdrucke im eintretenden (oben) und im austretenden (unten) Perfusat. Da der Hämoglobinpuffer für Sauerstoff fehlt, ist der Abstand dieser beiden Kurven direkt proportional der Atmungsgröße. Unmittelbar nach Äthanolapplikation fällt der venöse Sauerstoffdruck ab — d. h.: der Sauerstoffverbrauch nimmt zu —, und zwar hier von 184 auf 204 $\mu$Atom pro Stunde und Gramm. Diese Atmungssteigerung hat nach einer Minute ihr Maximum. Sie bildet sich rasch wieder zurück und erreicht den Ausgangswert spätestens nach einer Stunde. In der ersten Phase steht einem Umsatz von 30 bis 40 $\mu$Mol Äthanol pro Stunde und Gramm ein Sauerstoffmehrverbrauch von 20 $\mu$Atom pro Stunde und Gramm gegenüber. Für eine zusätzliche Verbrennung des Wasserstoffs, der bei der Oxydation des Äthanols zu Essigsäure freigesetzt wird, würde allerdings die dreifache Sauerstoffmenge benötigt werden. Wir vermuten, daß nicht das große Wasserstoffangebot die Atmungssteigerung hervorruft, sondern ein vermehrtes ADP-Angebot. Bei der Aktivierung der Essigsäure werden bekanntlich 2 ADP freigesetzt. Wenn man annimmt, daß Äthanol zu Acetyl-CoA abgebaut wird und die Mitochondrien eng gekoppelt sind, dann stimmen die Meßwerte für den Äthanolumsatz und für den Sauerstoffmehrverbrauch zumindest in der ersten Phase gut überein.

Ich möchte noch erwähnen, daß nach Äthanolapplikation der Gewebsgehalt an AMP deutlich erhöht ist. (Vor Äthanol: 134±4; 3 min nach

Äthanol, 4 mM: 192 ± 17 mµMol AMP/g Leber.) Wahrscheinlich hängt auch dieser Befund mit der Aktivierung der Essigsäure zusammen, bei der ja zunächst AMP entsteht.

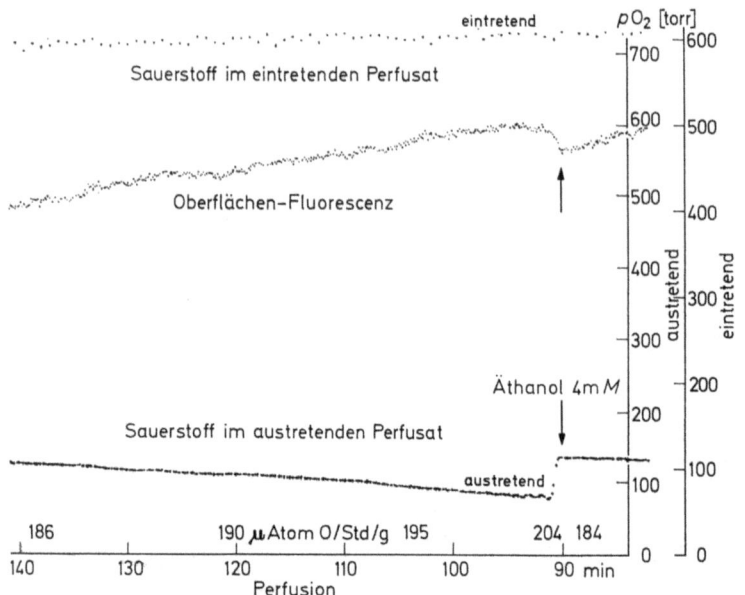

Abb. 1. Ausschnitt aus dem Protokoll eines Perfusionsexperimentes. Leber einer normal gefütterten Ratte; 15,7 g Feuchtgewicht; hämoglobinfreie Perfusion unter Standardbedingungen; 200 ml Perfusat; Perfusionsgeschwindigkeit: 2300 ml/Std. Registrierung der Oberflächenfluorescenz-Intensität (Mitte) und der Sauerstoff-Partialdrucke im eintretenden (oben) und austretenden (unten) Perfusat. Der Abstand der beiden Sauerstoffkurven ist direkt proportional der Atmungsgröße (µAtom O pro Stunde und Gramm Leber), die jeweils an der unteren Kurve angegeben ist. Zeitschreibung von rechts nach links. 90 min nach Perfusionsbeginn Applikation von 4 mM Äthanol, Anstieg der Oberflächenfluorescenz und der Atmungsgröße

FORSANDER: Wie ich gesehen habe, verwendeten Sie in Ihrem demonstrierten Versuch eine Äthanol-Konzentration von 4 mM. Unsere Experimente wurden dagegen mit 40 mM Äthanol durchgeführt. Das kann möglicherweise die unterschiedliche Reaktion der Gewebsatmung erklären. Man hat nämlich in Warburg-Versuchen gezeigt, daß geringe Äthanolkonzentrationen den Sauerstoffverbrauch etwas steigern können, aber daß höhere Konzentrationen diesen senken [E. FONDAL u. C. D. KOCHIAKIAN: Proc. Soc.

exp. Biol. Med. 77, 823—824 (1951)]. Dieses geschieht nicht nur bei Gewebsschnitten aus Leber, sondern auch bei Gehirnschnitten [H. WALLGREN u. E. KULONEN: Biochem. J. 75, 150—158 (1960)].

SCHOLZ: Ich möchte noch einen weiteren Äthanoleffekt erwähnen, den wir bei der hämoglobinfrei perfundierten Leber gesehen haben. Glykogenreiche Lebern schütten zu Beginn der Perfusion große Mengen an Glucose, Lactat und Pyruvat aus. Wie Sie in der folgenden Tabelle erkennen, geht in der zweiten Stunde der Perfusion diese Ausschüttung zurück. Nach Appli-

Tabelle. *Lebern von normal gefütterten Ratten, perfundiert unter Standardbedingungen. Perfusat: 200 ml. Feuchtgewicht der Lebern: 16,5 ± 1,0 g. Zahl der Versuche in Parenthese, Mittelwerte mit Standardabweichung. 90 min nach Perfusionsbeginn. Applikation von 4 mM Äthanol. Ausschüttung in das Perfusat [μMol/Std/g Leber (FG)]*

| Perfusionsdauer | | 60—90 | Äthanol | 90—105 | 105—135 | 135—165 min |
|---|---|---|---|---|---|---|
| Glucose | (5) | 29 ± 4 | — | 27 ± 6 | 19 ± 4 | 13 ± 4 |
| | (6) | 37 ± 4 | + | 59 ± 7 | 66 ± 4 | 42 ± 3 |
| Lactat | | | | | | |
| + Pyruvat | (5) | 10 ± 6 | — | 7 ± 5 | 6 ± 2 | 2 ± 2 |
| | (6) | 20 ± 5 | + | 35 ± 5 | 35 ± 13 | 16 ± 6 |
| | | | 90 | 105 | 135 | 165 min |
| Äthanol im Perfusat [mM] | | | 4,0 | 2,5 | 0,7 | 0,1 |

kation von Äthanol werden Glucose und die Glykolyseendprodukte wieder vermehrt an das Perfusat abgegeben. Diese Steigerung von Glykogenolyse und aerober Glykolyse steht möglicherweise in Zusammenhang mit dem Anstieg des AMP-Gehaltes, den wir beobachtet haben. Man könnte sich vorstellen, daß infolge einer Aktivierung der Phosphofructokinase durch AMP der Kohlenhydratkatabolismus stimuliert wird.

KREBS: Das interessiert mich sehr. Auch wir haben Glykolysemessungen an der perfundierten Leber ausgeführt und eine Milchsäurebildung gefunden, wenn das Perfusionsmedium 20 mM Glucose enthielt. Haben auch Sie hohe Glucosekonzentrationen gebraucht?

SCHOLZ: Wir haben diese Experimente mit niedriger Glucosekonzentration (4—5 mM), jedoch mit glykogenreichen Lebern von gut gefütterten Ratten durchgeführt.

KREBS: Bei glykogenreichen Lebern bekommen Sie sehr schnell eine Glucosekonzentration von 10 mM in der Perfusionslösung.

BÜCHER: Haben Sie dafür eine Erklärung?

KREBS: Die Stabilität des Leberglykogens hängt von der Glucosekonzentration in der Zelle ab. Glykogen zerfällt, solange die Glucosekonzentration niedrig ist. Was vielleicht in diesem Zusammenhang auch von Interesse ist, ist die Tatsache, daß die Geschwindigkeit der Glykolyse anscheinend nicht von dem NAD/NADH-Verhältnis abhängt. Im Herzen, z. B., geht die anaerobe Glykolyse mit unveränderter Geschwindigkeit weiter, obgleich der Lactat/Pyruvat-Quotient schnell ansteigt.

BÜCHER: Herr SCHOLZ hat bereits erwähnt, daß unter Alkoholeinwirkung der AMP-Gehalt der perfundierten Leber zunimmt. Das könnte möglicherweise eine weitere Erklärung für die Hyperuricämie des Alkoholikers sein. Man sieht bei der Leber auch in der Anoxie eine starke Zunahme des AMP-Gehaltes und eine vermehrte Ausscheidung von Harnsäure. Offensichtlich hängt die Stimulierung des Purinkatabolismus mit dem erhöhten AMP-Gehalt zusammen.

Ich habe eine Bitte an Herrn KREBS. Sie haben uns gesagt, daß die Geschwindigkeit der Gluconeogenese aus Glycerin plus Lactat höher ist, als wenn Sie die beiden Substrate einzeln zugeben. Vielleicht können Sie uns dazu ein paar Worte sagen.

KREBS: Die Bestimmungen des Lactat- und Glycerinverbrauchs in Gegenwart beider Substrate zeigt, daß die Verwertung des Lactats durch Glycerin nicht beeinflußt wird, während in Gegenwart von Lactat Glycerin mehr als zweimal so schnell wie in der Abwesenheit von Lactat aufgenommen wird. Wie bekannt, häuft sich bei Lactatzugabe auch Pyruvat an, und vielleicht dient das Pyruvat als Wasserstoffacceptor für das α-Glycerinphosphat. Wir wissen, daß nach Glycerinzugabe sich α-Glycerinphosphat in der Leber anhäuft. Es sieht daher so aus, als ob die geschwindigkeitsbestimmende Reaktion in der Gluconeogenese von Glycerin die Umwandlung des α-Glycerinphosphats zu Triosephosphat ist. Diese Reaktion könnte durch Pyruvat beschleunigt werden, indem das Pyruvat das erforderliche NAD regeneriert.

BÜCHER: Würden Sie ausschließen, daß durch die Erhöhung des α-Glycerophosphat-Spiegels der Umsatz im Glycerophosphat-Cyclus gesteigert ist? Das entscheidende Problem ist doch schließlich, wie der Wasserstoff beseitigt werden kann. Daß dieses Problem existiert, erkennt man bereits an der geringen Gluconeogenese aus Triose. Glycerin und Dihydroxyaceton unterscheiden sich ja bekanntlich nur durch ein Wasserstoffpaar.

KREBS: Ich sehe nicht ein, warum das Lactat indirekterweise den Glycerinphosphatcyclus steigern soll. Die Kapazität dieses Cyclus ist begrenzt. Die Umwandlung des Glycerinphosphats zu Triosephosphat kann jedoch durch Dismutation mit Brenztraubensäure im Cytoplasma ergänzt werden, und zwar in erheblichem Maße.

KATZ: There is an analogy to this hypoglycaemia in clinical praxis in certain alcoholics. Recently, there was a long study by FRAENKEL and his Coworkers (New England J. of Medicine). If I remember correctly, in only certain alcoholics are symptoms of a hypoglycaemia. Most alcoholics don't show it. That means the hypoglycaemia could not be the general explanation for the effect of alcohol.

Another question is about the galactose story. I don't think your explanation is valid for the following reason: The DPNH is very tightly bound to the epimerase and the hydrogen transfer is intramolecular. Thus, it is hard to see how the DPN/DPNH ratio could effect an intramolecular transfer.

KREBS: It is quite correct that hypoglycaemia occurs only in certain alcoholics, namely those whose diet is inadequate (which is not infrequently the case). Of course if the diet contains much carbohydrate, there is no reason why hypoglycaemia should develop. But an inadequate diet can make the carbohydrate supply of alcoholics dependent on gluconeogenesis. As for the dependence of the conversion of galactose to glucose on free NAD and NADH, I must refer Dr. KATZ to published work quoted in my paper. These effects have been firmly established and are not necessarily a contradiction to the tight binding of NADH to the epimerase.

FRIMMER: Ich möchte an die beiden letzten Vortragenden die Frage stellen, ob schon Daten für analoge Versuche mit anderen Alkoholen vorliegen? In diesem Zusammenhang würde die Toxikologen natürlich am meisten der Methylalkohol interessieren.

KREBS: Wir haben mehrere Alkohole untersucht. Methanol hemmt die Gluconeogenese nicht; n-Butanol und n-Propanol hemmen. Bemerkenswert ist, daß Isoamylalkohol verhältnismäßig schwach hemmt. Die Mengen dieses Alkohols, die in alkoholischen Getränken vorkommen, dürften kaum die Gluconeogenese beeinflussen. Qualitativ lassen sich die Wirkungen der Alkohole auf die Gluconeogenese auf Grund der bekannten kinetischen Konstanten [siehe K. DALZIEL u. F. M. DICKINSON: Biochem. J. 100, 34 (1966); F. M. DICKINSON u. K. DALZIEL: Biochem Z. 104, 165 (1967)] voraussagen. Quantitative Berechnungen sind kaum möglich, weil gewisse Parameter, insbesondere die Konzentration der Coenzyme im Gewebe, unsicher sind.

WILLMS: Ich kann vielleicht dazu noch etwas beitragen. Herr SICKINGER in Göttingen hat Ratten in vivo verschiedene Polyalkohole infundiert. Er findet bei Mannitol und Sorbitol — ähnlich wie bei Äthanol — eine erhebliche Leberverfettung.

KREBS: Wieviel Sorbitol muß man geben, um diesen Effekt zu erhalten? Ich denke natürlich zuerst an die Sorbitoldehydrogenase. Mannitol reagiert so gut wie überhaupt nicht mit diesem Enzym.

WILLMS: Herr SICKINGER hat 18 mMol Sorbitol/100 g Ratte/24 Std über 4 Tage infundiert. Weiterhin möchte ich noch darauf hinweisen, daß Äthanol die Lipolyse im Fettgewebe stimuliert. Dadurch werden vermehrt freie Fettsäuren zur Leber geschwemmt. Gehört dieser Punkt nicht auch in das Schema, daß Sie von der Biochemie der Fettleberentwicklung entworfen haben?

SCHOLZ: Wenn ich mich recht erinnere, so findet der Arbeitskreis um LIEBER [CH. S. LIEBER: Gastroenterology 50, 119 (1966)] diese Lipolyse nur bei sehr hohen, d. h. bei toxischen Äthanolkonzentrationen. Die Effekte, die Herr Prof. KREBS diskutiert, können aber bereits durch Äthanolkonzentration hervorgerufen werden, die um eine bis zwei Größenordnungen geringer sind.

# Rattenleberperfusion als Methode zur Untersuchung des Stoffwechsels von $\Delta^4$-3-Ketosteroiden

Von

HERBERT SCHRIEFERS

*Physiologisch-chemisches Institut der Universität, Bonn,
Abteilung für experimentelle Endokrinologie*

Mit 4 Abbildungen

Experimente zum Studium des Steroidhormon-Stoffwechsels bewegen sich in Richtung auf vornehmlich zwei Zielpunkte:

1. Sie suchen zu erfahren, welches Hormon welche Metabolite entstehen läßt. Die zugrunde liegende Methode ist die zum Teil sehr anspruchsvolle Technik der Substanzisolierung und -identifizierung, bei der ein Mikromol bereits eine ansehnliche Quantität darstellt. Unter Einsatz der bekannten Trennverfahren und unter Ausschöpfung des ganzen Katalogs konventioneller und moderner chemischer und physikalischer Identifizierungsmaßnahmen ist eine Art Genealogie der Metaboliten für jedes Steroidhormon erstellt worden. Solche „Genealogien" sind die Grundlage für die Funktionsdiagnostik der Steroidhormon produzierenden Drüsen. Der Endokrinologe schöpft sein Urteil über ihren Funktionszustand großenteils aus der Analyse des für ein bestimmtes Sekretionsprodukt typischen Metabolit-Spektrums.

2. Ein zweites Problem, mit dem sich die Steroidstoffwechsel-Forschung beschäftigt, ist die Kinetik des Steroidhormon-Umsatzes. Hier ist die Leber wichtigstes Studienobjekt. Die Leber ist das Zentralorgan des Hormonmetabolismus; am Gesamtumsatz der Steroide ist sie zu mindestens 80% beteiligt[1]. Allein schon von diesem quantitativen Aspekt her ist sie im Regelkreis Hypothalamus-Hypophyse-Steroidhormon produzierende Drüse wichtigstes Organ der Regelstrecke und vermag als solches maßgebenden Einfluß auf den Regelvorgang auszuüben. Eine Verstellung ihrer Steroidstoffwechsel-Aktivität verstellt die Regelgröße, den Hormon-Plasmaspiegel, und ver-

ändert damit quantitativ und qualitativ das Eingangssignal für das Meßorgan, den Hypothalamus. In diesem Zusammenhang fragt die kinetische Analyse nach der Größe der Umsatzkapazität der Leber für ein bestimmtes Steroid, interessiert sich für das Ausmaß seiner hepatischen Extraktion und sucht den Reaktionstyp seines Umsatzes festzulegen.

Das Studium der Kinetik des Steroidumsatzes kann aber auch unter anderen Aspekten betrieben werden, so beispielsweise zur Beantwortung der Frage, inwieweit quantitative Unterschiede in der biologischen Aktivität miteinander verwandter Steroide ihre Ursache in einem quantitativ oder qualitativ veränderten Umsatz in der Leber haben.

Zur Beantwortung solcher und ähnlicher Fragen haben sich Perfusionsexperimente mit der isolierten Rattenleber vorzüglich bewährt. Neben den allgemeinen Vorzügen, die die Perfusion des isolierten Organs gegenüber den übrigen in-vitro-Systemen aufweist, ist hier noch die Besonderheit gegeben, daß der Steroidumsatz in der isolierten Leber den Umsatz im Gesamtorganismus praktisch vollständig repräsentiert.

In dieser Arbeit soll an einigen Beispielen die besondere Leistungs- und Aussagefähigkeit der Rattenleberperfusion als Methode zur Untersuchung des Stoffwechsels von $\Delta^4$-3-Ketosteroiden demonstriert werden.

Die Apparatur, die wir benutzen, ist eine selbstkonstruierte; sie ist in ihren Elementen und in ihrer Handhabung äußerst einfach (Einzelheiten s. SCHRIEFERS u. KORUS[2]).

In unserer Versuchsanordnung erfolgt die Durchströmung von der Lebervene her. Diese retrograde Perfusion, 1953 erstmalig von HECHTER u. Mitarb. auf Rattenleber[3] und Rindernebennieren[4] angewendet, bietet nach den eingehenden Prüfungen dieser Autoren vom stoffwechselphysiologischen Standpunkt her keine Nachteile gegenüber der orthograden.

Durchströmt wird mit einem von ROSENFELD[5] angegebenen protein- und hämoglobinfreien Medium.

Das Prinzip, nach dem jedes Experiment durchgeführt wird, ist das einer Durchströmung im offenen System. Danach wird dem mit dem Substrat beladenen Medium nach Austritt aus dem Organ erst dann der Weg aufs neue in den Arterialisator freigegeben, wenn der letzte Rest Medium aus der vorhergehenden Leberpassage gerade eben in das Organ eintritt. Bei diesem Vorgehen werden die einzelnen Leberpassagen voneinander getrennt gehalten, und die Substratkonzentration ist dadurch für jeden Durchgang eine genau definierbare; denn mit der Substratkonzentration nach Organpassage von Durchgang $n$ ist die Substratkonzentration für den Durchgang $n+1$ eindeutig festgelegt.

Setzt man bei einer solchen Versuchsanordnung Perfusatvolumina zwischen 200 und 500 ml ein, so kann man einerseits die Bewegung verschiedener Parameter des Substratumsatzes und der Produktion von Metaboliten über den Gesamtzeitraum der Perfusion messend verfolgen und hat andererseits zu Ende des Versuches noch soviel an Perfusat zur Verfügung, um Substanzisolierungen und -identifizierungen durchführen zu können.

In der Kinetik des Umsatzes von $\Delta^4$-3-Ketosteroiden lassen sich zwei Reaktionstypen voneinander unterscheiden (Abb. 1): Bei Testosteron, einem repräsentativen Vertreter der $C_{19}$-Steroide, vollzieht sich der Umsatz nach den Gesetzmäßigkeiten einer Reaktion 1. Ordnung (Abb. 1). Gemessen am Rückgang der UV-Absorption bei 240 m$\mu$ ist die Umsatzgeschwindigkeit in jedem Augenblick proportional der noch vorhandenen Substratkonzentration. Unter den gleichen Bedingungen ist beim Cortison (Abb. 1) und bei anderen $C_{21}$-Steroiden[2] die Umsatzgeschwindigkeit in einem weiten Substratkonzentrationsbereich (250—35 nMol/ml) konstant; hier liegt danach eine Reaktion nullter Ordnung vor. Dies gilt für alle drei untersuchten Parameter des Substratumsatzes: die Hydrogenierung der $\Delta^4$-Doppelbindung, die Reduktion der C-20-Ketogruppe und den Totalschwund an chromatographisch identifiziertem Cortison. Wie Cortison verhalten sich auch die Cortison-Derivate Prednison und 9$\alpha$-Fluor-hydrocortison[2].

An den Zeit-Umsatzkurven für $C_{21}$-Steroide erkennt man zwei Abschnitte: einen kürzeren, steiler verlaufenden Abschnitt und einen zweiten, der die Phase konstanten Umsatzes kennzeichnet. Bei dem Versuch, den ersten, steiler verlaufenden Abschnitt kinetisch zu analysieren, ergibt sich folgendes Bild (Abb. 2): In den beiden ersten Minuten der ersten Organpassage hat der Umsatz seinen Höchstwert, sinkt dann nach Art einer e-Funktion ab, um sich einige Minuten später, noch innerhalb des ersten Durchganges, auf einen konstanten Endwert einzustellen. Dieser Endwert wird dann während der folgenden Organpassagen strikt eingehalten.

Was sich hinter der Bewegung während der ersten Minuten der Perfusion verbirgt, ist nur scheinbar die Einstellung des Umsatzes auf einen konstanten Endwert, sondern vielmehr Ausdruck einer Reten-

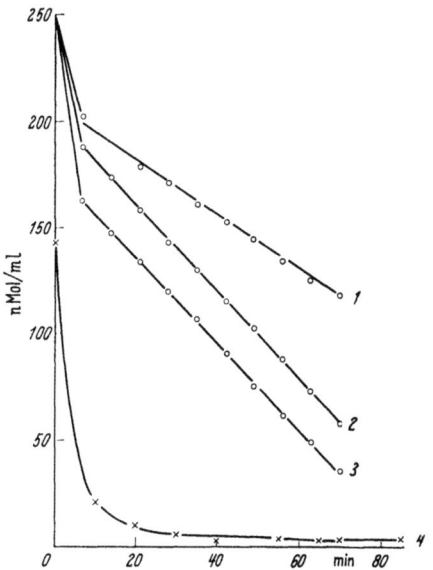

Abb. 1. Zeitkurven des Umsatzes von Cortison (1—3) und Testosteron (4) in der perfundierten Rattenleber. Aus SCHRIEFERS u. Mitarb. [2, 10].
Folgende Parameter wurden gemessen: 1: C-20-Keto-Reduktion, 2 u. 4: Hydrierung der $\Delta^4$-Doppelbindung, 3: Gesamt-Umsatz des papierchromatographisch identifizierten Substrates

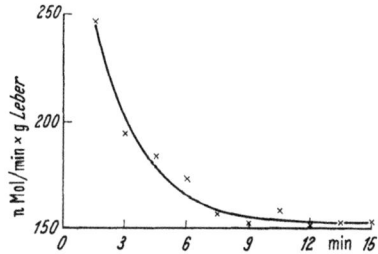

Abb. 2. Umsatzgeschwindigkeit der Hydrierung in Ring A in Abhängigkeit von der Zeit während der ersten Organpassage bei der Perfusion mit Prednison. Aus SCHRIEFERS u. KORUS [2].
Substratkonzentration (zur Zeit $t=0$): 265 nMol/ml

tion von Steroid im Organ. Die treibende Kraft dieser Retention nennt man die hepatische Extraktion. Ihre Größe ist von Steroid zu Steroid verschieden. Sie zu bestimmen, ist eine wichtige Aufgabe der Perfusionsversuche mit Steroidsubstraten. Je größer nämlich die hepatische Extraktion eines gegebenen Steroids ist, je mehr wird sein Umsatz von der Durchblutungsgröße der Leber bestimmt. Wir wissen heute, daß beispielsweise die hepatische Extraktion von Aldosteron 100%/o beträgt[6]; damit ist der Aldosteron-Umsatz absolut von der Durchblutungsgröße der Leber abhängig.

Die Größe der hepatischen Extraktion, meßbar als Retention von [14]C-Aktivität nach einmaliger Organpassage, ist im übrigen geschlechtsdifferent (Tab. 1). Sie ist für Testosteron bei der weiblichen

Tabelle 1. *Geschlechtsdifferenzen in der hepatischen Retention von* [14]*C-Aktivität nach einmaliger Passage von 21,5 µMol Testosteron in 200 ml Perfusat*

|  | Retention µMol/g Leber | Zahl der Tiere |
|---|---|---|
| Männlich | 0,86 ± 0,24 | 9 |
| Weiblich | 1,93 ± 0,23 | 4 |

Mittelwerte ± Standardabweichung

Ratte signifikant mehr als doppelt so groß wie beim männlichen Tier. Damit ist der Testosteron-Umsatz weiblicher Tiere auch stärker von der Durchflußrate beeinflußbar.

Mit der großen hepatischen Extraktion des weiblichen Tieres geht ein signifikant höherer Testosteron-Umsatz, gemessen an der Hydrierung der $\Delta^4$-Doppelbildung, einher. Der höhere Umsatz ist auf die beim weiblichen Tier höhere $\Delta^4$-5α-Hydrogenase-Aktivität der Mikrosomenfraktion zurückzuführen[7]. Folglich liegt die Annahme nahe, daß dieses Mehr an $\Delta^4$-5α-Hydrogenase-Enzym für die gegenüber dem männlichen Tier verstärkte hepatische Extraktion verantwortlich ist.

Ein anderes Problem, zu dessen Bearbeitung sich die Rattenleberperfusion als geeignetes Studienobjekt erweist, ist die Frage, ob und inwieweit sich quantitative Unterschiede in der biologischen und therapeutischen Aktivität verwandter Steroide auf einen quantitativ oder qualitativ veränderten Metabolismus zurückführen lassen. Im konkreten Fall suchten wir vor einigen Jahren in Erfahrung zu bringen, was den Stoffwechsel der biologisch bedeutend aktiveren Cortison-Derivate 9α-Fluor-hydrocortison und Prednison von dem der natürlichen Stammverbindung unterscheidet[2, 8].

Unseren Untersuchungen zufolge verdankt 9α-Fluor-hydrocortison seine größere biologische Aktivität einem gegenüber Cortison weit kleineren Umsatz, der alle drei untersuchten Parameter betrifft (Hydrogenierung der $\Delta^4$-Doppelbindung, Reduktion der C-20-Ketogruppe und Totalschwund an chromatographisch identifiziertem Substrat).

Prednison hingegen wird von der perfundierten Leber nur wenig langsamer als Cortison umgesetzt, sein Stoffwechsel unterscheidet sich vielmehr qualitativ von dem des Cortisons. Cortison-Umsatz ist gleichbedeutend mit der Entstehung von biologisch inaktiven Stoffwechselprodukten, während der Prednison-Umsatz Metabolite hervorbringt, die noch eindeutig biologisch aktiv sind, zum Teil aktiver als die Ausgangssubstanz. Aus den Perfusaten konnten wir nämlich die folgenden Produkte isolieren und identifizieren: Cortison, Cortisol und Prednisolon. Die biologisch aktivsten unter ihnen, Prednisolon und Cortisol, steigen mit zunehmender Dauer der Perfusion stetig an, während Cortison, nachdem es einmal entstanden ist, wieder schnell der Inaktivierung anheimfällt (Abb. 3).

Die Kombination von kinetischer Analyse und Substanzisolierung hat somit quantitative und qualitative Unterschiede im Steroidstoffwechsel als mögliche Ursachen für unterschiedliche Wirksamkeit aufgedeckt.

Die besondere Leistungsfähigkeit der Rattenleberperfusion, Einblick in Besonderheiten des Steroidstoffwechsels zu gewinnen, sei schließlich noch an einem dritten Beispiel aufgezeigt. Wir haben uns in jüngster Zeit eingehender mit Untersuchungen zur Frage der Geschlechtsdifferenzen im Stoffwechsel von Testosteron beschäftigt. Da sich die bisherigen Untersuchungen zu diesem Thema (Literatur s. SCHRIEFERS u. Mitarb.[9]) auf die Analyse einzelner Reaktionen in zellfreien Leberpräparationen beschränken, sollte versucht werden, an der isolierten, intakten Leber ein detailliertes und umfassendes Bild von den Sexualdifferenzen im Testosteronstoffwechsel zu gewinnen, und dies durch Isolierung, Identifizierung und quantitative Bestimmung möglichst vieler Metabolite des reduktiven wie oxydativen Stoffwechsels nach einmaliger Passage von Testosteron durch

Lebern von männlichen und weiblichen Ratten. In der Tat haben diese Perfusionsexperimente an einer für die statistische Auswertung ausreichend großen Zahl von Tieren ein breites Spektrum der Sexualcharakteristika des Zwischenstoffwechsels von Testosteron geliefert[9].

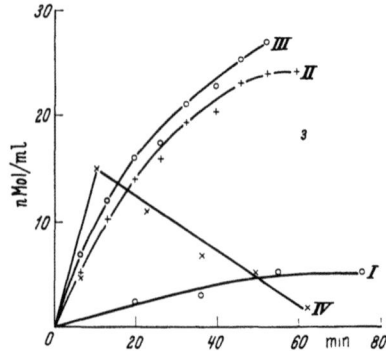

Abb. 3. Zeitkurven der Produktion von Metaboliten in der mit Prednison durchströmten Rattenleber. Aus SCHRIEFERS u. KORUS[2].
Substratkonzentration (zur Zeit $t=0$): 254 nMol/ml Perfusat; Substratangebot: 1,47 µMol/min×g Leber

I: ein $\Delta^{1,4}$-3-Ketosteroid mit Dihydroxyaceton-Gruppierung in der Seitenkette.

II: Cortisol  
III: Prednisolon  } Identifizierung siehe [8].  
IV: Cortison

In ihren wichtigsten und interessantesten Punkten stellen sich diese Sexualcharakteristika wie folgt dar:

1. Es existieren quantitative Unterschiede in der Produktion von $\Delta^4$-3-Ketonen, Ring A-gesättigten Verbindungen und $C_{19}O_3$-Steroiden, Unterschiede, die erkennen lassen, daß beim weiblichen Geschlecht die Hydrierungen, beim männlichen die Hydroxylierungen die vorherrschenden Prozesse sind.

2. Die Bildung im Ring A hydrierter $C_{19}O_2$-Verbindungen verläuft beim männlichen Tier über den 17β-Hydroxy-„pathway"; dem weiblichen Tier steht hierzu auch der 17-Keto-„pathway" offen.

3. Geschlechtsgeprägt ist nicht nur die Ring A-Hydrierungsrate, sondern auch der sterische Verlauf der Hydrierung (Abb. 4), wobei das weibliche Tier in erheblichem Umfang Dihydro- und Tetrahydro-Derivate (17β-Hydroxy-5α-androstan-3-on und 5α-Androstan-3α,

17β-diol) produziert, deren biologische Aktivität gleich der und zum Teil sogar größer als die von Testosteron ist. Dagegen lassen männliche Tiere nur die biologisch inaktiven 3,5-trans-konfigurierten Androstandiole entstehen.

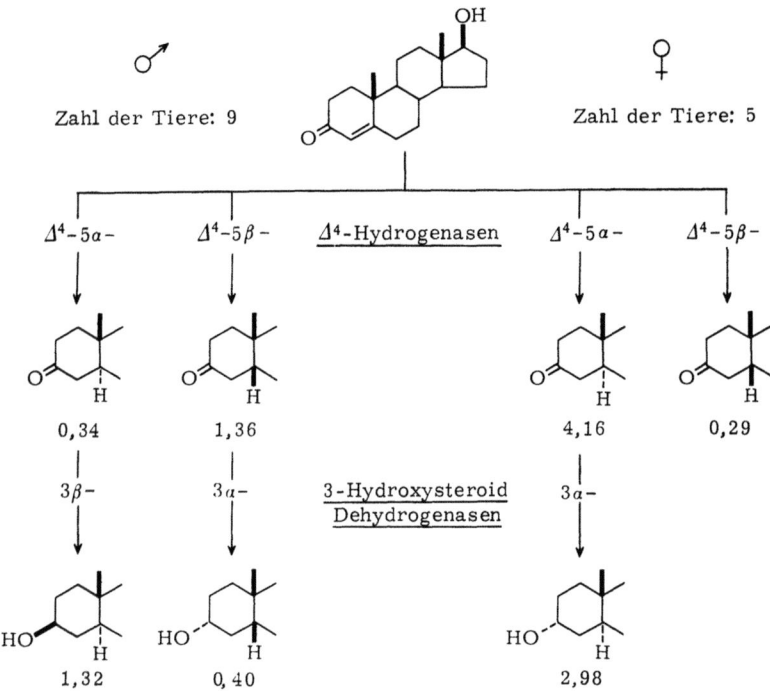

Abb. 4. Geschlechtsspezifitäten des sterischen Verlaufs der Hydrierung von Testosteron in der perfundierten Rattenleber.
Einmalige Organpassage von 21,5 µMol Testosteron in 200 ml Perfusat. Die Zahlen bedeuten: nMol/min×g Leber

4. Im oxydativen Stoffwechsel ist ein typisch männliches Sexualcharakteristikum das massierte Auftreten von Hydroxylierungsprodukten des Testosterons und Androstendions (Sauerstoff-Funktionen in den Positionen 2, 6, 7 und 16), die mit Ausnahme von 7α-Hydroxy-testosteron beim weiblichen Geschlecht nicht in Erscheinung treten (Tab. 2).

Tabelle 2. *Sexualcharakteristika des oxydativen Stoffwechsels von Testosteron in der perfundierten Rattenleber. Aus* SCHRIEFERS *u. Mitarb.* [9]

Die Gesamtmenge an $\Delta^4$-3-Ketosteroiden wurde spektrophotometrisch (238 mµ), die Metabolite wurden radiologisch bestimmt. Die Metabolite sind nach steigender Polarität geordnet. $n$ = Zahl der Tiere. Alle Werte sind Mittelwerte ± Standardabweichung.

| Metabolit | Männlich µMol/200 ml Perfusat | % | n | Weiblich µMol/200 ml Perfusat | % | n |
|---|---|---|---|---|---|---|
| Androstendion (A) | 0,53 ± 0,26 | 9 | 9 | | | |
| Testosteron (T) | 2,48 ± 1,14 | 42 | 9 | 0,88 ± 0,58 | 75 | 5 |
| 2$\beta$-Hydroxy-A | 0,21 ± 0,09 | 3 | 9 | | | |
| 2-Keto-T | 0,24 ± 0,08 | 4 | 8 | | | |
| 6$\beta$-Hydroxy-A | 0,35 ± 0,12 | 6 | 8 | | | |
| 2$\beta$-Hydroxy-T | 0,65 ± 0,22 | 11 | 8 | | | |
| 7$\alpha$-Hydroxy-A | 0,24 ± 0,13 | 4 | 7 | | | |
| 6$\beta$-Hydroxy-T | 0,65 ± 0,42 | 11 | 7 | | | |
| 16$\alpha$-Hydroxy-T | 1,30 ± 0,47 | 22 | 8 | | | |
| X | 0,77 ± 0,28 | 13 | 8 | | | |
| Y | | | | 0,07 [0,03—0,15] | 6 | 3 |
| Summe | 7,40 | 125 | | 0,95 | 81 | |
| Gesamt-$\Delta^4$-3-Ketosteroid | 5,90 ± 1,70 | 100 ± 29 | 9 | 1,18 ± 0,56 | 100 ± 47 | 5 |

X und Y: vermutlich 7$\alpha$-Hydroxy-T.

Tabelle 3. *Geschlechtsunterschiede in der „overall"-Aktivität der perfundierten Rattenleber gegenüber Testosteron als Substrat*

Einmalige Organpassage von 21,5 µMol Testosteron in 200 ml Perfusat.

$\varepsilon$ wurde berechnet nach der Gleichung: $\quad -\varepsilon = \dfrac{\ln S_{(t)} - \ln S_0}{t}$

| | $\varepsilon$/g Leber | Zahl der Tiere |
|---|---|---|
| Männlich | 0,012 ± 0,005 | 6 |
| Weiblich | 0,026 ± 0,010 | 6 |

Mittelwerte ± Standardabweichung.

5. Eindeutig geschlechtsspezifisch sind auch allgemeine Parameter des Steroidstoffwechsels, so die Größe der hepatischen Extraktion (Tab. 1) und die „overall"-Aktivität der Leber (Tab. 3).

Es kann somit festgehalten werden, daß durch Perfusionsexperimente ein breites Spektrum an Sexualcharakteristika des Testosteron-Metabolismus zu Tage getreten ist.

Die in dieser Arbeit aufgeführten Beispiele zeigen, daß die Rattenleberperfusion eine vorzüglich geeignete, weil auf sehr verschiedene Fragen anwendbare Methode zum Studium des Zwischenstoffwechsels von Steroiden ist. Sie kommt darüber hinaus der in-vivo-Situation allein deshalb besonders nahe, weil die Leber fast die gesamte Kapazität des Steroid-Umsatzes auf sich vereinigt.

## Literatur

[1] *Übersichten* s. SAMUELS, L. T., and Ch. D. WEST: Vitam. and Horm. 10, 251 (1952); YATES, F. E., and J. URQUHART: Physiol. Rev. 42, 539 (1962).
[2] SCHRIEFERS, H., u. W. KORUS: Z. physiol. Chem. 318, 239 (1960).
[3] HECHTER, O., M. M. SOLOMON, and E. CASPI: Endocrinology 53, 202 (1953).
[4] —, R. P. JACOBSEN, V. SCHENKER, H. LEVY, R. W. JEANLOZ, CH. D. MARSHALL, and G. PINCUS: Endocrinology 52, 679 (1953).
[5] ROSENFELD, G.: Endocrinology 56, 649 (1955).
[6] YATES, F. E.: Federation Proc. 24, 723 (1965).
[7] SCHRIEFERS, H., M. PITTEL u. H. HOLBACH: Z. physiol. Chem. 336, 163 (1964); dort auch weitere Literatur zu dieser Beobachtung.
[8] —: Naturwissenschaften 46, 559 (1959).
[9] —, W. CREMER, u. M. OTTO: Z. physiol. Chem. 348, 183 (1967).
[10] —, B. KECK, u. M. OTTO: Acta endocrinol. 50, 25 (1965).

## Diskussion

BAGGIOLINI: Sie haben gezeigt, daß Testosteron nur bei männlichen Tieren, aber nicht oder nur sehr gering bei weiblichen Tieren hydroxyliert wird. Außerdem haben Sie gesagt, daß die Lebern von weiblichen Tieren mehr Testosteron pro Zeiteinheit umsetzen als die Lebern von männlichen Tieren. Handelt es sich dabei um eine Konkurrenz unter den Enzymsystemen, wodurch die Hydroxylierung in der weiblichen Leber unmöglich gemacht wird, und lassen sich die mikrosomalen Hydroxylasen auch bei weiblichen Tieren induzieren?

SCHRIEFERS: Ja, wir konnten mit Phenobarbital in vitro die Aktivitäten der mikrosomalen Hydroxylase sowohl in der Leber von weiblichen, als auch von männlichen Ratten steigern. Wir fanden keine *quantitativen* Unterschiede. Bei weiblichen Tieren entstehen aber andere Hydroxylierungsprodukte als bei männlichen Tieren. Die Hydroxylierungsprodukte der weiblichen Tiere sind im Ring A gesättigt, während es sich bei Hydroxylierungsprodukten der männlichen Tiere, auf Grund der relativ niedrigen $\Delta$4-5$\alpha$-Reductase-Aktivität, hauptsächlich um $\Delta$4-3-Ketosteroide handelt. Sowohl die 5$\alpha$-Reductase als auch die mischfunktionellen Oxydasen (Hydroxylasen) befinden sich in der Mikrosomenfraktion der Leberzelle.

BAGGIOLINI: Ist die Reductase auch induzierbar?

SCHRIEFERS: Nein!

STAIB, R.: Wir haben beobachtet, daß die hepatische Extraktion von Testosteron bei Zusatz von Albumin zum Perfusionsmedium erheblich verändert wird. Ist die hepatische Extraktion auch abhängig von der Durchflußgeschwindigkeit des Mediums, und haben Sie Unterschiede in der hepatischen Extraktion zwischen männlichen und weiblichen Tieren gesehen?

SCHRIEFERS: Die Größe der hepatischen Extraktion ist vom Geschlecht, aber auch von der Durchflußgeschwindigkeit, abhängig. Wir haben sie von 0,2 ml/min mal g bis 2 ml/min mal g variiert und stellten dabei fest, je langsamer die Durchflußgeschwindigkeit, um so größer die hepatische Extraktion. Es handelt sich also hier um einen Prozeß, der nicht augenblicklich erfolgt, sondern offenbar eine Zeitreaktion ist. Wir nehmen an, daß die Größe der Extraktion abhängig ist von der Menge an vorhandenem Enzym. Es wird allgemein angenommen, daß Albumin beim Transport des Testosterons im Serum eine Rolle spielt, und es ist bekannt, daß Albumin imstande ist, Steroide, je unpolarer sie sind, um so besser zu binden. Auf diese Weise ist die von Ihnen beobachtete Veränderung der hepatischen Extraktion durch Albumin zu erklären. Wäscht man die Leber nach der einmaligen Passage mit radioaktivem Testosteron noch 2- bis 3mal mit substratfreiem Medium aus, so findet man zwischen 75—85% der eingesetzten $^{14}$C-Aktivität wieder zurück. Der Rest ist so fest an Leberproteine oder Zellbestandteile gebunden, daß er auch nach Homogenisierung des Organs und Behandlung des Homogenates mit entsprechenden Lösungsmitteln nicht mehr zurückgewonnen werden kann.

STAIB, W.: Nach der Inkubation von Lebermikrosomen weiblicher Ratten mit $\Delta$4-Adion konnten wir auch höher polare Metaboliten, wie z. B. 6$\beta$-OH-$\Delta$4-Androstendion und 7$\alpha$-OH-$\Delta$4-Androstendion identifizieren. Wir fanden nur einen quantitativen, aber keinen qualitativen Sexualunterschied. Mich wundert es, daß Sie bei Ihren Versuchen mit Lebern von weiblichen Tieren so wenig hochpolare Metaboliten und vor allem keine 6$\beta$- oder 7$\alpha$-Derivate gefunden haben.

SCHRIEFERS: Die Perfusion stellt natürlich ein der in vivo Situation stärker angenähertes System dar. Aber das ist natürlich keine Begründung für die Diskrepanz, die ich auch nicht erklären kann. Im übrigen haben wir 7$\alpha$-Hydroxytestosteron auch beim weiblichen Tier gefunden.

STAIB, W.: In unseren kürzlich durchgeführten Testosteronperfusionen mit Lebern männlicher Ratten, fanden wir die gleichen von Ihnen genannten hochpolaren Testosteronmetaboliten.

FRIMMER: Ich möchte Sie darauf aufmerksam machen, daß man zur Beurteilung der stoffwechselabhängigen und -unabhängigen Extraktionsquoten ein einfaches Verfahren heranziehen kann: Wenn man die Leber in Parallelversuchen bei Temperaturen zwischen 3 und 5° C perfundiert, mißt man (abgesehen von einem winzigen Stoffwechselanteil) nur noch die physikalisch bedingten Verhältnisse. Wir haben das Verfahren früher mehrfach zu Untersuchungen über den Mechanismus der Fixation blutfremder Mikromoleküle in der Leber herangezogen [s. FRIMMER und HÜBL: Naunyn-Schmiedeberg's Arch. exp. Path. Pharmak. 245, 337 (1963); HEGNER und FRIMMER: Naunyn-Schmiedeberg's Arch. exp. Path. Pharmak. 246, 22 (1963)].

# Eisen- und Kobalt-Resorption
# am perfundierten Dünndarmsegment

Von

WOLFGANG FORTH

*Aus dem Institut für Pharmakologie und Toxikologie der Universität
des Saarlandes, Homburg/Saar*

Mit 4 Abbildungen

Man fragt sich mit Recht, wo die Beziehungen des angekündigten Vortrages zum Konferenzthema sind: einmal ist vom Dünndarm die Rede und nicht von der Leber, und zum zweiten wurde die Resorption untersucht und nicht der Stoffwechsel. Die Berechtigung zu einem Bericht über meine Erfahrungen am perfundierten Dünndarmpräparat liegt im Methodischen begründet, weshalb auch dem methodischen Teil das Hauptaugenmerk gewidmet werden soll. Und wenn hier im folgenden von der Eisen- und Kobalt-Resorption am perfundierten Darm die Rede ist, dann dienen diese beiden Schwermetalle zunächst nur als leicht bestimmbare Modellsubstanzen — man hätte auch einen Farbstoff verwenden können. Das Studium des Mechanismus der Eisen- und Kobalt-Resorption, der für uns der eigentliche Anlaß zu diesen Untersuchungen war, sei ganz hintangestellt[1].

Der Dünndarm neigt ähnlich wie das lockere Lebergewebe — sogar noch weit mehr — zur Bildung eines interstitiellen Ödems, was dann nicht nur den Durchfluß behindert, sondern auch die Funktion des perfundierten Organs beeinträchtigt: im Falle des Dünndarms beispielsweise die Resorption von Wasser und Elektrolyten.

Die *Präparation* erfolgte im wesentlichen nach den Angaben von GERBER[4, 5]. Nach Ligatur bzw. Durchtrennung der rechten Nierengefäße, der Arteria coeliaca, der linken Nierenarterie und der Aorta dicht unterhalb des zur Durchströmung benutzten Gefäßes, wurde ein Polyäthylenschlauch in die Arteria mesenterica cranialis eingebunden und mit der Perfusion begonnen. Der Ausstrom des Perfusates erfolgte über die Pfortader, wobei die Vv. lienalis und pancreaticoduodenalis ebenfalls unterbunden waren.

Das durchströmte Dünndarmsegment war von der Flexura duodenojejunalis an gemessen 20 cm lang. Der restliche Dünndarm, der größte Teil des Dickdarmes, der Magen und die Milz, wurden reseziert. Am Präparat verblieben lediglich 2 ca. 3 cm lange Stücke des Quercolons und des Duodenums, die aus anatomischen Gründen schwer abzutrennen sind; sie sind aber durch Ligaturen an den zuführenden Gefäßarkaden von der Durchströmung ausgeschlossen (vgl. Abb. 1a).

Für Resorptionsstudien kann das Jejunumsegment als abgebundene Schlinge — wie hier gezeichnet — benutzt werden. Es besteht aber auch die Möglichkeit, die Schlinge mit Flüssigkeit mittels Pumpe zu durchströmen. Prinzipiell kann auch die aus dem Lymphgang abfließende Lymphe aufgefangen werden.

Der Übersichtlichkeit halber wurde im Unterschied zur Methode GERBERS eine Rezirkulation vermieden, d. h., die Gefäße wurden mit der Blutsuspension nur einmal durchströmt. Zur Perfusion wurde keine Pumpe benutzt, die Durchströmung wurde bei konstantem Druck eines $O_2$-$CO_2$-(95%-5%)-Gasgemisches vorgenommen, das auch zur Oxygenierung benutzt wurde. Die Blutsuspension wurde auf 37 °C erwärmt. Das Darmpräparat wurde in einer feuchten Kammer thermokonstant gehalten. Das Perfusat wurde in Fraktionen von 2, 4 oder 8 ml mit Hilfe eines Fraktionensammlers aufgefangen. Die dazu benötigte Zeit wurde registriert, so daß das Minutenvolumen berechnet werden konnte (vgl. Abb. 1b).

*Blutsuspension:* Es wurden Humanerythrozyten benutzt. Die Suspension war auf einen Hämatokritwert von 30% eingestellt. Als Plasmaersatz wurde Polyvinylpyrrolidon (PVP; K 25000; 5,6%) und Albumin (3,4%) verwendet. Der Elektrolyt-, Aminosäure- und Glucose-Gehalt entsprach dem des Serums. Das Perfusat wurde mit Bicarbonat und $CO_2$ gepuffert; der pH-Wert betrug 7. Die Suspensionsflüssigkeit enthielt ferner Heparin (4 mg %) und zur Weitstellung der Gefäße Papaverin (10 mg %).

Vor Beginn der Durchströmung mit der Blutsuspension wurde das Gefäßsystem des Präparates mit 20 ml physiol. Kochsalzlösung blutleer gespült, die neben Heparin und Papaverin auch das Antihistaminicum Promethazin (4 mg %) enthielt.

Die ersten Versuche mit der hier beschriebenen Blutsuspension verliefen insofern unbefriedigend, als das künstlich perfundierte Darmpräparat keine Flüssigkeit resorbierte; das Gegenteil geschah: nach kurzer Zeit lief das Darmlumen mit Flüssigkeit voll. Erst nach Zusatz des Antihistaminpräparates — N-(2'-Dimethylamino-propyl)-phenothiazin — unterblieb der Flüssigkeitsausstrom in den Darm, und die Schlingen resorbierten Wasser.

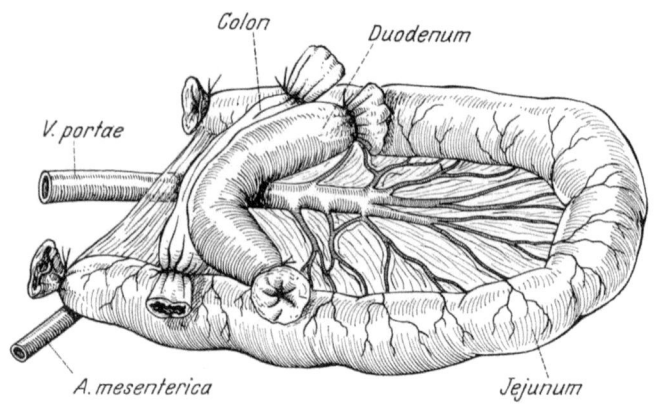

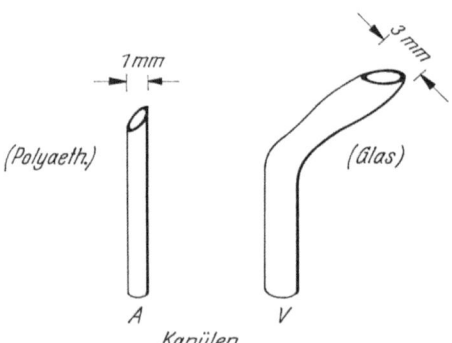

Abb. 1 a. Skizze einer künstlich durchbluteten Jejunumschlinge der Ratte. A = Arterien-Kanüle; V = Venen-Kanüle

Die Tatsache, daß ein Antihistaminicum die abnorme Durchlässigkeit des Darmes beseitigt, läßt daran denken, daß bei der Perfusion des Darmes — möglicherweise als Folge der Durchströmung mit hochmolekularen Stoffen wie PVP oder Fremdeiweiß — vasoaktive Amine freigesetzt werden. Bei der Ratte, deren Unempfindlichkeit gegen Histamin bekannt ist, muß dabei vor allem an 5-Hydroxytryptamin (Serotonin) gedacht werden. Wie das andere

Synonym, Enteramin, zum Ausdruck bringt, zeichnet sich gerade der Darm durch einen besonders hohen 5-Hydroxytryptamin-Gehalt aus. Es ist bekannt, daß Atosil, wie einige andere Phenothiazine, auch eine Antiserotonin-Wirkung besitzt.

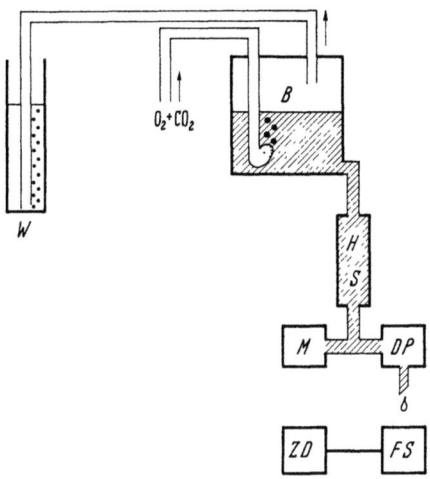

Abb. 1 b. Schematische Skizze der Versuchsanordnung zur künstlichen Durchblutung der Jejunumschlinge der Ratte. b B. Blutreservoir; W. Wassersäule; H.S. Heizschlange; M. Manometer; D.P. Darmpräparat; F.S. Fraktionensammler; Z.D. Zeitdrucker

Zur Charakterisierung der *Resorptionsleistung* wurde zunächst die Wasser- und Elektrolyt-Resorption bzw. der Bergauftransport von Glucose herangezogen. Zu diesem Zweck wurde in die Dünndarmschlinge 1 ml physiolog. Kochsalzlösung injiziert, die Glucose in der gleichen Konzentration wie die Blutsuspension (100 mg %) enthielt. Während der Versuchszeit, die in der Regel 20—25 Minuten betrug, wurden ca. 20% des in die Schlingen injizierten Wassers resorbiert. In dieser Zeit verschwinden im Durchschnitt 80% der auf der Mucosaseite angebotenen Glucose. Diese Resorptionsraten stehen in guter Übereinstimmung mit denjenigen, die man bei in situ abgebundenen, durchbluteten Dünndarmschlingen gleicher Länge bei Ratten erhält[3].

Zur Untersuchung der *Fe- und Co-Resorption* wurden die Schlingen mit 1 ml physiol. Kochsalzlösung (pH-Wert 2,4) gefüllt, die jeweils 0,18 μMol $^{59}$Fe als $FeSO_4$ [$^{59}$Fe-($FeSO_4$)] und $^{58}$Co als

$CoCl_2[^{58}Co\text{-}(CoCl_2)]$ enthielt. Mit Hilfe eines $\gamma$-Spektrometers (RCL, 256 Channel-Analyzer*) wurden die Radioisotopen im venösen Ausstrom gemessen. Die resorbierten Fe- und Co-Mengen wurden in %  des Angebots umgerechnet.

In Abb. 2 ist ein typischer Resorptionsversuch dargestellt. Insgesamt wurden hier 15,4% des angebotenen Eisens und 31% des Cobalts resorbiert. In 25 Versuchen dieser Art war der niedrigste Wert der resorbierten Fe-Menge 6,8% und der höchste 24% der Dosis. Für Cobalt betrug die geringste resorbierte Menge 13% und die höchste 36% des Angebots. In jedem Einzelversuch war die resorbierte Co-Menge größer als die des Eisens; der Quotient Co/Fe betrug am Versuchsende im Mittel 2. Es sei hier darauf hingewiesen, daß auch die Resorptionsraten von Fe und Co denjenigen entsprachen, die in vivo an abge-

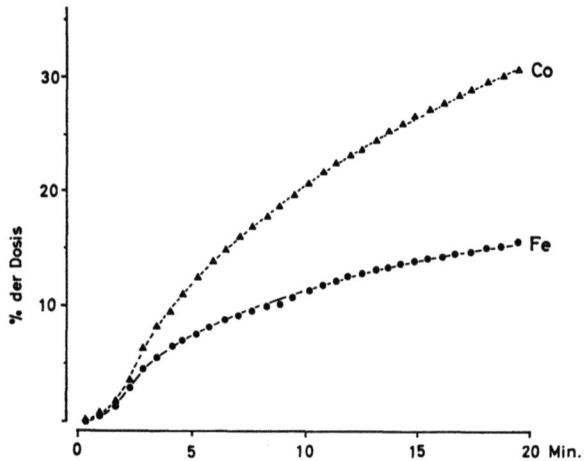

Abb. 2. Die Eisen- und Kobalt-Menge im Portalvenenblut einer isolierten, künstlich durchbluteten Jejunumschlinge der Ratte. Ordinate: Fe- und Co-Menge im Portalvenenblut in % der Dosis (= 0,18 µMol $^{59}$Fe-(FeSO$_4$) bzw. $^{58}$Co-(CoCl$_2$) in 1 ml physiol. Kochsalzlösung, pH 2,4). Abszisse: Zeit in Minuten. Der Kurvenverlauf gibt die Fe- und Co-Mengen im Portalvenenblut wieder, die aufgrund der Konzentrationen in den Fraktionen (4 ml) berechnet wurden. Durchströmungsvolumen: 6,5 ml/min; Durchströmungsdruck: 60 mm Hg)

---

\* Der Wissenschaftlichen Gesellschaft des Saarlandes sind wir für die Beschaffung des Gerätes zu Dank verpflichtet.

bundenen Jejunumschlingen mit natürlicher Durchblutung gemessen wurden[1].

Die Ursache für die höhere Co-Resorption ist mit hoher Wahrscheinlichkeit darin zu suchen, daß Fe gegenüber der Oxydation wesentlich empfindlicher ist als Co. Bei einem pH-Wert in der Nähe des Neutralpunktes ist selbst 2-wertiges Eisen nicht mehr frei ionisiert, sofern es nicht durch Reduktionsmittel vor der Oxydation geschützt wird. Es bildet sich für die Resorption außerordentlich schlecht geeignetes Ferrioxydhydrat. Cobalt ist dagegen unter diesen Umständen noch frei ionisiert in Lösung. Der Verlauf der intraluminalen pH-Werte zeigt, daß die zunächst saure Lösung rasch neutralisiert wird; bereits nach 5 min ist ein pH-Wert von 5 und am Versuchsende ein Wert von über 6 erreicht[6, 7].

Zur Prüfung der Frage, welchen Einfluß das *Stromvolumen* auf die Resorption von Fe hat, wurde die Durchströmungsgeschwindigkeit systematisch gesteigert (vgl. Abb. 3). Aus der Abbildung geht hervor, daß mit Steigerung des Stromvolumens von 9 auf 14 bzw. 20 ml/min (Perfusionsdrucke: 56, 72 bzw. 98 mm Hg) die Fe-Konzentration im reziproken Verhältnis absinkt. Entsprechend der abnehmenden Steilheit der Summationskurve nimmt mit zunehmendem Stromvolumen die resorbierte Fe-Menge ab.

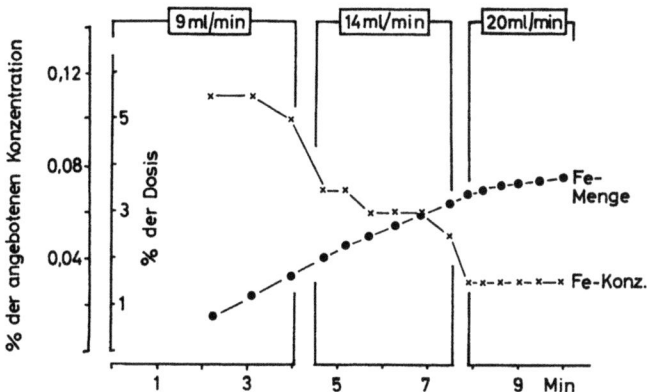

Abb. 3. Die Eisen-Konzentration und -Menge im Portalvenenblut einer isolierten, künstlich durchbluteten Jejunumschlinge der Ratte bei steigendem Stromvolumen. Ordinate: Fe-Konzentration in %/o der angebotenen Konzentration bzw. Fe-Menge in %/o der Dosis (= 0,18 µMol $^{59}$Fe-(FeSO$_4$) in 1 ml physiol. Kochsalzlösung, pH 2,4). Abszisse: Zeit in Minuten. Durchströmungsdruck: 56, 72 bzw. 98 mm. Fraktionen: 8 ml

Zur Prüfung der Frage, welchen Einfluß die $O_2$-*Versorgung* der Darmpräparate auf die Fe- und Co-Resorption hat, wurde während des Versuches von einer $O_2$-gesättigten auf eine mit $N_2$-gesättigte Blutsuspension umgeschaltet (vgl. Abb. 4).

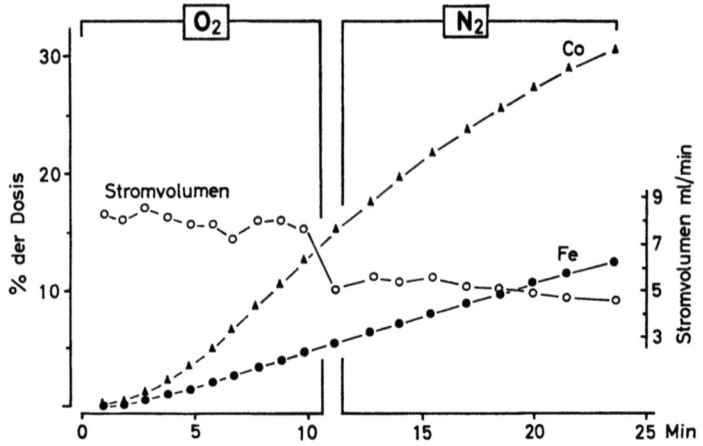

Abb. 4. Die Eisen- und Kobalt-Menge im Portalvenenblut einer künstlich durchbluteten Jejunumschlinge der Ratte in Abhängigkeit von der $O_2$-Versorgung. Ordinate re.: Fe- und Co-Menge im Portalvenenblut in % der Dosis (= 0,18 µMol $^{59}$Fe-(FeSO$_4$) bzw. $^{58}$Co-(CoCl$_2$) in 1 ml physiol. Kochsalzlösung, pH 2,4). Ordinate li.: Stromvolumen in ml/min. Abszisse: Zeit in Minuten. Durchströmungsdruck: 60 mm Hg. Fraktionen: 8 ml

Aus der Abb. 4 geht hervor, daß der Übertritt von Fe und Co aus dem Darmlumen ins Blut offenbar unter diesen Bedingungen unabhängig von der Sauerstoffversorgung des Darmes ist.

Diese Befunde bestätigen ältere Ergebnisse, die in vitro an nichtdurchbluteten Darmstücken gewonnen wurden, wonach der Durchtritt von Fe und Co von der Mucosa- zur Serosaseite, insbesondere der bei eisenarmen Darmsegmenten gesteigerte Durchtritt dieser beiden Metalle unabhängig vom aeroben Stoffwechsel des Darmes ist [1, 2].

Das Stromvolumen sinkt schnell von 8 auf 5 ml ab, wahrscheinlich als Folge einer Vasokonstriktion, obwohl die Reaktionsfähigkeit der Blutgefäße durch den Papaverin- und Atosil-Zusatz beeinträchtigt ist.

*Zusammenfassung:* Die Präparation eines künstlich durchbluteten Jejunumsegmentes der Ratte wird beschrieben, das sich für Resorptionsuntersuchungen eignet. Das Segment ist 20 cm lang. Der arterielle Einstrom erfolgt durch die Art. mesenterica cranicalis, der Ausstrom durch die Pfortader.

Das Präparat wird mit einer Suspension aus Humanerythrozyten durchströmt. Als Plasmaersatz dient Polyvinylpyrrolidon (K 25000) und Albumin. Der Elektrolyt- und Glucosegehalt der Lösung entspricht demjenigen des Serums. Zur Weitstellung der Gefäße enthält die Suspension Papaverin (Konz. im Plasma 10 mg %). Zur Verhinderung eines interstitiellen Ödems und eines Flüssigkeitsausstromes vom Blut ins Darmlumen wird N-(2'-Dimethyl-aminopropyl)-phenothiazin (Atosil) in einer Konzentration von 4 mg % (auf Plasma bezogen) dem Perfusat zugesetzt.

Injiziert man in ein derartiges Jejunumsegment 1 ml physiol. NaCl-Lösung mit einer Glucose-Konzentration von 100 mg %, dann werden innerhalb 20—25 min im Mittel 20% der angebotenen Flüssigkeit und 80% der angebotenen Glucose resorbiert. Diese Resorptionsrate entspricht etwa derjenigen, die man an einer gleich langen in situ abgebundenen Jejunumschlinge mit natürlicher Durchblutung bei Ratten erhält.

Auch die Resorptionsraten von Eisen und Kobalt, die beide in einer Menge von 0,18 $\mu$Mol als $^{59}$Fe-(FeSO$_4$) und $^{58}$Co-(CoCl$_2$) angeboten wurden, entsprechen denjenigen in vivo. Die Resorptionsrate von Kobalt ist im Mittel 2mal größer als die von Eisen. Die Steigerung des Stromvolumens führt in einem annähernd reziproken Verhältnis zu einer Konzentrationsabnahme der beiden Metalle im venösen Ausstrom; die insgesamt resorbierte Menge ist unverändert. Die Resorption von Eisen und Kobalt ist auch am künstlich durchbluteten Darm, genau wie bei nichtdurchbluteten Darmsegmenten in vitro, nicht von der O$_2$-Versorgung des Gewebes abhängig.

Fräulein H. ANDRES sei für ihre gewissenhafte und unermüdliche Mitarbeit sehr herzlich gedankt.

## Literatur

[1] FORTH, W.: Untersuchungen über die Resorption von Eisen und chemisch verwandten Schwermetallen an Därmen normaler und anämischer Ratten in vivo und in vitro; ein Beitrag zur Frage der Spezifität des eisenbindenden Systems in der Mucosa. Habil.-Schrift, Med. Fakultät der Universität des Saarlandes, Homburg/Saar (1966).

[2] —, u. W. RUMMEL: unveröffentlichte Befunde.

[3] — —, u. J. BALDAUF: Wasser- und Elektrolytbewegung am Dünn- und Dickdarm unter dem Einfluß von Laxantien; ein Beitrag zur Klärung ihres Wirkungsmechanismus. Naunyn-Schmiedeberg's Arch. Pharm. exp. Path. 254, 18 (1966).

[4] GERBER, G. B.: pers. Mitteilung (1965).
[5] —, and J. REMY-DEFRAIGNE: DNA-metabolism in perfused organs. II. Incorporation into DNA and catabolism of thymidine at different levels of substrate by normal and x-irradiated liver and intestine. Arch. intern. Physiol. Bioch. 74, 5 (1966).
[6] LICHTENBERG, TH. H.: Die Resorption freien und komplexgebundenen Eisens aus abgebundenen Jejunumschlingen von Ratten in situ. Inaug.-Dissertation, Med. Fakultät der Universität des Saarlandes, Homburg/ Saar (1966).
[7] RUMMEL, W.: Enterale Resorptionsvorgänge und ihre Beeinflussung. Naunyn-Schmiedeberg's Arch. Pharm. exp. Path. 250, 189 (1965).

## Diskussion

FRIMMER: Sie haben bei Ihren Untersuchungen Promethazin (Atosil) als Antihistaminicum verwendet. Man muß bei der Deutung dieser Versuche sehr vorsichtig sein, da Promethazin ein sehr breites pharmakologisches Wirkungsspektrum besitzt. Promethazin ist nicht nur Antihistaminicum, sondern besitzt starke unspezifische Membranschutzeffekte. JUDAH hat bereits 1962 darauf hingewiesen, daß Promethazin sowohl an isolierten Mitochondrien und Rattenleberlysosomen als auch an Erythrocyten in vitro membranstabilisierende Wirkungen hat (siehe CIBA-Foundation Symposium: Enzymes and Drug Action. London: J. A. Churchill Ltd. 1962). Herr Dr. HEGENER an unserem Institut konnte den Membranschutzeffekt von Promethazin auch an isolierten Lysosomen aus Leukocyten bestätigen. Man könnte ihre vorgetragenen Befunde mit Promethazin auch als Schutzeffekt dieses Pharmakons an verschiedenen biologischen Membranen interpretieren. Ich möchte deshalb empfehlen, ähnliche Versuche mit anderen Antihistaminica, bei denen der Membranschutzeffekt fehlt, zu wiederholen. Nach Untersuchungen von Dr. HEGENER haben folgende Antihistaminica an Lysosomen keinen stabilisierenden Effekt: Pheniramin (Avil) Antazolin (Antistin).

FORTH: Der Capillarschutz des Promethazins ist bekannt. Vielleicht war es ein zufälliger, günstiger Griff.

FRIMMER: Es ist durchaus denkbar, daß sie irgend einen Vorgang der Freisetzung durchbrechen. Es ist also nicht eigentlich eine Antihistaminbildung, sondern vielleicht wird die Histaminfreisetzung verhindert.

FORTH: Welcher Mechanismus der capillarabdichtenden Wirkung des Promethazins tatsächlich zugrunde liegt, kann ich nicht sagen. Das Antihistaminpräparat wurde lediglich auf Grund einer — sehr oberflächlichen — Vermutung angewendet: es ist nämlich bekannt, daß bestimmte Stoffe bei bestimmten Species — z. B. Dextran bei der Ratte oder Polyvinylpyrrolidon beim Hund — vasoaktive Substanzen freisetzen können und daß die Wirkung derartiger Stoffe — wenigstens teilweise — durch Antihistaminica verhindert werden kann. Es verwundert deshalb den Pharmakologen nicht, daß bei der Durchströmung isolierter Ratten-Organe mit Dextran — wie wir hörten — Schwierigkeiten auftreten können.

MIX
Papier aus verantwortungsvollen Quellen
Paper from responsible sources
FSC® C105338

If you have any concerns about our products,
you can contact us on
**ProductSafety@springernature.com**

In case Publisher is established outside the EU,
the EU authorized representative is:
**Springer Nature Customer Service Center GmbH
Europaplatz 3, 69115 Heidelberg, Germany**

Printed by Libri Plureos GmbH
in Hamburg, Germany